万卷楼
国学经典
珍藏版

汲取先贤智慧
铺就成功阶梯

万卷楼

万卷楼国学经典 珍藏版

了凡四训

[明] 袁了凡 著
夏华 等 编译

北方联合出版传媒（集团）股份有限公司
万卷出版公司
2020年·沈阳

ⓒ 袁了凡 夏华等 2020

图书在版编目（CIP）数据

了凡四训 /（明）袁了凡著；夏华等编译. —沈阳：
万卷出版公司，2020.11
（万卷楼国学经典：珍藏版）
ISBN 978-7-5470-5432-1

Ⅰ.①了… Ⅱ.①袁… ②夏… Ⅲ.①家庭道德—中
国—明代②《了凡四训》–注释③《了凡四训》—译文
Ⅳ.① B823.1

中国版本图书馆 CIP 数据核字（2020）第 179168 号

出 品 人：王维良
出版发行：北方联合出版传媒（集团）股份有限公司
　　　　　万卷出版公司
　　　　　（地址：沈阳市和平区十一纬路25号　邮编：110003）
印 刷 者：辽宁新华印务有限公司
经 销 者：全国新华书店
幅面尺寸：170mm×240mm
字　　数：370千字
印　　张：22
出版时间：2020年11月第1版
印刷时间：2020年11月第1次印刷
责任编辑：赵新楠
装帧设计：徐春迎
责任校对：高　辉
ISBN 978-7-5470-5432-1
定　　价：48.00元

联系电话：024-23284090
邮购热线：024-23284050

出版说明

"读万卷书，行万里路"这是中国古人"修身"的两条基本途径。晋代著名史学家陈寿给自己的书斋命名为"万卷楼"，此后，历代以"万卷楼"命名的书斋，由宋至清有数十家：宋代有方略、石待旦等；元代有陈杰、汪惟正等；明代有项笃寿、杨仪、范钦等；清代有孙承泽、黄彭年等。可见，"读万卷书"的理想在中国传统知识分子中是何等的根深蒂固。

读"万卷书"不仅是古人的理想，当我们懂得了读书的意义，都会自然而然地产生强烈的"博览群书"的愿望。然而，人类历史悠久，书籍浩如汪洋大海，时代发展到今天，科技与经济的发展更使得人类的精神领域空前丰富，获取信息与知识的途径不断增加。"万卷书"早已不再是一个象征性的概念，如何从这"万卷"之中，找到最值得细细品读的作品，已经成为人们必须解决的问题。

爱因斯坦曾说过："在阅读的书中找出可以把自己引到深处的东西，把其他一切统统抛掉。"这正是在阐述读书时选择的重要性。而他所说的把我们"引到深处的东西"无疑就是我们所需要深度阅读的作品，也就是我们常说的经典作品。

卡尔维诺对经典作出的定义之一是：经典就是我们正在重读的。的确，在对经典作品反反复复的品味中，人们思想得到了升华，从浅薄走向思考，最后走到通达。我们都曾有这样的感触，面对海量的书籍和信息，一方面，人们在向着功利性浅阅读大张其道，另一方面，我们的精神深处又在不断地呼唤能够滋养自己内心的深度阅读。因此，经典的价值不仅没有因为浅阅读时代的到来而有所损失，反而更显示出其珍贵来。

在惜字如金的中国传统典籍当中，从来不乏这种需要反复品味的经典。从先秦诸子到历代的经史子集，这些经典为一代代的中国人提供了取之不尽的精神滋养，为中华文化的传承和发展建立了基础。我们把这种包蕴中国文化的学问称为国学。国学的范围非常广泛，它包含了文学、历史、哲学、艺术、语言、音韵等在内的一系列内容。

包罗万象的国学经典为我们提供了广泛的教育。阅读国学经典，也就是在与我们的"先圣先贤"对话和交流，一步步地揳进我们的历史和传统。这个过程可以让我们领会先贤的旨趣，把握他们的神髓，形成恢宏的历史意识，可以让我们通晓文义、熟习经史、通彻学问，让我们成为博学之士。另一方面，国学经典所代表的传统学问，更是具有极为厚重的伦理色彩。阅读国学经典的过程，不仅是增进知识的过程，而且是一个熏陶气质、改善性情、提高涵养的过程，这个过程在潜移默化中培养着行谊谨厚、品行端方、敦品厉行的谦谦君子。

当然，随着时代的发展，国学早已不再是人们追求事功的唯一法典，我们也不赞成对国学的功能无限夸大。但毫无疑问，阅读国学经典，必能促进我们对真、善、美的崇敬之心，唤起我们对伟大、深邃、美好事物的敏感和惊奇，同时也让我们了解到先贤们在探寻知识过程中思考的重大课题和运用的基本原则。这些作品体现着我们民族精神的精髓，如《周易》所阐述的"自强不息"的君子人格，《论语》所强调的"和而不同"的包容精神，《诗经》所培养的温柔敦厚的情感，《道德经》所闪耀的思辨智慧，等等，它们共同构筑了中华民族传统的精神范式。品读先贤留下的经典，恰如与他们进行一次次心灵的直接触碰，进而去审视我们自己的内心，见贤思齐，激浊扬清。

正是基于对国学经典的这种认识，我们精选了这套《万卷楼国学经典》系列丛书，以期引导步履匆匆的现代人走近国学经典、了解国学经典。在选编过程中，我们希望能够体现这样一些特点。

首先，我们希望这套丛书能够最具代表性。在选目中，我们注重于最经典、最根源的作品，在有限的时间内，把那些最具影响力，最应该知道的作品提交给读者。四书五经、先秦诸子、唐诗宋词等这些具有符号意义的作品无疑是最应该为我们所熟知的，因此，我们首先推出的30种作品都是这些经典中的经典。

其次，我们希望能够做出好读的经典。在面对国学作品时，佶屈的文言和生僻的字词常让普通读者望而却步。所以，我们试图用简洁易懂的形式呈现经典，使普通读者可随时随地以自己的时间、自己的速度来进入阅读。因此，我们为原著精心添加了大量的注音、注释和译文，使读者能够真正地"无障碍阅读"。需要说明的是，我们对部分作品做了一些删减，将那些专业研究者更关注的内容略去，让普通读者能够更快地了解经典概况。作为一名普通读者，也许你会常常感慨，以前没有花更多的时间去读更多的经典，如今没有机会或能力来细读，但实际上，读经典什么时间开始都不算晚，"万卷楼"就是一个极好的途径。重读或是初读这些经典，一样可以塑造我们未来的生活。

第三，我们希望呈现一套富有美感的读物。对于经典而言，内容的意义永远排在第一位，但同时，我们也希望有精彩的形式与内容相匹配，因而，我们在编辑过程中选取了大量的古代优秀版画作为本书的插图，对图片的说明也做了精心设计，此外，图书的编排、版式等细节设计都凝聚了我们大量的思索。我们希望这套经典不只是精神的食粮，拥有文本意义上的价值，更能带来无限美感，成为诗意的渊薮。

"经典作品是这样一些书，我们越是道听途说，以为我们懂了，当我们实际读它们，我们就越是觉得它们独特、意想不到和新颖。"卡尔维诺经典的评论让人击节叹赏，我们也希望这套丛书能够彰显经典的价值，使读者在细细品读中真正融化经典，真正做到"开茅塞、除鄙见、得新知、增学问、广识见"。同时，经典又是可以被享受的。当我们走进经典之时，不能只作为被动的接受者，也可用个人自我的方式进入经典，做精神的逍遥之游，对经典作品进行贴近个体生命的诠释和阅读，在现实社会之中营造自由的人生意境和精神家园，获取一种诗意盎然的人生。

怎样阅读本书

原文： 根据权威版本，精心核校，确保准确性，对生僻字反复注音，使读者无障碍阅读。

注释： 准确、简明，极具启发性。

译文： 流畅、贴切，以现代白话完整展现原著全貌。

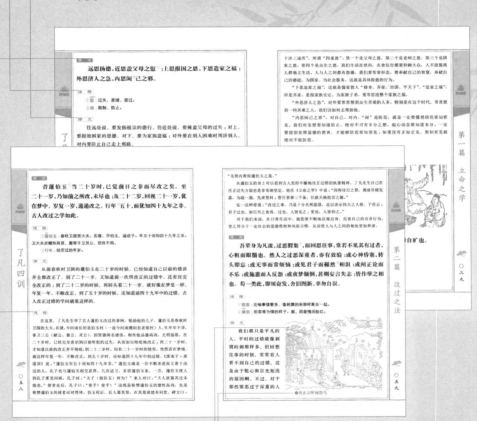

浅释： 用独特视角进一步解读袁了凡先生精妙的训子哲学。

插图： 精选历代精品古版画，美妙传神，增强美感。

图注： 以图释义，扩展阅读，丰富全书知识含量。

内容概要

　　《了凡四训》为明代袁了凡，于六十九岁时所作，以此来教戒他的儿子袁天启，认识命运的真相，明辨善恶的标准，改过迁善。全文分"立命之学""改过之法""积善之方""谦德之效"四个部分。文章篇幅虽然短小，但是寓理内涵深刻，兼融儒释道三家思想，尽现真善美中华文化，论证"种瓜得瓜""善有善报""积极进取""有愿皆成"的道理。平实而无虚华，深奥而不迷信。所以数百年来历久不衰，时至今日。仍然被人们广为传颂，脍炙人口。

　　为了读者阅读方便，本书对原作进行了精心加工，配以注释及译文，并辅以精美插图，使全书更具可读性。除了对《了凡四训》进行详细解读外，本书还收录了《袁了凡居士传》《云谷先大师传》《云谷禅师授袁了凡功过格》《安士全书》等部分篇章以飨读者，并配以译文，使本书内容更为翔实。

目录

了凡四训

第一篇　立命之学……………………〇〇一

第二篇　改过之法……………………〇四一

第三篇　积善之方……………………〇六二

第四篇　谦德之效……………………一二三

袁了凡居士传…………………………一三七

云谷先大师传…………………………一四一

云谷禅师授袁了凡功过格……………一四七

附　安士全书

文昌帝君阴骘文广义节录……………一五三

万善先贤集……………………………一九六

欲海回狂集……………………………二三〇

西归直指………………………………二九六

了凡四训

《了凡四训》是袁了凡先生晚年写的四篇训子文，主要阐述『命由我作，福自己求』的思想，讲述『趋吉避凶』的方法，强调命运掌握在自己的手中，只要积善累德、谦恭卑下、感格上天，就能求福得福，善报无尽。

《了凡四训》糅合了儒释道三家的思想学说，运用因果报应、福善祸淫之理，阐明忠孝仁义、诸善奉行以及立身处世之学。通过对此书的阅读，我们能对中国传统文化有感性的认识，从而一窥三教之学的梗概，同时也对自身品格的修养大有助益。此书自明末一出，即受士人推崇。不仅流传于中国各地，被高层文化人奉为『圣典』，还流传日本，对其政治和经济界产生了深远影响。

第一篇　立命之学

　　"立命之学"是袁了凡"四训"中的第一篇，是他晚年总结人生经验，训诫儿子的《立命篇》。在这一篇中，了凡先生以他自己改造命运的经过，同他所看到的一些改造命运的人的各种效验，来论述"命由我作，福自己求"的思想。

　　了凡先生在"立命之学"中，意欲让自己的儿子明白命运是可以改变的，要自己把握住自己的命运，并要建立改造命运的信心。告诉他不要被"命"束缚住，要竭力去做各种善事，不可以做坏事，从而去获得一个快乐美满的人生。

原　文

　　余童年丧父，老母命弃举业①学医，谓可以养生②，可以济人③，且习一艺以成名，尔父夙心④也。

注　释

　①**举业**：为应科举考试而准备的学业，旨在求取功名。
　②**养生**：养活自己和家庭。
　③**济人**：即以医术救济别人。
　④**夙心**：平素的心愿。

译　文

　　我在童年的时候就失去了父亲，母亲让我弃文从医，她说学医可以养活家庭，也可以救济别人，而且精通一技之长能够以此成名，这也是父亲生前的夙愿。

浅 释

　　了凡先生自称在其童年之时父亲就不幸去世了，只得与母亲相依为命，父亲的过早离世使家境陷入困顿。为了维持生计，母亲要求他放弃读书考取功名的举业，改学医术，这样既可以养家糊口，又可以悬壶济世、治病救人。

　　古时读书人始终是以步入仕途、兼济天下为人生最高旨趣的。不过科举进仕并非易事，其路途可谓漫长而艰辛。从生存的角度考虑，学医不失为一个切实可行的办法。并且习得一技之长，技艺精湛而成为一代名医，这也是他父亲生前的夙愿。其实，治病救人与读书救国在古往今来的知识分子的心目中往往是有相通之处的。古有"不为良相，便为良医"之说，二者最关乎民生痛痒。宋朝名相范仲淹的志向就是做宰相和医生，言唯有此二者能救人，后来果然位列朝班，却能居庙堂之高，处江湖之远，"先天下之忧而忧，后天下之乐而乐"。近代知识分子、新文化运动旗手鲁迅早年也曾远渡东瀛，立志习医以救国民，后又弃医从文，投身到唤醒国人精神与灵魂的战斗中去。从治疗人的躯体和生命到心怀家国天下，这是中国历来知识分子们内在所具有的精神品格。

　　童年时期的了凡先生，就这样听从母亲的劝告，放弃做官的念头而改为学医。

原 文

　　后余在慈云寺①，遇一老者，修髯②伟貌，飘飘若仙，余敬礼之。

注 释

　　①寺：原为中国古代官署名。后佛教用以称僧众供佛和聚居修行的处所，在我国主要指佛寺。

　　②髯(rán)：两侧面颊腮部的胡子，也泛指胡子。古人有长髯、美髯、白发苍髯等说法，古人认为髯的多少及色泽好坏与血气盛衰有关。

译 文

　　后来我在慈云寺，遇到一位老人，长须飘飘、相貌堂堂，飘飘然宛若神仙一样，我对他非常尊敬并以礼相待。

浅 释

　　了凡先生为什么会到寺院来，表面上看来似乎是偶然和巧合，其实历来古代的知识分子们大都喜欢流连于寺院。清幽的古刹往往是居住、读书的绝佳之境。宋代大文豪苏轼就曾有《宿蟠桃寺》诗云："板阁独眠惊旅枕，木鱼晓动随僧粥。"古代文人和僧人常有交往，诗歌唱和，书画过从。当然，也有僧人嫌弃落魄文人寄居寺庙白吃白住的，在历史上也是有此趣闻典故的。

在人生行进的道路上，经常会遇到一些令人生发生转折和改变的人。了凡先生在慈云寺便碰见了这样一位老人。老人长得相貌魁伟，仙风道骨，更有一捧长长的须髯。了凡先生见到此老者一派飘飘欲仙的模样，不敢怠慢，连忙行礼以示恭敬。

原 文

语余曰："子仕路①中人也，明年即进学②，何不读书？"余告以故，并叩老者姓氏里居。曰："吾姓孔，云南人也。得邵子③皇极数正传，数该传汝。"余引之归，告母。母曰："善待之。"试其数，纤悉④皆验。余遂启读书之念，谋之表兄沈称，言："郁海谷先生，在沈友夫家开馆⑤，我送汝寄学甚便。"余遂礼郁为师。

注 释

①仕路：指做官的途径。

②进学：科举时，童生参加岁试，被录取入府县学肄业，称为进学。进学的童生被称为秀才。

③邵子：即邵雍，字尧夫，谥康节。邵雍本是中国思想史上一位著名的易学家，他以《易传》为基础，以象数为中心，以易图为张本，创立先天易学，并在此基础上，用元、会、运、世等概念来推算天地的演化和历史的循环。邵雍在世时便以"遇事能前知"而名声在外，民间流传的"二雀争梅"与"邻人借斧"的故事，就是他即兴占卜而应验的佳话。其代表作有《皇极经世书》（《观物内外篇》和《渔樵问对》）、《伊川击壤集》等。

④纤悉：细微详尽。

⑤开馆：开设学馆教授生徒。

译 文

老人对我说："你注定是仕途上的人啊，明年就可以参加岁试进入学校当秀才了，不知你现在为什么不读书呢？"我就将其中的缘由据实告诉了他，并且询问老人的姓名和籍贯。他说："我姓孔，是云南人。得到了邵雍先生《皇极经世书》的正统传授，命中注定应该再传授给你。"我把他请回家，并禀告了老母亲。母亲说："你要好好跟他学习。"我们多次试验他的占卜之术，事无大小都能应验。我这才开始有了读书的念头，与表兄沈称商量，表兄说："郁海谷先生正在沈友夫家中开馆授徒，我送你到那里跟他们一起读书也很方便。"于是我便拜郁海谷先生为师了。

了凡四训

浅　释

老人告诉了凡先生，其仕途比较发达，命里官运亨通，并且明年就能考取秀才，因此对了凡先生拥有做官的命却不读书求取功名感到很奇怪。了凡先生如实相告，转述了母亲的意愿，同时他恭敬地向老人询问尊姓大名以及来自何处。老人告诉了凡先生，自己姓孔，云南人，已经得了邵雍皇极数术的真传，并且运数上正应该传授给了凡先生。

了凡先生此时年仅十五岁，却有此奇遇，并非完全是机缘巧合，他能对陌生的老者礼敬有加，是很重要的因由，说明他谦逊知礼、诚心待人，具有很好的根器和气禀。了凡先生听了孔姓老人的一番言语后，将他请至家中，向母亲做了禀报，母亲着他好好善待老人。其后，了凡先生试探了老人的术数，尽皆应验，分毫不差。于是便有了读书的念头。家中只有寡母，只好找到表兄沈称与之商量。表兄思考之后对他说：知道有位名叫郁海谷的私塾先生正在沈友夫家授课教学，可以送了凡先生去那里跟随寄读，也十分便利。于是，了凡先生便拜郁海谷先生为师开始读书。

原　文

孔为余起数①：县考童生②，当十四名；府考③七十一名，提学④考第九名。明年赴考，三处名数皆合。复为卜终身休咎，言：某年考⑤第几名，某年当补廪⑥，某年当贡⑦，贡后某年，当选四川一大尹，在任三年半，即宜告归。五十三岁八月十四日丑时⑧，当终于正寝，惜无子。余备录而谨记之。

注　释

①**起数**：占卜用语，通过象，即各种现实中已存在的事物的表征，根据既定的规则，换算为数，搭配成卦，进而通过分析卦变的各种可能性，来推断出事物发展的未来走向。

②**县考童生**：由知县主持的考试，试期多在二月。要参加科举考试取得功名的士子，先向本县礼房报名应试，须填写姓名、籍贯、年岁、三代履历，并取得本县廪生保结。考五场，各场分别试八股文、试帖诗、经论、律赋等。一般来说，第一场录取后即有资格参加上一级的府试。县考，即县试。童生，明清时期，府、州、县学的应考者称为童生，或称儒童、文童。名称中虽则有"童"字，但是童生的年龄是大小不一的。只要未取得府、州、县学的生员资格，均称童生。

③**府考**：即府试。科举制度中由府一级进行的考试称府试。经县试录取的童生得以参加管辖该县的府（或直隶州、厅）的考试。试期多安排在四月，报名手续与县试略同。府试录取以后，即取得参加院试的资格。

④**提学**：学官名。宋崇宁二年（1103）在各路设提举学事司，管理所属州、县学校和教育行政，简称"提学"。每年视察各地学校，查考师生勤惰优劣。历代沿制。明正统元年（1436）改为提调学校司，设两京提学御史，由御史充任。各省设提督学道，以按察使、副使或佥事充任，称提学道。从此提学成为专管地方教育文化的最高行政长官。

⑤**年考**：又称"岁考"。明代提学官和清代学政，每年对所属府、州、县生员、廪生举行的考试。分别优劣，酌定赏罚。

⑥**补廪**：明清科举制度，生员经岁、科两试成绩优秀者，增生可依次升廪生，称为"补廪"。

⑦**当贡**：科举制度从府、州、县生员（秀才）中选拔入京师国子监读书的学子。生员（秀才）一般隶属于本府、州、县学，除应乡试中举人为"正途"之外，其余未中试者而考选升入京师国子监读书以谋求出身的，称为贡生，意思是以人才贡献给朝廷以备选用。

⑧**丑时**：夜里一点至三点。

译文

孔先生为我占了一卦，结果是：县考童生时，应当考中第十四名；府考时为第七十一名，提学主持的考试中为第九名。第二年我去参加考试，三处考试的名次都完全相符。孔先生又为我占卜一生的吉凶祸福，他说：某某年会考中第几名，某某年应当升为廪生，某某年可以选拔进京师国子监读书成为贡生，入贡后某年，应当被选为四川某方面的大官，在职三年半后，便应该告老辞官还乡。五十三岁那年的八月十四日的丑时，会寿终正寝，可惜最后没有儿子。我把这些都完整地记录下来并牢牢记住。

文中孔术士为了凡先生所做的预测，一般来说，应是运用出生时间的天干地支，也就是俗称的生辰八字作为起数的依据。孔先生通过对了凡先生生辰八字所成卦象的分析，将其一生的命运，主要是仕途发展的前景揭示出来，栩栩如生、历历在目。相比邵雍祖师的神占来说，孔先生之能只算是雕虫小技，邵雍仅靠邻人五声叩门，就推算出他是来借斧头的；但在了凡先生看来，孔术士的术数是很了不起的，故而他要"备录而谨记之"。对预测之术的虔信与他后来改变自己命运的决心形成了鲜明对比。

孔先生替了凡先生起数所推算的命运是：在第二年的县考中是第十四名，在其后的府考中是第七十一名，提学考则是第九名。了凡先生十六岁这年，果然考试考取了，并且名次与孔先生推算的完全一致。在这一年内的三次考试中，名次和结果也都一如孔先生所说，可谓毫厘不差。这令了凡先生内心完全折服，于是请孔先生为他算定终生命运的吉凶祸福。孔先生告诉他，哪一年考试会考第几名，哪一年会补廪而成为廪生，作为秀才的一个级别，廪生就可以领取国家发给的米粮了。哪一年可以当贡生，达到秀才的最高级别，获取入太学即国家大学读书的机会和资格。孔先生甚至告诉他，在他出贡后的某一年还会当上四川一个县的知县。任职三年半后就应告老还乡、辞官退隐。在五十三岁那年的八月十四日丑时离开人世，寿终正寝。还有一点就是命中无子。了凡先生将孔先生为他所推算的一生之流年休咎均备录在案，给自己做一个参考。

自此以后，凡遇考校，其名数先后，皆不出孔公所悬定^①者。独算余食廪米九十一石五斗当出贡^②，及食米七十一石，屠宗师即批准补贡，余窃疑之。

①悬定：预定、算定的意思。

②廪米：指官府按月发给在学生员的粮食。 **出贡**：科举考试中屡试不第的贡生，

可按资历依次到京，由吏部选任杂职小官。某年轮着，称为"出贡"。

从此以后，凡是遇到考试，每次考试所得名次，都与孔先生所算的一样。只有一件不同：孔先生算我为廪生时领取官府九十一石五斗廪米时就可以按资历到京出贡选职了，但当我领取七十一石的时候，屠宗师便批准我可以补上贡生了，我暗地里也很怀疑。

儒家思想中有"知命"的思想，《论语》中孔子曾经受到当时一些隐者的讥讽，认为他"知其不可而为之"。这里，儒家思想是指每个人都有他应该做的，每个人所能够做的，就是一心一意尽力去做我们知道应该做的事，而不要计较成败，这就是儒家"知命"的思想。

知命就是承认世界本来客观存在的必然性，不为外在成败而萦怀牵累，做到这一点，也就能"永不言败"，也就是儒家所谓的君子。

了凡先生这里则是流于宿命的思想，因为从此以后，凡是遇到考试，他的结果名次都如孔先生所事先算定的一样。命运流转似乎已经毫无悬念。唯独在推论了凡先生做廪生领取到国家九十一石五斗粮食就能出贡一点上，第一次出现了差池。因为当了凡先生领到米粮七十一石时，就被当时掌管一省教育的姓屠的提学批准补贡，这一点似乎算得不太准确。

后果为署印①杨公所驳，直至丁卯年②，殷秋溟③宗师见余场中备卷，叹曰："五策④，即五篇奏议也，岂可使博洽淹贯之儒⑤，老于窗下乎！"遂依县申文准贡，连前食米计之，实九十一石五斗也。余因此益信进退有命，迟速有时，澹然⑥无求矣。

①**署印**：代理官职。这里指代理提学之职的杨姓官员。

②**丁卯年**：即 1567 年。

第一篇 立命之学

○○七

③**殷秋溟：**指殷迈（1512—1581），字时训，号秋溟，直隶南京人。嘉靖二十年（1541）进士，授户部主事，历江西参政、南京太常寺卿。

④**策：**古代考试的一种文体。

⑤**博洽淹贯：**这里形容知识广博、深通广晓。洽，指对理论了解得透彻。淹，指文义透彻。贯，指功夫一以贯之。

⑥**澹然：**清心寡欲的样子。

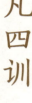

了凡四训

译　文

后来这件事果然被代理提学的杨先生驳回，直到丁卯年，殷迈宗师看到我正式考试所作文字的备卷，赞叹道："这五篇策论，就是给朝廷的五篇奏议啊，怎么能让渊博而明理的儒者老死于窗下呢！"于是便依从屠宗师的申文而批准出贡，连同前边领取的米一起计算，恰好九十一石五斗。我因此更加相信一进一退皆有天命，发迹的快慢也都各有因缘，所以也就无所欲求了。

浅　释

正当了凡先生疑虑猜度之时，其结果是屠宗师批准补贡的文件被杨姓代理提学给驳回了，一直到丁卯年，了凡先生三十三岁上，此时主持教育的殷秋溟在闲暇时不经意地翻阅到了凡先生的旧卷文，不由得感慨系之：这五篇策论文章，写得如此之好，简直就是五篇朝堂上的奏议！怎么能让如此见闻广博、学识丰富而又有德行的人老于窗下，当一辈子穷秀才呢？古代读书人最害怕的就是一辈子终老于窗下，唯希望"十年窗下无人问，一举成名天下知"，从此尽享人间富贵。读书的旨趣发生了质变，包括封建统治阶层也正是利用这一点来利诱古代读书人的，而这种以华堂美色、车马奴仆为诱饵，使得读书变得越发功利了，反成为读书人的思想禁锢，失去了其原初的意义。

殷秋溟再次为了凡先生申请补贡，获得批准，又一次应验了孔先生的预言，确实在了凡先生廪米领到九十一石五斗时出贡了。这使了凡先生彻底地相信了命运有定数，不可强求。他这种宿命论的思想又不同于孔子的"知天命"，孔子说"富贵在天"，但重点还是强调"成事在人"，主张"知其不可而为之"，而了凡先生却从此了无妄念，与世无所争，与人无所求。

贡入燕都^①,留京一年,终日静坐,不阅文字。己巳^②归,游南雍^③,未入监^④,先访云谷会禅师于栖霞山中,对坐一室,凡三昼夜不瞑目。

注 释

① **燕都**:指燕京,即今北京。

② **己巳**:指 1569 年。

③ **南雍**:明代称设在南京的国子监。雍,辟雍,古之大学。

④ **入监**:称进国子监读书为"入监"。国子监,中国古代最高学府和教育管理机构。

译 文

以出贡的机缘而进入北京,在京师一年,我却整天静坐,不看文字。己巳年回来,进入南京的国子监读书,在还没有入学前,我先去栖霞山拜访了云谷法会禅师,与他在一间禅室中相对而坐,三天三夜不合眼。

浅 释

了凡先生补贡后即成为被选拔入京师国子监读书的学子,于是他到北京停留了一年。这一年里,他终日静坐,无所事事。静坐实则是儒、释、道三家共有的修养方法,儒家有所谓"主静",有"半日读书,半日静坐";道家有"心斋""坐忘";佛家更讲禅定,"戒、定、慧"乃"三学"之一。

了凡先生不仅终日静坐,而且不阅文字,即不思进取,丧失了求知欲。因为既然一切皆是命定的,那么人为地去求知和作为也都是徒劳和枉然的。此时的了凡先生已深深陷入了为命运所拘的无可奈何之中。

一年后,即隆庆三年(1569),了凡先生回到南京入当时的高等学府国子监读书。南京乃"六朝佳丽地,金陵帝王州",是当时人文荟萃的文化中心。了凡先生此时对于读书进取已经丝毫没有欲念,他更关注的是人生观如何为继的问题,所以他到南京后先行去拜望了当时的佛门高僧云谷禅师。之前与孔先生是偶遇,而此次见云谷禅师则是专访,冥冥之中还是与佛有缘,其实是人具备了怎样的气禀就会遇到什么样的人和事。

云谷乃是禅师的号,其法名为"法会",明代憨山德清曾经撰有《云谷大师传》。大师早有异志,十九岁便开始行脚参方,遍访名师问道。云谷禅师也曾一度执迷于道

第一篇 立命之学

济禅师的教化之语，日夜参究，废寝忘食。云谷大师所住栖霞山，古称摄山，因山上多珍贵草药，有利于人摄之养生，故而得名。云谷大师爱其环境幽深，入山修行。后来云谷禅师名声不胫而走，声震金陵。在当地名流和官员们的助益下，栖霞道场得以恢复；以后的栖霞寺也成为东南古刹，名动一方。

了凡先生去参访云谷禅师，由于心如死灰，了无生趣，所以他与云谷禅师在一间房间里相对而坐，接连三天三夜都没有合眼，也未曾说过一句话，颇似禅家所说的"不倒单"，仿佛有着高深的道行。

了凡先生之所以在燕都能终日静坐，此时又能三昼夜不合眼，可以推论他于静坐上是修学有年的，加之在认识云谷禅师之后，又精研天台禅定之学，以至后来总结自己的心得著成《静坐要诀》一书。

原　文

云谷问曰："凡人所以不得作圣者①，只为妄念②相缠耳。汝坐三日，不见起一妄念，何也？"

注　释

①**圣者**：圣人。
②**妄念**：虚妄的意念。佛教意为凡夫贪着六尘境界的心。

译　文

云谷禅师问我说："普通人之所以不能成为圣贤之人，都只因有过分的贪念纠缠。你坐了三天，却没有起一丝妄念，这是什么缘故呢？"

浅　释

云谷禅师对此颇为惊异，认为了凡先生悟性极高，定力非凡。于是便询问道："凡夫俗子们之所以不能成佛称圣，就是因为妄想、了别、执着等念头纠缠于心，无法止定，而你在这里整整静坐三昼夜而不起心动念，这是什么原因呢？"

佛教认为妄念即是虚妄不实的心念，亦即无明或迷妄之执念。此系因凡夫心生迷误，不知一切法的真实之义，内心时时刻刻遍计构画、颠倒妄想，产生迷误虚妄情境，生出错误思考和心念。所以说妄念是我们心中不断升起和牵扯的念头。念念不断、烦恼无尽。如果能追溯到烦恼妄念产生的源头，我们定会会心而笑，因为原本是空无一物，庸人自扰之。

了凡四训

〇一〇

原文

余曰："吾为孔先生算定，荣辱生死，皆有定数①，即要妄想②，亦无可妄想。"云谷笑曰："我待汝是豪杰，原来只是凡夫③。"

注释

①**定数**：一定的气数、命运。谓人生世事的吉凶祸福皆由天命或某种不可知的力量所决定。

②**妄想**：不切实际的打算。

③**凡夫**：佛教认为，迷惑事理和流转生死的平常人为"凡夫"。

译文

我说："我被孔先生算定了一生，生与死、得意与失意，都各有天定，即使想要妄想，也没有什么可想的。"云谷禅师笑着说："我原把你视作豪杰，原来只是凡夫俗子罢了。"

浅释

了凡先生说，自己的命运已经被孔先生所推算论定，一生的得意和失落乃至生死大事，都有了定数，而且二十年来没有丝毫差错，起心动念也是枉然。生死问题历来是世人思索的问题，一旦连生死都已算定，那么生命也就失去了很多意味。了凡先生已经被算定在五十三岁时终了此生，一生平平淡淡、没有过失，为命所缚，不得半点自在，实在是一个不折不扣的凡夫。

由于了凡先生能三天三夜不动妄念，云谷禅师以为他有超脱的智慧；但听了他所说的话后，云谷禅师笑道："我原本将你认定为豪杰丈夫，却没想到原来是个凡夫俗子。"

原文

问其故，曰："人未能无心①，终为阴阳所缚，安得无数？但惟凡人有数；极善之人，数固拘他不定；极恶之人，数亦拘他不定。汝二十年来，被他算定，不曾转动一毫，岂非是凡夫？"

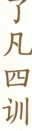

注 释

①心：这个"心"是妄想心。佛教所说的"妄想心"与"妄念""妄执"等同义。"谬执不真，名之为妄。妄心取相，目之为想。"

译 文

我问他原因，他说："人都不可避免有妄想之心，于是终究被天地所束缚，那怎么能没有定数呢？但是只是凡人才有定数；最好的人，定数本来无法拘束他；非常坏的人，定数也不能拘束住他。你二十年来的生活，都被孔先生算定，没有丝毫更改，岂不是凡夫俗子吗！"

浅 释

对于云谷禅师的讥笑，了凡先生忙问其缘故。云谷禅师说：人不能没有妄想心，人无法避免自己起心动念。由于心的执着而无法如实知见事物，产生谬误的分别。人心念的妄想实在是作茧自缚，辗转生成无边的烦恼，反而使得原本清净的心性陷入命运的流转，为命运所拘束。怎样才能使得自己不囿于定数？其实只有平凡庸碌的人，才会被生命定数拘束住而无法超越。

云谷禅师接着说：极善的人，福德随其行善而日渐增长，所以他的命运就不是定数；极恶的人，其原本可能有的福德反而随着他的造恶而日趋折损，所以他的命运也不能被算定，这一切都要看他们的造业。而了凡先生自从被孔先生算定命数以后，二十年来完全没有做任何努力而为命运所拘，不曾转动命运丝毫，实为命数所转，所以云谷禅师说他是个标准的凡夫。整日里如此作为却不知其所以，习惯了也不知道为什么会这样，一生都从这条大路上走过去，却不了解人生之道，这样的人是一般的人。在还未遇到云谷禅师之前，了凡先生就是这样的人，虽然知道了自己的命运走向，却不知所以然。

原 文

余问曰："然则数可逃乎？"曰："命由我作，福自己求。诗书所称，的为明训。我教典①中说：求富贵得富贵，求男女得男女，求长寿得长寿。夫妄语②乃释迦大戒，诸佛菩萨，岂诳语欺人？"

注　释

①**教典**：佛教的经典。

②**妄语**：佛教所说的十恶之一。

译　文

　　我问他："然而，这种定数是否可以逃避呢？"云谷禅师说："一个人的命运其实是由我们自己设定的，福也要向自己来求。这是诗书中所说的，的确是明理的训诫。我们佛教的经典中说：想要求取富贵就能得到富贵，想要求取男女后代也一定能得到后代，求长寿的人也能得到长寿。说谎是佛家的大戒，佛祖与菩萨怎么可能说谎话骗人？"

浅　释

　　了凡先生听了这番话以后，向云谷禅师请教："人难道可以逃脱命运的安排吗？"云谷禅师告诉他：命运是由我们自己造作的，与别人不相关；福报是要自己去求来的。虽然完全肯定和了解命运，但命运是可以改变和改造的。求富贵可以得到富贵，求生男生女、求长寿延年都可以得到。这似乎是说佛教是"有求必应"，这样理解则又陷入了迷信和功利主义，应该说我们要相信通过弃恶向善、修炼自我、广种福田，一定会有所回报，得到你的愿望。佛教不会欺骗众生，佛家的大戒就是反对以妄语来欺诳他人。佛说法是真实的，不说假话，说的是老实话，实实在在，是什么样子就说什么样子。不诳语，是不打诳语；不异语，是没有说过两样的话。

原　文

　　余进曰："孟子言：求则得之①，是求在我者也。道德仁义可以力求；功名富贵，如何求得？"云谷曰："孟子之言不错，汝自错解耳。汝不见六祖②说：一切福田③，不离方寸④；从心而觅，感无不通。求在我，不独得道德仁义，亦得功名富贵；内外双得，是求有益于得也。"

注　释

①**求则得之**：语出《孟子·尽心上》："求则得之，舍则失之。"意思是，仁、义、

礼、智，并不是从外面来历练我的，而是我自己本来就有的，只是不去想罢了，所以说，推求就能得到它，舍弃就会失掉它。

②**六祖**：指禅宗的六祖惠能（638—713），俗姓卢氏，唐代岭南新州（今广东新兴）人。得黄梅五祖弘忍传授衣钵，继承东山法门，为禅宗第六祖，世称禅宗六祖。

③**福田**：佛教以为供养布施，行善修德，能受福报，犹如播种田亩，有秋收之利，故称。

④**方寸**：指"心"。

了凡四训

○一四

译　文

我进一步说："孟子曾说：凡是求取的，就能得到，这是说求取那些可以由我做主的东西。所以道德与仁义可以努力求取；但功名富贵该如何求取呢？"云谷禅师说："孟子的话并没有错，但你自己理解错了。你没听见六祖惠能说吗，一切行善修德的福田，都离不开自己的方寸之心；如果从自己的心去寻觅，所有的感官都是相通的。求取由我做主的东西，却不只是得到了道德与仁义，也可以得到功名与富贵；内在的修养和外在的价值都能兼得，这样的求才是有益于获得的探求。"

浅　释

了凡先生引用孟子的话进一步追问云谷禅师，《孟子·尽心上》中说："求则得之，舍则失之，是求有益于得也，求在我者也。求之有道，得之有命，是求无益于得也，求在外也。"说的是追求就能获得，放弃就会失去，这是一种有益于获得的积极探求方式，因为所探求的对象存在于自身之内，而探求虽然有一定的方式，得到与否却一味屈从于命运，这是一种无益于获得的探求，这是因为所贪求的对象是存在于我们自身之外的。我们可以看出这是儒家思孟学派的重要修行方式，求则得之，舍则失之，求有益于得也。了凡先生认为道德仁义可以努力求之，功名富贵乃是身外之物，又怎么去求呢？他认为孟子说的这一点只适用于道德修养层面，而无法给人生以指导。

云谷禅师说：孟老夫子的言论本没有错，只是你自己理解错了。六祖慧能大师曾说"一切福田，不离方寸"。这个"方寸"即是指我们的当下现实之心。这一改变具有革命性的意义，称为"六祖革命"。福田即是能生福德之田，凡敬侍佛、僧、父母、悲苦者，即可得福田，这好比农人耕田，春种秋收，行善修慧就如同下种于田，能获福慧之报。慧能说自己心中常生智慧，这些智慧不离自性，就是福田。向内心寻觅，就没有什么不能通晓顺应的，向内心探求，内在的修养和外在的价值都能兼得，这样的求，是正确的探求，是有益于获得的探求。求道德仁义如此，求功名富贵如此，求学问也是如此。我们读书为学也不是为了他人或为了世俗功利，最本质和关键的还是提升自我修养，助益道德人生，以此利益社会众生。

原　文

"若不反躬内省①，而徒向外驰求，则求之有道，而得之有命矣，内外双失，故无益。"

因问："孔公算汝终身若何？"余以实告。云谷曰："汝自揣应得科第否？应生子否？"余追省良久，曰："不应也。科第中人，有福相，余福薄，又不能积功累行②，以基厚福；兼不耐烦剧③，不能容人；时或以才智盖人，直心直行，轻言妄谈。凡此皆薄福之相也，岂宜科第哉。

注　释

①**内省**：内心自我省察，自我反省。
②**积功累行**：长期行善，积累功德。
③**烦剧**：纷繁杂碎。

译　文

"如果不对自己进行反省，却徒然向外部世界去求索，那样的话求取就有一定的道，而能得与否自有命数，倘若一味强求，内在的修养与外在的价值就都失去了，因此这种求取是毫无益处的。"

于是云谷禅师再问我："孔先生给你算的一生运数是怎样的呢？"我如实告诉了他。云谷禅师说："你自己觉得你应该得到科考功名吗？应该有儿子吗？"我自省了很长时间，说："这些都不应该得到啊。经过科举而得到功名的人，都有福相，我却福薄，又不能修行积德，来培植更厚的福报；加上不能忍受复杂的事，不能容忍别人；有时还因为自己的才智胜过别人，从而想到什么就做什么，说话随意不假思索。这些都是福薄的相，怎能有科举的功名呢？

浅 释

无论是求内在的德行，还是求外在的资生之具，我们都要反躬内省去探求，人需要经常的反省，只有反省才能进步，才能充实自己的德行，而不是向外攀缘，向外求驰。纵横世间，只是为了贪图一时的畅快，在追求中迷失，使自己的清净本心因为过分的激动而狂乱。这样就不能向内探求，从而认识自我，而是被外力牵扯，心为形役。这样的寻求是迷失方向的，一旦求之不得，会认为"求之有道，而得之有命"，陷入悲观绝望，只会内外双失，了无益处。

云谷禅师又问了凡先生，孔先生为其所算的一生流年。了凡先生据实相告，如哪一年得科第，命中算定无子等。云谷禅师反问道：你自己扪心自问，是否应该得科第？你是否应该有儿子？了凡先生开始内省和反思，良久之后，说：实在是不应该能中科举的人。中科举的人都有福相，而自己却十分福薄，又不能够积累功德善行，使自己的福德的根基更加牢厚，加之又不愿意做过于烦琐的事情，不能包容别人，心胸狭窄。又经常凭借自己的聪明才智处处压人、鲁莽任性地轻易乱说，且言语刻薄。这些都是福德浅薄的表现，这怎么能适合考取功名呢？

原 文

"地之秽者多生物，水之清者常无鱼；余好洁，宜无子者一；和气能育万物，余善怒，宜无子者二；爱为生生①之本，忍为不育之根；余矜惜名节②，常不能舍己救人，宜无子者三；多言耗气，宜无子者四；喜饮铄精，宜无子者五；好彻夜长坐，而不知葆元毓神③，宜无子者六。其余过恶尚多，不能悉数。"

注 释

①生生：指事物的不断产生、变化。《易·系辞上》："生生之谓易。"王弼注："阴阳转易以成化生。"孔颖达疏："生生，不绝之辞，阴阳变转后生次于前生，是万物恒生谓之易。"清戴震对"生生"做了新的阐述："生生者化之原"，物种各自"生生"，是"化之流"，并指出万物再生规律"生则有息，息则有生，天地之所以成化也"。

②**矜惜**（jīn）：怜惜。

③**葆元毓神**（yù）：保养元气，养育心神。葆，保持。毓，养育。

译　文

"土地中越脏的地方越能生长万物，清澈的水中却常常没有鱼；我喜欢干净，这是不应该有儿子的第一个原因；和气能培育万物，我却生性易怒，这是不应该有儿子的第二个原因；对万物的仁爱是世界生生不息的根本，残忍是不能化育的根由；我却因为爱惜名声与节操，常常不能舍己救人，这是不应该有儿子的第三个原因；说话多会耗费气力，这是不应该有儿子的第四个原因；喜欢喝酒从而消损精气，这是不应该有儿子的第五个原因；喜好整夜长坐，而不知道保养元气，养育心神，这是不应该有儿子的第六个原因。其余的过失与恶行还有很多，无法详细地指出来。"

浅　释

大地虽然脏乱，但它的沃土却能生长作物。宋代周敦颐有《爱莲说》一文："予独爱莲之出淤泥而不染，濯清涟而不妖，中通外直，不蔓不枝，香远益清，亭亭净植，可远观而不可亵玩焉。"莲花可喻君子，其可贵之处正是在于虽扎根于淤泥之中，却开出如此洁净的花。汉朝班固《汉书·东方朔传》中说："水至清则无鱼，人至察则无徒。"水太清净了，就没有鱼能够生存；人过于苛察，对别人求全责备，就不会有朋友和追随者。了凡先生过于喜好洁净，这可以说是没有儿子的第一个原因。家和万事兴，上下和睦，国家也能长盛不衰，所以说和气非常重要，而了凡先生却特别爱发脾气，这应该是没有儿子的第二个原因。慈爱是事物生生不息的根本，而了凡先生却缺乏爱心。他还爱惜名节，不能舍己救人，这也是他不该有儿子的第三个原因。他很爱说话和发牢骚，更喜欢挖苦讽刺别人，常常在公众场合给人难堪，让人下不来台，这种不积口德、造口业，也是不该有儿子的第四个原因。了凡先生还嗜好喝酒，酗酒会伤害自己的精神和体力。所以说了凡先生饮酒伤身也是不该有儿子的第五个原因。了凡先生还因为长期静坐不睡眠，不注意保养元神，这是没有儿子的第六个原因。其他过失造恶还很多，不能一一枚举，这些都是他反省而得的思索。

原文

云谷曰："岂惟科第哉。世间享千金之产者,定是千金人物;享百金之产者,定是百金人物;应饿死者,定是饿死人物;天不过因材而笃,几曾加纤毫意思。即如生子,有百世之德者,定有百世子孙保之;有十世之德者,定有十世子孙保之;有三世二世之德者,定有三世二世子孙保之;其斩焉无后者,德至薄也。汝今既知非,将向来不发科第,及不生子之相,尽情改刷;务要积德,务要包荒①,务要和爱,务要惜精神。从前种种,譬如昨日死;从后种种,譬如今日生:此义理再生之身。

注释

①包荒:包涵、宽容的意思,指拓开心量、包容一切。

译文

云谷禅师说:"以上说的岂止只是科举功名。人世间享受千金产业的人,一定是拥有千金福报的人物;享受百金产业的人,一定是百金福报的人物;应该饿死的,一定是本就该遭受饿死果报的人物。上天只是按照每人原本的福报来进行,哪里曾经加入过一丝一毫的念想。就比如繁衍后代的事,积累了百世德行的人,就一定有百世的子孙来承继香火;积累了十世德行的人,就一定有十世的子孙来承继香火;只积累了三世两世德行的人,也必定有三世两世的子孙来承继香火;那些中断而没有后人的人,是积德太少啊。你现在既然知道自己以前的过失,就应该把一直以来不能考中科举功名,以及不能生儿子的表象因素,全都尽力改正刷新;一定要积累功德,一定要包容,一定要和谐友爱,一定要爱惜精神。从前的种种行为,就好像昨日已死;今后的种种行为,就好像今天的新生:这就是超越命数的义理再生的慧命之身。

浅 释

云谷禅师说：难道仅仅是考功名这件事吗？世上享有大富大贵、拥有千万钱财的人，他就是千金人物，是他过去修福得来的福报。过去世修大福，今生就得大福报，过去世修小福，今生就得小福报。被饿死的是没有修福报的，且过去造业深重，自作自受。上天对待一切都是公允的，顺应自然的因果报应，没有加入一丝一毫的意念。好比子孙繁衍，祖宗有百世之德的，必定有百世的子孙传承；祖上有十世福德的，就有十世的子孙传承；祖上有三世两世福德的，就有三世两世的子孙传承。现在，了凡先生既然知道了自己的过失，就应该把这些因为过失而表现出来的不能考取功名以及没有子嗣等表象洗刷和纠正过来，务必要积善积德，务必要拓开心量、包容一切，务必要和气慈爱，务必要保惜精神，不可喝酒熬夜。

禅师这番话，其实是看到了凡先生有可教之处，于是进一步广而论之，让其有所心得。佛教中提倡发愿，有如世人的立志，一切菩萨于因位时所应发起的四种广大之愿，又作四弘愿、四弘行愿、四弘愿行、四弘誓、四弘。《六祖坛经》中说：众生无边誓愿度，谓菩萨誓愿救度一切众生。烦恼无尽誓愿断，谓菩萨誓愿断除一切烦恼。法门无量誓愿学，谓菩萨誓愿学知一切佛法。佛道无上誓愿成，谓菩萨誓愿证得最高菩提。能发大愿，何愁不能超越命数。昨日种种，如水东流，不再想它；今后种种，改过自新，超越命数，再生义理之身。

原 文

"夫血肉之身，尚然有数；义理之身，岂不能格天①？《太甲》②曰：'天作孽，犹可违；自作孽，不可活。'诗云：'永言配命③，自求多福。'

注 释

①格天：感通于天。

②《太甲》：《尚书》篇名，分上、中、下三篇，记载商王太甲与伊尹的事迹。

③配命：配合天命而行事。

译 文

"血肉构成的身体，尚且有定数；义理再生的身体，难道不能感动上天？《尚书·太甲》中说：'上天所作的罪孽，还可以挽回；自己作下的罪孽，就在所难逃。'《诗经》说：'经常配合天命来行事，自己求取更多的福报。'

浅 释

　　血肉之身就是指我们现在的身体，是父精母血的肉身。它无法离开妄想、分别、执着，而归落于命数，所以是能够被推算的。义理指真理，义理之身，即得真理启发下的慧命之躯。《成实论·众法品》曰："佛法皆有义理，外道法无义理。"改正以前不善的观念、行为，使之与义理相应，如此展开的合理合道的人生则是能够超越命数的。

　　《尚书·太甲》篇上也说过："天降的灾害还可以躲避，自作的罪孽，逃也逃不了。"《诗经·大雅·文王》上又说："我们永远要与天命相配行事，则福禄就会自己来。"只有认识到天命和自然变化的道理，才能未雨绸缪、适得其所。孔子说："吾十有五而志于学。三十而立，四十而不惑，五十而知天命，六十而耳顺，七十而从心所欲，不逾矩。"（《论语·为政》）孔子五六十岁就认识到天命并顺乎天命。同样，我们也必须不断地改正血肉之身，以无限接近义理之身，这样才能感通于天。个人修养若此，治理国家也是同样道理，都要了解和顺应天命。

原 文

　　"孔先生算汝不登科第，不生子者，此天作之孽，犹可得而违；汝今扩充德性①，力行善事，多积阴德②，此自己所作之福也，安得③而不受享乎？

注 释

　　①德性：人的天赋道德本性。
　　②阴德：做好事而不让人知道。
　　③安得：怎么能够。

译 文

　　"孔先生给你占卜，算定你不能考取科举，不能生儿子，这是上天注定的命格，但还可以挽回；你现在要扩充你的道行，尽心努力去行善事，多积累阴德，这是自己制作的福德，哪里会享受不应得的福报呢？"

孔先生所算定的了凡先生今生不能得取功名，命中注定也没有儿子，这是过去世中所造之业的结果，这是天作之孽。但天命算定并非一成不变的，它是可以挽回的。儒家思想认为人应该做他该做的事，也就是由于在道德上认为是正确的事便去做了，并非出于道德强制之外的考虑。孟子主张"性善"，人性中有种种善的成分，提出人有四端，"恻隐之心，仁之端也；羞恶之心，义之端也；辞让之心，礼之端也；是非之心，智之端也。人之有是四端也，犹其有四体也"，并认为"凡有四端于我者，知皆扩而充之矣"。所以说应当多做善事，发挥本性。并且不求人知，为自己造福，"善欲人见，不是真善"，若为名利而行善，则又落于执着。这也是人的修养的体现。

自己扩充自我的德性，一生多造善业，自己所造的福德哪有自己不能享受的道理？中国自古就有善恶因果报应之说，对于因果，佛家的解释是："因者能生，果者所生，有因则必有果，有果则必有因。是谓因果之理。"佛经中所言："菩萨畏因，众生畏果。"菩萨明因识果，故而能预先断除恶因，如此能消灭罪障，功德圆满最终成佛；而众生却常作恶因，无所顾忌，恶因既种，却又时刻在思量免去恶果，这就好比人立于烈日之下，已是无处避逃，却想方设法使自己没有影子，这终究是徒劳的。

"《易》为君子谋，趋吉避凶；若言天命有常①，吉何可趋，凶何可避？开章第一义，便说：'积善之家，必有余庆②。'汝信得及③否？"余信其言，拜而受教。

①常：指万物运动与变化中的不变之律则。《老子》一章："道可道，非常道。"《荀子·天论》："天行有常。"

②积善之家，必有余庆：乐于做好事的人家，必定会得到许多幸福，喜庆有余。

③信得及：能够相信。

"《易经》为君子谋划，要谋求吉利，避开灾难；如果说上天注定的命运是不可改变的，那如何趋向吉利，又怎么能避开灾难呢？《易经》的开章第一义就说：'积累善行的家族，一定会有许多福报。'你相信吗？"我相信他说的话，下拜而受教。

了凡四训

浅 释

《易经》是君子立命所依托的典籍，书中教人如何趋吉避凶，这说明命运是可以改变的，如果说天命是恒常不变的，那又如何去趋于吉祥，如何回避掉凶险？云谷禅师的开导增强了了凡先生的信心。

这里，云谷禅师使用了一种善巧的方法，即以了凡先生所信奉的《周易》的道理，来引导他逐渐领悟命运可以改变、命运在我手中的道理。《周易》是古代君子安身立命所依托的圣典，它最大的功用就是趋吉避凶。如果说人的命运早已天定，无可更改，人在命运面前完全被动，无能为力，那么《周易》一书的存在又有什么意义呢？书中言道："积善之家，必有余庆，积不善之家，必有余殃。"仅此一句，便足以作为改变命数的依据。了凡先生本就是一个善根深厚的人，他一听之下，必然内心隐然有所领悟，觉察到自己过往的人生态度和处世原则存在着很大的偏颇，因此心悦诚服地对云谷禅师"拜而受教"。

原 文

因将往日之罪，佛前尽情发露①，为疏②一通，先求登科③；誓行善事三千条，以报天地祖宗之德。

注 释

①发露：揭露，一丝一毫都不隐瞒，完全说出自己所犯过失。

②疏：奏章的一种，有使下情上达、上下疏通之意。自汉始创，沿用至清，奏疏遂为群臣论谏的总名。汉代贾谊有《论积贮疏》，晁错有《论贵粟疏》。私人信件中也有用"疏"这个名称的，如陶渊明《与子俨等疏》，这里指文章，并用作动词，指写文章。

③登科：也称"登第"。科举考中进士。

译 文

于是把以前的罪行，在佛祖之前尽情地揭露以前所造作的各种罪过，写了一封疏文，先是祈求能考中进士；并发誓要行三千件善事，来报答天地与祖宗的恩德。

浅 释

　　了凡先生下定决心改过自新，要将过去所做的种种罪恶和过错，都毫不隐瞒地在佛前尽情地忏悔，他将这些忏悔写成一篇疏文，发愿求取功名；还发誓践行三千条善举，以此报答天地和祖宗的恩德。

　　身陷迷途的凡夫，只知道忏悔以前的过错，不知道悔悟今后的过失。由于不能悔改，导致以前的过失不能灭尽，今后的过错又不断生起，这样又何来忏悔呢？

原 文

　　云谷出功过格①示余，令所行之事，逐日登记；善则记数，恶则退除，且教持准提咒②，以期必验。

注 释

　　①**功过格**：人们将自己的行为分别善恶逐日记录以查考功过的方法。一种从佛道善恶报应的思想演化而来的推命术。佛教以因果轮回论人祸福，道教也以善恶报应谈人吉凶，然佛、道二教主要着眼于来世，功过格则从现世出发，认为"祸福无门，惟人自召，善恶之报，如影随身"。人之寿夭、贵贱、吉凶的定数，完全取决于自己的所作所为。行善者多吉，施恶者多厄，一个人的善恶功过，自有神灵明察、决定奖惩，所以任何飞来的横祸、意外的福禄，看似偶然，实则为功过报应的必然体现。

　　②**准提咒**：称佛母准提神咒，咒文为：南无飒哆喃，三藐三菩陀，俱胝喃，怛侄他。唵，折戾主戾，准提娑婆诃。

译 文

　　云谷禅师拿出功过格来给我看，让我把每天做过的事一一登记在册；若是善事就增加数字，若是坏事就减去数字，而且教给我念诵《准提咒》，以期待所祈求的事情应验。

浅 释

　　"功过格"是道教中道士自记善恶功过的一种簿册。善言善行为"功"，记"功格"；恶言恶行为"过"，记"过格"。修真之士，自记功过，自知功过多寡。"功"多者得福，"过"多者得咎。道教以此作为道士自我约束言行、积功行善的修养方法。

　　"准提菩萨"是观音菩萨在密教中的化身，云谷禅师教了凡先生念咒，其目的就是要恢复清净心，不要胡思乱想。

语余曰："符箓①家有云：'不会书符，被鬼神笑。'此有秘传，只是不动念也。执笔书符，先把万缘放下，一尘不起。从此念头不动处，下一点，谓之混沌开基②。由此而一笔挥成，更无思虑，此符便灵。"

①符箓：道教术语，指道教秘文。符是道士书写的一种笔画屈曲、似字非字的图形，箓是记天曹官属佐吏之名、又有诸符错杂其间的秘文。

②混沌开基：道家功理功法性修为名词。混沌，道教内丹术术语。指入静后，处于物我两忘的状态。开基，开创，开始。

云谷禅师对我说："道家有一句话说：'不会画符，会被鬼神嘲笑。'画符有一种秘诀，就是不要妄动念头而已。每到拿笔写符时，先要把万事放下，一点尘念都不起。到了念头不动之际，用笔在符纸上写下一点，这就叫'混沌开基'。也就是这一点，就奠定了这道符的根基。从此就一笔写成，心中不起任何杂念，这样写成的符就会灵验。"

符箓作为道教方术之一，是道士用来沟通人神的秘宝。"符"这种介于字画之间的神秘符号，俗称"鬼画符"。道士即以这种神秘奇特的符号来召神请仙，驱鬼避邪。"箓"是写着所请神仙名字及所求之事的文书，即写给神仙的邀请书。藏在人身边的，所请神仙就会在冥冥之中保护关照他。符与箓后来合而为一，称为符箓，用来为人祈福禳灾，祛病除邪。

如何画符才灵验？秘诀就是"只是不动念也"，一笔挥就，更无思虑，这样的符便灵验。

凡祈天立命，都要从无思无虑处感格①。孟子论立命之学，而曰："夭寿不贰。"夫夭寿，至贰者也。当其不动念时，孰为夭，孰为寿？细分之，丰歉不贰，然后可立贫富之命；穷通不贰，然后可立贵贱之命；夭寿不贰，然后可立生死之命。人生世间，惟死生为重，曰夭寿，则一切顺逆皆该②之矣。

注 释

①**感格**：感应，灵感。

②**该**：具备，包括。王充《论衡·自纪》："幼老生死古今，罔不详该。"《后汉书·班固传》："仁圣之事既该，帝王之道备矣。"

译 文

凡是祷告上天祈求修身养性以奉天命的人，都要从没有思虑的地方来感应万物。孟子论及立命的学问，就说："夭折与长寿没有区别。"其实，夭折与长寿，是有很大区别的。但当一个人不动思虑的时候，什么是夭折，什么是长寿？仔细分析一下，丰收与歉收没有区别，然后就可以立下贫穷与富有的天命；穷困与腾达没有区别，然后可以立下尊贵与贫贱的天命；夭折与长寿没有区别，然后可以立下生与死的天命。一个人生在世间，只有生与死是最重要的，这里说夭折与长寿，就包括了一切顺境与逆境。

浅 释

向佛菩萨或天地鬼神祈祷，要无思无虑、清静本心、不起妄念，如此虔诚祷告，方能感应。没有一个妄念，就是真诚之心、清净之心、恭敬之心。

"立命"二字，在儒家经典中，初见于《孟子》。《孟子·尽心上》上说："尽其心者，知其性也。知其性，则知天矣。存其心，养其性，所以事天也。夭寿不二，修身以俟之，所以立命也。"说的是人只有充分扩张自我善良本心，才是顺应人之本性，就是知天命。保持人的本心，培养人的本性，这才是真正的正确对待天命。如此，无论长寿短命，在儒家看来都是没有分别的，我们不应当去区分"夭"与"寿"，应当安心培养本性，从容面对天命。

道家庄子的《齐物论》也体现了"不二"的辩证思想，"天下莫大于秋毫之末，而太山为小；莫寿于殇子，而彭祖为夭"。天地之间最大的是秋天鸟兽的细毛，而泰山为最小。小孩子生下来就夭折是寿命最长，而活了八百岁的彭祖却实在是短命。大小没有绝对的标准，所谓夭折和长寿也不是截然两分的。空间的大小，寿命的长短，都是人主观二分的结果，没有绝对的标准。是非、善恶都是由于我们有所区分的心念所生成的。具体说来，我们若视丰足和短缺是一样的，就可以在贫富方面乐天知命，不被贫富所牵累。

人生在世，死生之事最重要，在生死问题上得大自在，则对于人生所有的顺逆都能得到觉悟。对短命和长寿不起分别执着，就能对一切祸福凶吉都不起分别执着。所以世上唯有"觉者"能安身立命。

原文

至修身以俟之①，乃积德祈天之事。曰"修"，则身有过恶，皆当治而去之；曰"俟"，则一毫觊觎，一毫将迎，皆当斩绝之矣。到此地位，直造先天之境，即此便是实学。汝未能无心，但能持《准提咒》，无记无数，不令间断，持得纯熟，于持中不持，于不持中持。到得念头不动，则灵验矣。余初号"学海"，是日改号"了凡"；盖悟立命之说，而不欲落凡夫窠臼②也。

注释

① 俟（sì）：等待。
② 窠臼（kē jiù）：窠巢和舂臼。比喻陈旧的格调。

译文

到修身养性来等待命运的转变，这是积累德行并祈祷上天的事。说到修，那么如果有过错与坏事，都应当治疗并消除；说到等，那么哪怕是一丝觊觎之心，一毫迎合之意，都应当斩草除根。到了这种程度，直接进入了先天的境界，这样才是实学。你现在还不能达到无心的境地，但只要能修持《准提咒》，不必特意去记，也不必去数念了多少遍，持续不断，修持得非常纯熟，自然达到在修持时似乎像不修持一样平常，在不修持时却又如修持一样忆念不断。等修到念头都不再生起的时候，就灵验了。我最初自号为"学海"，当天就改号为"了凡"；因为我已经悟到了修身立命的学说，便不愿意再落到凡夫俗子陈旧的道路上去了。

浅 释

"修身"等待我们的命运能否被改变，我们对待它的态度应当是勤勉修身而又能安心等待。改变命运也不是一两天就能做到的，需要时间积累和勇猛精进，并且与自己的勤、惰、迷、悟有很大关系。修德之功日深，命数自然能够好转，所谓水到渠成。只有时刻存养我们的德性，才会获得福报。提到"修"，修即修正。身心中的恶念恶行，永远将其断除灭断。

修身积德切不可希望早得善报，心存非分之想。所谓"种瓜得瓜，种豆得豆"，种瓜者不能得豆，种豆者不能得瓜。我们要把非分的心念除掉，有丝毫念头起灭都应当斩绝灭尽。所谓斩草要除根，恶念如同蔓草滋生于心，只要有一点空间，都能丛生蔓延，侵蚀我们的心灵。总之，不能生起一丝一毫对福报的觊觎之心，不可有一丝一毫对功利的迁就迎合之态。能够做到这种程度，那就是直达先天不动念头的境界了。做到这样的程度才是实实在在的学问，才是理解了真正的立命之学。

凡夫俗子们是很难做到不起心动念的，云谷禅师见了凡先生未必能做到不起心动念，便教给他持《准提咒》。准提又作准胝、准泥、准提观音、准提佛母、佛母准提，意译作清净、护持佛法，是为短命众生延寿护命的菩萨。云谷禅师这里是教授了凡先生"戒、定、慧"三学一次完成的圆修圆证之法。念佛、念咒也有功夫，其境界也分层次。"记数"是最低的功夫，从记数到"无记无数"，再到"持而不持，不持而持"，这是一个不断升华的过程。功夫要能做到一片纯熟，于持中不持，于不持中持，就可不起心动念了。上乘的功夫是理一心不乱，中等的功夫是事一心不乱，下等的功夫是功夫成片，修学一定从功夫成片，再提升到事一心不乱，再提升到理一心不乱。

中国古人的姓名和现代一样，是人们在社会交往中用来代表个人的符号。古人的名是由父母所取，轻易不可更改，除了名以外还有"字"，字往往是"名"的解释和补充，二者相表里，又称"表字"。了凡先生本来号为学海，说明他好学、喜读书。自从这一天开始就改号为了凡，"了"即明了、了脱，"凡"是凡夫。其意义是悟了顺从天命的道理，不再如同凡夫俗子一般为命运所拘。

原　文

　　从此而后，终日兢兢①，便觉与前不同。前日只是悠悠放任，到此自有战兢惕厉②景象，在暗室屋漏③中，常恐得罪天地鬼神；遇人憎我毁我，自能恬然容受。

注　释

①兢兢（jīng）：谨慎小心的样子。
②惕厉：谨慎戒惕，心存危惧。
③暗室屋漏：指别人看不见的地方，隐私之室。

译　文

　　从此以后，我每天都小心谨慎，于是就觉得与以前大不相同。以前是悠闲轻松的放任自流，现在自然有战战兢兢、心存危惧的样子，在别人看不见的隐秘私室，也常常怕得罪了天地鬼神；遇到怨恨我、诋毁我的人，我也能安然地宽容接受。

浅　释

　　这是了凡先生自己修持的经历，记述了他如何将云谷禅师的训导在自我修持上落实的。自从彻悟之后，从此开始认真用功，依照功过格每日反省，自己体悟与以前不同，"觉今是而昨非"，以前是整日里过着悠游放任的生活，现在则战战兢兢，时刻有警惕的念头，生怕生起恶念，得罪天地鬼神。

　　即使是处于别人看不见的地方，君子也心存敬畏、不敢造次。在别人听不见的地方也有所戒慎畏惧。越隐秘的事越容易显露，越细微的事越容易显现。君子独处独知之时更要谨慎。心中不起恶念，真正做到克己功夫。

　　寺院中僧人以和合为义，对僧人修行强调要"依众靠众"。佛教有"六和敬"：即身和共住、口和无诤、意和同事、戒和同修、见和同解、利和同均。这种身和同住可以收到与儒家慎独同样的功效。十几个僧人睡在一个房间的通铺上，目的在于使人不能有丝毫的放纵。同时还可以修炼我们的无分别心，如对同住者的爱憎、对住宿环境条件的嫌恶喜好等，断灭不平等心，修炼清净心。这才是修行。

遇到别人毁谤，丝毫不挂碍于心，而是能安然包容接受。了凡先生以前遇到有人憎恨、讨厌、毁谤他时，是万万不可接受、睚眦必报的，现在则是心量渐开，能恬然容受他人。

原文

到明年，礼部考科举，孔先生算该第三，忽考第一，其言不验，而秋闱①中式矣。然行义未纯，检身②多误：或见善而行之不勇，或救人而心常自疑；或身勉为善，而口有过言；或醒时操持，而醉后放逸③。以过折功，日常虚度。

注释

①秋闱：亦称"秋试"。明清时乡试每隔三年的八月间在各省省城举行，因其时值秋季，故亦称秋闱。闱，是考场的意思。

②检身：约束、检点自己。

③放逸：离善放纵，不修善法。

译文

到了见过云谷禅师后的第二年，礼部举行科举考试，孔先生算出我应该为第三名，我却突然考了第一名，他的话不灵验了，而我也在乡试时考中了举人。然而遇到应该做的事，自己却还不能一心一意地去做，检点自身时发现还有很多疏误：有时看到应当去实行的善事，却还不够勇猛；有时在救人时，心中常常生出迟疑；有时正努力行善，但嘴上却还有失当的言论；有时清醒时能尽力操持，但酒醉后却不免放纵自己。用过错来抵消功劳，这样虚度了许多日子。

浅释

自从三十五岁遇到云谷禅师后，第二年（1570）了凡先生便参加礼部的科举考试，原本孔先生算定他该考第三名，由于他行善积德，此次得以高中头名。孔先生所推算的命运第一次没有应验，可见命运不是定数，而会有变数。了凡先生正是因为自己的修德进业而改变了命数，命里原来只可中秀才，现在发愿求中进士却能如愿。

　　了凡先生虽然内省为善，但是却做得远不够纯粹，还掺杂了很多个人利害思想。检点自己的行为，行善过程中还存有很多过失：有时看见要做的善事，行动时却不够勇猛；有时帮助别人的苦难时，心中却常常生出迟疑；有时虽然身体力行，做了善事，却往往言语失当，不合礼法。孔子教学有四科，后世学者将德行、政事、文学、言语视为"孔门四科"。孔门弟子根据其学业特长分为四科，第一科为德行，此乃做人的根本。第二科为言语，就是讲求说话要言之有度，这是我们评价一个人是否有口才的基本准则，否则就是伶牙俐齿、失于轻浮，乃至招致祸端。第三、四科分别是政事、文学。

　　了凡先生还喜欢饮酒，在清醒的时候能注意自己的言行，但醉酒后却增长放逸。酒为佛教五戒之一，佛教的酒戒可谓渊源深厚，早在印度《摩奴法典》中就禁止婆罗门饮酒。佛之所以戒酒，就是因为酒醉后易乱性。其实少量饮酒可以促进血液循环，但就怕饮酒不加节制，因此戒律讲得很严格，就是滴酒不沾。

　　了凡先生反思自己，一直以来所做之功与所犯之过两相比较，过多功少，只能算是虚度了许多光阴！

原　文

　　自己巳岁发愿①，直至己卯②岁，历十余年，而三千善行始完。时方从李渐庵③入关，未及回向④。庚辰⑤南还，始请性空、慧空诸上人，就东塔禅堂回向。遂起求子愿，亦许行三千善事。辛巳⑥，生男天启。

注　释

　　①己巳：指 1569 年。**发愿**：发起誓愿。

　　②己卯：指 1579 年。

　　③李渐庵：即李世达，字子成，号渐庵，泾阳（今属陕西）人。嘉靖三十五年（1556）进士。授户部主事，历任南京太仆卿、右金都御史、浙江巡抚、南京兵部右侍郎、刑部尚书等职。

　　④回向：佛教语。"回"是回转，"向"是趣向的意思。期施自己之善根功德与于他者，

回向于众生。以己之功德而期自他皆成佛果者，回向于佛道。也就是回转自己所修的功德以趣向于众生或庄严佛净土。

⑤**庚辰**：指 1580 年。

⑥**辛巳**：指 1581 年。

译文

从己巳年发起誓愿，一直到己卯年，经过了十多年，这三千个善行才圆满完成。当时正跟随李世达先生入关，还没来得及回转自己所修的功德而趣向于众生。到了庚辰年回到南方，才开始请了性空、慧空等上人，在东塔禅堂做回向。这时便生出求子的愿望，也许下了三千件善事。在辛巳年，便生下了儿子，取名天启。

浅释

了凡先生发愿求取功名，己巳年（1569）至己卯年（1579），即隆庆三年（1569）到万历七年（1579），经历了十一年，三千件善事才圆满完成。由于他常年在外，曾经一度在李世达军中担任参谋，故而一直没有机会和时间进行回向。直到第二年回到南方，才有机会请性空法师、慧空法师诸位上人在东塔禅堂回向，了凡先生在己巳年所许下的愿终于圆满，结果真正做到了。了凡先生原本认为命中无子，现在他想发愿求得儿子，因此他又发愿行三千件善事。由于他是诚心发愿，所以立时得到感应，三千愿事还没有圆满，第二年就生下了儿子天启。

原文

余行一事，随以笔记；汝母不能书，每行一事，辄用鹅毛管，印一朱圈于历日①之上。或施食贫人，或放生命②，一日有多至十余者。至癸未③八月，三千之数已满。复请性空辈，就家庭回向。

注释

①**历日**：日历，历书。

②**放生命**：即放生。释放被羁禁的生物。佛家以不杀生为善举，规定"五戒"的

头一条即"不杀生"，同时提倡"放生"。

③ **癸未**：指 1583 年。

了凡四训

译文

　　我每做一件善事，便随时用笔记下来；你的母亲不会写字，每做一件善事，就用鹅毛管在历书上印一个红色的圈。有时给穷人布施食物，有时放生，一天有的多达十来件善事。到癸未年八月，许下的三千件善事又圆满了，于是再请了性空法师等人，在家里做回向。

浅释

　　了凡先生每天行善，做了一桩善事后便记录在案。夫唱妇随，了凡先生的妻子也跟着一起行善，可谓相得益彰。他的夫人因为不能识文断字，所以只能以符号记录所行之善，她每天在家里的日历簿上用鹅毛笔沾印泥印一个红圈来记录自己的善行。有时是施舍食物给贫苦之人，有时是买来活物放生。

　　佛教有"六度"，度为度生死海的意思，其行法有六种：一布施，二持戒，三忍辱，四精进，五禅定，六智慧。其中，布施是以福利施与他人。施舍的种类很多，以施与财物为本义。

　　佛教还宣扬"放生"，就是释放被羁禁的生物、活物。"不杀生"乃是佛教戒律之首，杀生的人，当坠落地狱、饿鬼、畜生"三恶道"中，受无穷苦；侥幸为人，亦受短命等恶报。所以说杀生是最大的恶业，而放生则是最大的功德。中国流行放生乃始于隋代天台大师智。智"买断蒦梁，悉罢江上采捕"，就是让渔人在天台山海隅放生。当然，佛教所说的放生是指在日常生活中，偶然发现的活泼泼的动物，认定它还能活命，故而买来放生。要随缘应化，如果故意去找寻作为，则又是攀缘了。

　　了凡夫妇在起初是一天难得行善一次，故而完成三千善事耗费了十多年之久。现在一天有时能行善十多件。从庚辰年到癸未年，只用了四年之功，便将三千善行都做得圆满了。故而再次请来性空法师等人在家中的佛堂做回向。

原文

　　九月十三日，复起求中进士愿，许行善事一万条，丙戌①登第，授宝坻知县。余置空格一册，名曰《治心篇》。晨起坐堂②，家人携付门役，置案上，所行善恶，纤悉③必记。夜则设桌于庭，效赵阅道④焚香告帝。

注 释

①**丙戌**：指 1586 年。

②**坐堂**：官吏坐在官署的厅堂上问事判案。

③**纤悉**：细微详尽。

④**赵阅道**：北宋官员。名抃，字阅道。自号知非子。衢州西安（今浙江衢州）人。景祐进士。景祐初，累官殿中侍御史，刚直敢言，不避权贵，时称"铁面御史"。历任益州路转运使，加龙图阁学士，知成都。神宗时，擢参知政事，因反对王安石罢职。有《赵清献集》。

译 文

九月十三日，又起了祈求考中进士的心愿，许诺做一万件善事。后来果然在丙戌年考中进士，并被授任为宝坻知县。我准备了一册有空格的本子，题名为治心篇。早晨起来坐在县衙大堂上审理案件，家里的差役就将这本册子带出来交给门役，放置在案上，所有做过的好事、坏事，即使再细小的事也不遗漏地记录下来。到了晚上就在院子里摆上桌子，效仿北宋的赵抃那样焚香向天帝禀报。

浅 释

九月十三日，原本命中不能中进士的了凡先生又发愿要中进士，他又许下行善一万件的愿，希望能求得进士，到了丙戌年，了凡先生又高中进士，并被朝廷派去京都附近的宝坻县任知县，他原本命中算定要到偏远的四川当一个县长，现在情况都发生了改变。

了凡先生在宝坻县知县任上，也不忘行善。他准备了一本名为"治心篇"的册子，这是一本时刻检点自己内心善恶、起心动念的记录本。每天早晨起来升堂，家人便将这本册子携带了交给衙役，然后置于他的案头之上，每天所行之善、所犯之恶，一丝一毫都记录在案。每天晚上还要效仿宋代的赵抃，在自家庭院中设立香案，将一天所做的事情向天帝、鬼神禀报，不敢有丝毫隐瞒。

汝母见所行不多，辄颦蹙^①曰："我前在家，相助为善，故三千之数得完；今许一万，衙中无事可行，何时得圆满乎？"夜间偶梦见一神人，余言善事难完之故。神曰："只减粮一节，万行俱完矣。"

注释

①颦蹙：皱眉蹙额。形容忧愁不乐。

译文

你母亲看到我做的善事不多，常常就皱眉说："我以前在家里，可以帮助你来做善事，所以三千件善事做得完；现在你许诺了做一万件，但衙门里没有事情可以做，什么时候才能圆满呢？"夜里忽然梦见一个神人，我说善事难以完成的原因。神人说："只减免百姓租子一件事，那一万件善事便已经圆满了。"

浅释

了凡先生从前没有担任官职时，时间比较充裕，所谓"无案牍之劳形"，可以专心行善，现在公务繁忙，大部分时间都在府衙之内，与社会民生以及日常生活接触不多，所以行善的机缘也就显得少了。他的夫人见了凡先生行善已经大不如从前一般勇猛，面露忧色，因为已经许下一万件善事的大愿，以如此效率去践行，要到何时才能圆满呢？了凡先生也产生了同样的担心，白天正在焦虑之时，晚上就有了感应。一位神人托梦给他，解其心结。了凡先生对神明讲：自己许下一万件善行的大愿，但是因为公务缠身，没有以前那样充裕的时间专心行善，恐怕自己无法在近年内圆满此愿。神明开示说，他最近所做的减粮的举措，惠济众生，意义非凡，只此一项义举便可抵得上一万件善行。

原文

盖宝坻之田，每亩二分三厘七毫。余为区处^①，减至一分四厘六毫，委有此事，心颇惊疑。适幻余禅师自五台来，余以梦告之，且问此事宜信否？师曰："善心真切，即一行可当万善，况合县减粮，万民受福乎？"吾即捐俸银，请其就五台山斋僧一万而回向之。

【注 释】

　　①区处：处理，筹划安排。原出自《汉书·黄霸传》："鳏寡孤独有死无以葬者，乡部书言，霸具为区处。"

【译 文】

　　因为宝坻县的土地，每亩要收租二分三厘七毫。我为此筹划安排，将它减到了一分四厘六毫，确有此事，但心里却仍然觉得很惊疑。正好幻余禅师从五台山来，我就把这个梦告诉他，并问这件事能否相信。幻余禅师回答说："如果行善之心真诚恳切，那么一件事就可以当一万件事，何况全县减免钱粮，上万民众受到了福荫呢！"我便立刻捐出俸禄，请幻余禅师就在五台山把斋食施给一万名僧人，并予以回向。

【浅 释】

　　原来，由于了凡先生内心慈悲、宅心仁厚，自从他出任宝坻县知县后，便将田赋减少了。前任知县当政时，每亩田按照二分三厘七毫的标准来收取田赋，了凡先生酌情处理，将田赋减至一分四厘六毫。正是因为这样的政绩使得了凡先生一举完成了一万善行的大愿，可以说是从政为官给了凡先生带来如此好的机遇，在这一举措下，受惠的民众何止一万。但是同时也要看到，如果不勤勉谨慎，在担任父母官的任上造了恶业，其后果也同样是严重和巨大的。

　　此时适逢一位法号幻余的禅师从五台山来，了凡先生立刻将他梦中的听闻告诉了禅师，并征询禅师的意见，判断此事是否可信。禅师告诉他，如果行善之心真诚迫切，一件善行确实可以抵得上一万件善行。更何况了凡先生在全县减少田赋，令百姓苍生获益，使得万民受福。幻余禅师正面肯定了了凡先生的善举。了凡先生随即将自己的俸禄捐献出来，用于五台山设食以供僧众。

　　从这一小小举动可以看出，了凡先生能当机立断、慷慨布施，毫无勉为其难之意，更没有半点吝啬和犹疑。所以他是应该受到福报的。

原 文

　　孔公算予五十三岁有厄，余未尝祈寿，是岁竟无恙，今六十九矣。《书》曰："天难谌①，命靡常。"又云："惟命不于常。"皆非诳语。吾于是而知，凡称祸福自己求之者，乃圣贤之言；若谓祸福惟天所命，则世俗之论矣。

注 释

①谌（chén）：相信。

译 文

　　孔先生曾经算定我在五十三岁时有灾难，我从来没有祈求过寿命，但那一年却也没有病痛，今年已经六十九岁了。《尚书》说："天道是难以相信的，命运也是变幻无常的。"又说："只有命运没有定数。"这都不是骗人的话啊。我这才知道，凡是说灾祸、福报应该是靠自己去求的，就是圣人的言语；凡是说灾难与福报都是上天注定的，就是世俗的看法。

浅 释

　　孔先生算定的是了凡先生在五十三岁上有大厄，寿命将于此时终了。了凡先生只管进德修业，并未向天乞怜，祈愿自己长寿，只是修身等待，结果到了这一年竟然安然无恙，没有任何疾病灾祸。现在已经活到六十九岁了，也正在此时，他给儿子写下了《了凡四训》。

　　《尚书》又称《书》《书经》，为一部多体裁文献汇编，是中国现存最早的史书。《尚书》记载的内容，上起尧、舜，下至春秋时期的秦穆公，包括了夏、商、周三代。《尚书》对中国古代历史和政治思想的研究有重要作用，是儒家重要经典"四书五经"中的一本。《尚书》上说天道难酬，其命不常，定数会变而非恒长。福祸都是自己行业的果报。佛教说："万般将不去，唯有业随身。"业会随着我们，故而应当努力修善因，切勿造恶业。恶业会引我们堕入三恶道，善业会引我们生三善道。

　　了凡先生从此真正悟到：孔先生以前算定的命运乃是世俗之论，云谷禅师所教授的改造命运之法才是圣贤之言。

汝之命，未知若何。即命当荣显，常作落寞想；即时当顺利，常作拂逆①想；即眼前足食，常作贫窭②想；即人相爱敬，常作恐惧想；即家世望重，常作卑下想；即学问颇优，常作浅陋想。

注 释

①拂逆：违背，不顺。
②贫窭(jù)：穷困。窭，生活困窘。

译 文

你的命运，不知道是怎么样。即使是命中注定应该荣华富贵，自己也应该时常有落寞的准备；即使时来运转、一帆风顺，也应该时常做好迎接挫折的准备；即使眼前能够丰衣足食，也要常有安于穷困的准备；即使受人的爱戴与尊敬，也要保持谦虚谨慎、如履薄冰的畏惧之心；即使家族地位清高，也应该时常把自己放在低下的位置上；即使学问高深，也要时常把自己当成浅陋之人来看待。

浅 释

了凡先生自己被人算定命运，其后发心进德修业，从而改变命运。他儿子的命数现在还没有被人算定，了凡先生劝诫其子，看待人生，应当运用如下的思维方法：纵然命里富贵荣华，飞黄腾达，却要常作落寞之想，因为只有时刻保持谦虚谨慎，才能长保荣显而不致招来祸端。当自己一帆风顺的时候，也要想着许多阻碍和困难，只有谨慎和小心才是长久成功的保障。在眼前丰衣足食的时候，要有忧患意识，想着贫苦艰辛的时刻，由俭入奢易，由奢入俭难！"一粥一饭，当思来之不易；半丝半缕，恒念物力维艰。"被别人宠爱时，要反思自己什么地方值得别人爱护，这样就可以百尺竿头，更进一步。在家道兴隆时，要居安思危。学问之道也要谦虚谨慎。山外有山，一山更比一山高。孔子尚能"不耻下问"，认为"三人行，必有我师焉"，何况我辈。

这里，了凡先生教子如何身处顺境，因为顺境易消损心志，顺境也无常。言下之意，即倘若处于逆境，更应以平常心自安。

　　远思扬德,近思盖父母之愆①;上思报国之恩,下思造家之福;外思济人之急,内思闲②己之邪。

　　①愆(qiān):过失,差错,罪过。
　　②闲:限制,防止。

　　往远处说,要发扬祖宗的德行,往近处说,要掩盖父母的过失;对上,要报效国家的恩德,对下,要为家族造福;对外要在别人困难时周济别人,对内要防止自己走上邪路。

　　这六种想法,都是从正面来看待问题的,如果我们能够常常心怀上面六大方面的念头,必能成为正人君子。这六个"思"就是"想",你要常常这样想,这六条确实就是佛法里面讲的"正思维"。人必须要有正确的思想,而这六条是标准。

　　第一句,要常常想到光大祖宗之德,这一条是根本。我们每一个家庭的祖宗,都是承袭古圣先贤道统而来的。祭祖是子孙们对祖先表达崇功报德的心意,中国传统思想中光宗耀祖的思想可谓根深蒂固。这种观念一直以来对读书人是一种激励。所以了凡先生这里告诫儿子往上追溯要想到如何彰显祖先的美好德行。

　　"近思盖父母之愆",这是说到近处中,要能想到怎样妥善地遮掩自己父母的过失。这实际上是在说子女对父母的孝。中国古圣先贤常常教导我们:"家丑不可外扬。"因为家里面有一些不善的事情,这也是难免的,如果常常说给外人听,外面人对你这个家庭自然就轻视,甚至于引起他不善的企图,来破坏你的家庭和睦,谚语所谓"祸从口出"。家庭如是,社会也如此。老人教给我们对社会、对人群应当"隐恶扬善"。看到别人不善的地方不说,绝不宣扬,也不把它放在心上;看到别人的好处,我们应当要赞扬。这种做法,使不善之人会感觉到自己惭愧,这能够激发大众的廉耻心,激发大众的惭愧心,这个社会才会有安定,世界才会有和平。

　　"上思报国之恩",是指要常常报效国恩,为国尽忠。佛教导学生"上报四重恩,

了凡四训

〇三八

下济三途苦"。所谓"四重恩"：第一个是父母之恩，第二个是老师之恩，第三个是国家之恩，第四个是众生之恩。我们生活在世间，衣食住行都要仰赖大众，人不能脱离人群独立生活。人与人之间都有恩德，我们要常常怀念，要奉献自己的智慧，奉献自己的德能，为国家、为社会服务，这就是具体报恩的行为。

"下思造家之福"，这就是儒家教人"修身、齐家、治国、平天下"。"造家之福"，即是齐家，是指家族安定。为家族子弟，要常思造整个家族之福。

"外思济人之急"，对外要常常想到众生苦难的人多，特别是在这个时代，常常想到一些苦难之人，我们该如何去帮助他。

"内思闲己之邪"，对自己、对内，"闲"是防范，就是一定要懂得防范邪知邪见。我们对妄想要知道防止，绝对不可有非分之想，起心动念要知道本分。一定要提倡伦理道德的教育，才能够防范邪知邪见；如果没有正知正见，邪知邪见就绝对不能防范。

原　文

务要日日知非，日日改过；一日不知非，即一日安于自是；一日无过可改，即一日无步可进；天下聪明俊秀不少，所以德不加修，业不加广者，只为因循二字，耽阁一生。云谷禅师所授立命之说，乃

●品茶清谈

至精至邃[1]、至真至正之理，其熟玩[2]而勉行之，毋自旷也。

注　释

①邃(suì)：深远。

②熟玩：认真钻研。

　　务必要每天都知道自己不对的地方，每天都要改正这些地方；一天不知道错误，就会在这一天里安于现状；一天没有过失可以改正，就一天没有进步可言。天下聪明伶俐的人很多，但很多人德行未修，事业不广，就在于"因循"这两个字，以至于耽搁了他们的一生。云谷禅师所传授的修养性命的学说，是最精妙、最深远、最真切、最正大的真理，你一定要认真钻研并努力实行，不要自我放纵。

　　人一定要每天认识自己的过错，每天更正自己的过失，一天不检点改正，一天就安于自己的错误的状态，任由其发展和存在，一天不觉得有错误要改正，那么这一天就不可能有进步可言。自以为是是最危险和最可怕的思想。

　　天下之大，钟灵毓秀、俊彦星驰、聪慧杰出者辈出。即使是天赋异禀的人，如果在今后的人生道路上不去修养德性、拓广学问，一味地得过且过，停滞不前，那么终究会为时代和社会所抛弃。所以人不可自恃才情出众，而心生傲慢，即使天赋很高，也要勤勉力行，进德修业，这一点有如逆水行舟，知易行难，我们必须克服惰性，勉力而为。

　　云谷禅师向了凡先生所传授的立命之学，可以说是至真至诚的人生之理，精深而深幽，应当反复地体会玩味，更重要的是在日常生活中、在人生道路上勉励践行，而千万不能自我放逸，疏旷心性，以致荒废一生。

第二篇　改过之法

在第一篇"立命之学"中，了凡先生把他自己改造命运的经过，同他所看到的一些改造命运的人的各种效验告诫他的儿子袁天启。在第二篇"改过之法"，了凡先生具体阐述了如何改变命数、建立信心。

原　文

春秋诸大夫①，见人言动，亿②而谈其祸福，靡③不验者，《左》《国》④诸记可观也。大都吉凶之兆，萌乎心而动乎四体，其过于厚者常获福，过于薄者常近祸，俗眼多翳⑤，谓有未定而不可测者。至诚合天，福之将至，观其善而必先知之矣；祸之将至，观其不善而必先知之矣。今欲获福而远祸，未论行善，先须改过。

注　释

①**大夫**：官爵名。西周与春秋时由诸侯所分封的贵族为大夫，其封地世袭，封地内的行政由其掌管。

②**亿**：通"臆"，推测，揣测。

③**靡**：不，无，没有。

④**《左》《国》**：《左传》《国语》。《左传》是《春秋左氏传》的简称，原称《左氏春秋》。相传为春秋末鲁国史官左丘明及其授受者所作，是我国第一部形式完备的编年体史书，主要记述春秋时期各诸侯国的史事及其相互关系。《国语》又名《春秋外传》，作者相传也是春秋末年鲁国左丘明，是我国最早的一部分国记事史。

⑤**翳**（yì）：翳子，眼球上生的障蔽视线的膜，也称"白内障"。

　　春秋时期的士大夫，看到人们的言语、行动，便可以臆测而谈论其灾祸与福报，没有不应验的，所以《左传》《国语》等书的各类记载也都很可观。从大体上来说，吉凶的预兆，先萌发于内心，然后表现于形体，那些为人处世比较稳重、厚道的人常常会获得福报，那些行为不庄重、过于刻薄的人常常接近灾祸，世俗人的眼睛常常看不到这些，便认为有无法预测的变化存在。一个人的诚心合于天道，那么福报将要来临时，看他的善行就可以预知了；当灾祸将要来临时，看他的恶行也可以预先知道。现在如果想要获得福报而远离灾祸，在还没有说行善之前，必须先改正自己的过错。

　　春秋时期的士大夫见多识广，经验丰富，见到别人的谈话和举止动作，便能预测其吉凶祸福，无不灵验，小则一个人成功失败，大则能看出国家的兴衰。他们之所以能有这种观察能力，就是因为懂得因果的道理。这在《左传》和《国语》中多有记载。

　　而吉凶祸福、因果报应的征兆是先萌发于内，而后又自然显现于日常言语行动之间的。这里提出了一个原则。一个人如果能为"厚"，即心地淳良，待人厚道，能处处为他人着想，这个人必有后福；相反，一个人如果为"薄"，即对人刻薄，心胸狭窄，起心动念都为自己的利益，锱铢必较，睚眦必报，则这个人必定是薄福之人，不久就会招致灾祸，即使眼前有福报，也只是他命中的福所显现罢了；即使命中福厚，倘若心行不善，福也会折损消亡。

　　如果能符合"至诚合天"的原则，也就能预知祸福。"天"乃是自然之法则，若我们起心动念都能合乎自然的法则，不加丝毫的妄想和分别，凡事心必诚、言必善，则吉凶祸福都是可以推论和想见的了。我们观察一个人，只要看他的行为就可推论出他的报应，如果都是善行，那么可以预知他的福报将会来临；相反，观察一个人的行为，都是恶行，则可知他的祸端也就要来了。所以，我们要了解将来的吉凶祸福，乃至自己这一生的顺逆，都应当从我们起心动念、言语造作处去反省和思虑。

　　第一段讲的就是"改过之因"。吉凶祸福先有预兆，无论个人、家庭还是、国家，都是有预兆的。佛经里常说阿罗汉能知过去五百世、未来五百世，这是每一个众生的本能。而现在能力丧失了，就是因为心乱了，被迷惑了，所以要把心上的障碍去掉，恢复心地的清净。避祸纳福乃人之常情，而"福"是从"行善"来的，若不消除业障，

也不容易得到福，而消除业障，就要从修清净心开始。所以，在没有谈行善积德之前，必须先改过，真正洗刷自己的内心。若不能彻底改过，那么即便修善了，也会使得善中夹杂着恶，其功难显。因此，改过是积善的先决条件。

原 文

　　但改过者，第一，要发耻心。思古之圣贤，与我同为丈夫，彼何以百世可师？我何以一身瓦裂？耽①染尘情，私行不义，谓人不知，傲然无愧，将日沦于禽兽而不自知矣；世之可羞可耻者，莫大乎此。孟子曰："耻之于人大矣。"以其得之则圣贤，失之则禽兽耳。此改过之要机也。

注 释

　　①**耽**：沉溺，过度喜好。

译 文

　　但是改正过错的方法，第一，要生发出羞耻之心。想想古时候的大圣大贤，与我同样为七尺丈夫，他们为什么可以成为千秋万代学习的榜样？而我为什么像瓦裂开一样失败？沉溺于世俗的情感，暗中做出不义的事，以为没有人知道，还整天表现出傲慢的样子，毫无愧色，却殊不知自己已渐渐沦落到禽兽的地位；世界上最让人感到羞耻的事莫过于此。孟子说："羞耻之心对人来说是一件大事。"就因为有这种羞耻之心就可以成为圣贤，否则就可能成为禽兽。这是改正过错的关键。

浅 释

　　改过之法，第一是要有羞耻心。羞耻心是改造命运的开端和关键，也是改造命运的动力。了凡先生反问自己：想想古时候的圣贤，与我同样为七尺丈夫，为什么他们能做到为百世所效法，而我为何一事无成？了凡先生的优点即在于他能正确地去看待自己的过失，丝毫都不隐瞒。他把自己的过失总结为：一、沉溺于世俗感情，二、缺乏"知耻之心"。

　　了凡先生所说的第一个过失，沉溺于世俗感情。佛法告诉我们要远离五欲六尘，五欲即指财、色、名、食、睡五种欲望，六尘即指色尘、声尘、香尘、味尘、触尘、法尘。这五欲六尘能使我们在心里涌现好、坏、美、丑、高、下、贵、贱等念想，能衍生种种执着或烦恼，能令善心衰减，从而污染清净之心。所以，每天生活在五欲六尘中的人们，应当时时返观自省，放下尘情，恢复自性清净。

了凡先生所说的第二个过失，缺乏知耻心，即偷偷做出不义之事，还以为别人不知道，面无愧色，一天天沦为禽兽自己却毫无察觉和意识。中国古代圣贤十分重视"知耻"。孔子曾说："行己有耻，使于四方，不辱君命，可谓士矣。"又说："好学近乎知，力行近乎仁，知耻近乎勇。"孟子说："人不可以无耻，无耻之耻，无耻矣。"又说："耻之于人大矣。"人活在世上，从积极方面说要"立志"，从消极方面说要"知耻"。从伦理学意义上看，耻，是对人的道德行为的一种社会评价，是人们对那些不履行自己的义务、损害他人与集体利益、违背社会公德和违反国家法律，有损国格等行为的批评与谴责，是社会对自我道德行为的贬斥和否定。知耻，是人对这种行为的羞耻之心、羞耻之感，是人们基于一定社会认可的是非观、善恶观、荣辱观而产生的自觉的求荣免辱之心，是人们一种为维护自身尊严强烈的道德上的反省和自律。人们以这种羞耻感来鞭挞自己，克服缺点，修正错误。羞耻心是人类情绪之精华，正是因为有了羞耻心的存在，才阻止了人类免于堕落，进而促进人类积极向上。由此可见，羞耻感是道德主体实施道德行为的情感基础，道德主体以此来导引自己的行为，取荣舍辱，以获得社会的认同。

原文

第二，要发畏心。天地在上，鬼神难欺，吾虽过在隐微①，而天地鬼神，实鉴临②之，重则降之百殃，轻则损其现福，吾何可以不惧？

注释

①**隐微**：隐蔽不显露。

②**鉴临**：审察，监视，如明镜照临。

译文

第二，要生出畏惧之心。天地在上，鬼神难以欺骗，我们的过错虽然很隐蔽，但天地鬼神其实都在仿佛用镜子照着一样清楚。过失重的话就会降下各种灾祸，轻的话也会损害现在的福报，我们怎么能不畏惧呢？

浅释

　　改过之法，第二是要发畏心。"畏"是害怕之意，且含有恭敬的意味。《论语》中云："君子有三畏：畏天命，畏大人，畏圣人之言。小人不知天命而不畏也，狎大人，侮圣人之言。"就是说君子敬畏天命，敬畏处于高位的人，更敬畏圣人的言语；而小人不知天命而不畏，不尊重在上位的人，蔑视圣人的话。"畏"的情绪是呼唤个体自身良知的一种表现。知道畏惧，就是能够感应良知，明白什么该做，什么不该做，这样才能产生诚敬之心。在现实生活中，每一个人对于父母、老师或是尊长，都应该有敬畏之心，既敬爱又害怕。正因为有"畏"，才会言行举止三思而后行，使之符合"应当"。

　　了凡先生说，天地在上，鬼神难欺。人们认为自己是在暗地里犯下的过错，可是天地鬼神全都能够明察秋毫，过错重者会降下各种祸殃，轻微者也会减损其现世的福泽，怎么能够不害怕呢？这就是说，我们纵使是在很隐秘的地方甚至没有人看到的地方，做一点小小的过失，天地鬼神也能够看得清清楚楚，并给以惩罚。其实用因果缘起的思想来看，起心动念及所为，它们产生的后果，"如影随形"，不会因外人看不看得到或个人意愿而改变或消失。在我国古代，就有上天崇拜、祖先崇拜等思想，把"天""帝"看作是外在于人、支配人、控制人的力量，并对世人赏善罚恶，从而使人生起敬畏心，随着历史的发展，这一观念逐渐渗透在中国人的思想中，形成一种传统观念。

原文

　　不惟此也。闲居之地，指视昭然；吾虽掩之甚密，文①之甚巧，而肺肝早露，终难自欺；被人觑破，不值一文矣，乌得不懔懔②？

注释

　　①文：掩饰，修饰。
　　②懔懔：危惧的样子。

译文

　　不只这些。在自己独居的地方，神明也看得清清楚楚；我们虽然可能遮掩得很严密，文饰得很巧妙，其实五脏六腑早就暴露，最终难以自己欺骗自己；在被人看破的时候，就一文不值了，怎么能不懔然危惧呢？

　　上一段了凡先生讲在一般情境下，人们的行为有天地鬼神的鉴察。而这一段说，在私室独居的时候，神明也无所不在，即使百般遮掩，巧加掩饰，丑恶的心思也会露出破绽，难以自欺欺人；倘若被别人识破，那就一文不值了，所以我们怎能不敬畏神明？即使在独处的情况下，也不放松自己，而要如同在大庭广众之下、众目睽睽之中，时时刻刻检点自己、谨慎谦虚。

　　其实，姑且不论是否有鬼神，了凡先生只是想借用天地鬼神，使人们在内心隐蔽细微处，能有所"畏"之物。这样即使在一人独处之时，亦能恪守做人的道德原则。

〔原　文〕

　　不惟是也。一息尚存，弥天①之恶，犹可悔改；古人有一生作恶，临死悔悟，发一善念，遂得善终者。谓一念猛厉②，足以涤百年之恶也。譬如千年幽谷，一灯才照，则千年之暗俱除；故过不论久近，惟以改为贵。但尘世无常，肉身易殒，一息不属，欲改无由矣。明则千百年担负恶名，虽孝子慈孙，不能洗涤；幽则千百劫沉沦狱报，虽圣贤佛菩萨，不能援引。乌得不畏？

〔注　释〕

　　①弥天：满天，极言其大。
　　②猛厉：犹"猛烈"。气势盛，力量大。

〔译　文〕

　　不只这些。如果还有一口气在，就是罪恶滔天，都还可以悔改；古代有人一生做坏事，在临死时突然悔悟，生出一个行善的念头，便得到善终。这就是说一个善念的猛烈坚决，足以洗涤一生的恶行。就好比千年无光的小山谷，用一盏灯一照，那么千年的黑暗就都被驱散了；所以过错不论新旧，只以能改正为贵。只是人世无常，生命易逝，万一哪天一口气上不来，想要改正也没有办法了。在阳间就会千百年担负着恶名，即使有孝顺的子孙，也无法代他洗涤干净；而在阴间则在千万代中沉沦于地狱，即使有大圣大贤、佛祖菩萨，也没有办法救助、接引。这怎能不让人畏惧？

　　了凡先生说一个人只要活在世上，即使犯了弥天大罪，也都是可以悔悟和改正的。古时候有的人一生作恶多端，临死时能幡然悔悟，心中萌发善念，便可得到善终，这种强烈的善念，足以洗去百年罪恶。这样的事例在《净土圣贤录》《往生传》中可以看到过许多。了凡先生在这里做了个类比，把人所犯的罪恶比作"千年幽谷"，把善念、智慧、觉醒比作"灯"，慧灯一照便可驱除千年的愚昧黑暗，善念一出便可化解百年的罪恶。释迦牟尼佛说，他有两个弟子：一个是从不犯错误的人，一个是知错便改的人，所以，肯改、能改是难能可贵的。

　　当然，也绝对不能滑向另外一端，即存有侥幸心理，认为即使一生造恶，等到临终时发心忏悔也是来得及的。我们说"人命在呼吸之间"，世间无常，国土危脆。尘俗世界多变，人生无常，血肉之躯容易消亡，一口气接不上来，想要改过也来不及了。所以，一念觉、一念智慧是非常可贵的。一方面，如果造作恶业太多，千百年来都会背上恶名，即使孝子贤孙也难以替他洗刷罪名；另一方面，若恶行太多，必定会遭到千百劫受苦受难的恶报，这个恶报是自作自受，就是神通广大的圣贤、佛祖、菩萨也不能帮助他超脱。

　　第三，须发勇心。人不改过，多是因循^①退缩；吾须奋然振作，不用迟疑，不烦等待。小者如芒刺在肉，速与抉剔^②；大者如毒蛇啮指，速与斩除，无丝毫凝滞，此风雷之所以为益也^③。

　　①**因循**：流连，徘徊。

　　②**抉剔**：搜求挑取。

　　③**"此风雷"句**：《易·益》："风雷，益；君子以见善则迁，有过则改。"意思是说：风雷相助，象征增益。君子因此看见善行就倾心向往，有了过失就迅速改正。益卦下卦震为雷，上卦巽为风。风骤则雷迅，雷激则风烈，雷和风互相助益，故卦名益。同时，卦中巽阴居上，震阳居下，巽在上柔顺而不违雷震之刚，故有损上益下的意义。下为上之本，益下则本固，使上也得到巩固。

第三，一定要生出勇敢之心。人们不愿意去改正过错，其原因大多是由于拖沓和畏难退缩的缘故；我们一定要发奋振作，不要迟疑，不要等待。小的过错就像肉里有刺，要赶快剔除；大的过错就像被毒蛇咬了指头，要赶快斩断手指，不能有丝毫迟疑。这就是《易经》中，风雷之所以构成"益卦"的道理所在。

浅 释

改过之法，第三是要发勇心。

了凡先生认为，人们不能改掉自身的过错，多数是由于拖沓和畏难退缩的缘故，因此必须发奋振作，当机立断，不可优柔寡断，不可消极等待。罪过这东西，小的像肉中的芒刺，应该尽快剔除；大的像被毒蛇咬啮的手指，为防止毒汁扩散，应当赶紧斩断手指，不能有丝毫迟疑。有了过失就应当及时改正，不可因畏难而苟安。

"此风雷之所以为益也"，这句引自《易经》中的"风雷卦"的卦相。《易经》有六十四卦，"风雷"就是"利益"，也就是今天的果断、决心。人能有果断、决心，改善修善，才能得到真正利益。改过自新，毫不犹豫，这就是《易经》中"风雷"卦所显示出的卦相。

原 文

具是三心，则有过斯改，如春冰遇日，何患不消乎？然人之过，有从事上改者，有从理上改者，有从心上改者；工夫不同，效验亦异。如前日杀生，今戒不杀；前日怒詈①，今戒不怒：此就其事而改之者也。强制于外，其难百倍，且病根终在，东灭西生，非究竟廓然之道也。

注 释

①詈：骂。

译 文

如果拥有了羞耻之心、畏惧之心和勇敢之心，那么有过错就可以立刻改正，就好像春天的冰遇到了太阳，还担心不会融化吗？然而人的过错，有

了凡四训

从事情本身上改正的，也有从情理上改正的，还有从心理上改正的；改正的方式不同，取得的效果也有差异。比如前一天犯了杀生之戒，今天不再杀生；前一天犯了生气骂人之戒，今天不再生气；这就是从事情本身来改正的。这种方式是从外面进行强制，所以会难上百倍，而且引发过错的根源始终存在，东边的被消灭了，西边却又发生了，终究不是彻底根除过错的方式。

浅 释

　　知耻心、敬畏心、勇猛心，是了凡先生所提出的改过的三个步骤。知耻是"惭心所"，是从内心里觉悟，是开悟自觉；畏惧是"愧心所"，是外力的加持，使人不敢胡作非为。具备了这"三心"，就能智慧增长，业障消除了。

　　了凡先生指出，发"耻畏勇"三心为改过之因之后，继续指出改过之法，即示"事理心"三路。就是说，人们对于所犯过失的改正，遵循的路径是不同的，有从事情本身进行纠正的，有从情理上加以纠正的，有从心灵上加以纠正的。不同的改正方式所需要下的功夫也不一样，所取得的效果也大不相同。

　　比如有个人前天杀害了生灵，现在不再杀生；前天生气骂人，现在不再发怒，这就是从事情本身进行纠正。这种改过方式主要是从外部采取强制性手段，所以困难比较大，而且导致错误的根源始终存在，这一方面的过失没有了，那一方面的问题又会产生，因此从事相上改，不是彻底根除过失的好方法，即所谓的"治标不治本"。

原 文

　　善改过者，未禁其事，先明其理。如过在杀生，即思曰：上帝好生，物皆恋命，杀彼养己，岂能自安？且彼之杀也，既受屠割，复入鼎镬[①]，种种痛苦，彻入骨髓；己之养也，珍膏罗列，食过即空，疏食菜羹，尽可充腹，何必戕[②]彼之生，损己之福哉？又思血气之属，皆含灵知，既有灵知，皆我一体；纵不能躬修至德，使之尊我亲我，岂可日戕物命，使之仇我憾我于无穷也？一思及此，将有对食痛心，不能下咽者矣。

注 释

①鼎镬^{huò}：烹饪器具，古代酷刑用鼎镬煮人。镬，似大鼎而无足。

②戕^{qiāng}：杀害，残杀。

译 文

　　善于改正过错的人，在还没有在事情本身上改正之前，会先弄清楚其中的情理。比如有了杀生的过错，就应该想到：上帝有好生之德，万物都会眷恋生命，杀了其他生命来养活自己，自己怎么能够安心呢？而且这种杀生是既要受到屠宰刀割的痛苦，还要再被放进锅里水煮油煎，各种痛苦，都深入骨髓；要养活自己，山珍海味，吃过也就完了，吃五谷蔬菜，也都可以充饥，何必残害别的生命，来减损自己的福报呢？还要想到那些有血有肉的生物，都有灵性与知觉，既然有灵性和知觉，那么也都与我一样；纵使不能自己修成至美的品德，让它们尊敬我、亲近我，但怎么可以每天都残害它们的生命，让它们永远地仇视我、怨恨我呢？一想到这里，就会面对这样的食品而感到痛心，难以下咽了。

浅 释

　　善于改正过失的人，在没有从行为上改正以前，就先弄清楚其中的道理了。从事相上改只是就事论事，只是对自己所做的事进行悔悟；而从明理上改，则能在未动之前就主动地去思考自己的行为可能产生的后果，从而遏制自己的行为。

　　了凡先生在这里举了个例子，他说：比如有改正杀生的过失，就在心里想：上天爱惜生灵，万物都有求生的本能，杀害别的生命来养活自己，怎么能心安呢？而且这些生灵在被杀的时候，先遭受宰割，然后被水煮油煎，所受的种种痛苦，难以想象；自己在享用这些东西的时候，哪怕是山珍海味，吃过就完了。谷米蔬菜完全可以充饥，何必要杀害别的生命，来减损自己的福泽呢？还可想到，这些生灵也都是靠血气维持生命，都有灵性，既然它们都有灵性，就与人同属一类，那么即使不能修成美好的品德，使它们尊敬我们、亲近我们，也不应该残害它们的生命，使它们的灵知永远怨恨我们呀。一想到这一层，就有可能面对肉食黯然伤心，难以下咽。

　　了凡先生所举的例子与佛教反对杀生的主张是相一致的。佛教的爱不仅在于人间，而且被及一切有生之物，大者至于禽兽，小者及于显微镜下的微生物，甚至涉及无情草木。佛教还把不杀生列为戒律的第一条，在佛教徒看来，众生同为血肉之躯，贪生恶死，与我相同，快我口腹，彼苦甚剧而我乐无限，于心何忍？

了凡先生在这里所说的从情理上改正过失，与佛教徒的"理忏"的忏悔方式有相似之处。浅意上讲，理忏就是自己做错事后，不是就事论事，而是追根究底，探寻做错事的深层原因，从而找到从根本上避免再次犯错误的方法。深层讲，就是所谓的"罪从心起将心忏，心若无时罪也亡"。就是自行忏悔，挖到一切罪恶的本源。如果意根清净，则身口二业障自然清净；如果意根不清净，身口二业障则难以清净。因此，不管是修行还是为人处世，都不能只就事论事，而要把握更内在的道理。这样才能建立起一个完善的品格，使内心获得安宁。

原文

如前日好怒，必思曰：人有不及，情所宜矜①；悖理相干，于我何与？本无可怒者。又思天下无自是之豪杰，亦无尤人之学问；有不得，皆己之德未修，感未至也。吾悉以自反，则谤毁之来，皆磨炼玉成②之地；我将欢然受赐，何怒之有？

注释

①矜：怜悯，同情。

②玉成：成全，帮助使成功。

译文

再如前一天发怒了，就一定会想到：人们都有不足之处，从情理上说也值得怜悯；如果违背情理而互相争气，对自己又有什么好处呢？这本来也没有什么可以生气的。还要想到，天下没有自以为是的英雄豪杰，也没有专门指责别人的学问；如果有得不到的，那都是没有修炼好自己的德行，不能感化别人。我要完全地自我反省，那么当别人诋毁、诽谤自己的时候，都是对自己磨炼与考验的时机；我应该高兴地接受这一恩赐，又有什么生气的呢？

　　了凡先生又继续说道：假如以前喜欢发怒，必定要想，别人也有不足之处，从情理上来说值得怜悯，假如违背情理相互争执，对自己又有什么好处呢？这样就不会生气了。又可想到天下没有自封的英雄豪杰，也没有人会成心找别人的毛病。行事不顺利，说明自己的德行不够圆满，功夫没有下到。应当彻底自我反省，这样一来，当别人诋毁自己时，就好比是对自己最好的磨炼和考验，正好愉快地接受，又何必发怒呢？

　　在这里，了凡先生指出了面对别人的过失或者错误时应有的态度。概括起来，有这样两点：

　　第一，从情理上分析、理解并原谅别人。

　　当看到别人的过失或错误时，我们有时确实不能够忍受，但是，仅仅是这样的态度也是于事无补的。应该想想：他们为什么会有这样的行为？《无量寿经》说："先人不善，不识道德，无有语者，殊无怪也。"这是因为他的长辈、父母不懂仁义道德，没有好好地教导他，所以他才会犯错误。佛教的慈悲观中，慈是给人以快乐，悲是解除人们的痛苦，"慈"与"悲"合起来即是"拔苦与乐"。《大智度论》上说："大慈与一切众生乐，大悲拔一切众生苦，大慈以喜乐因缘与众生，大悲以离苦因缘与众生。"佛教慈悲观的内容分为利他和平等两个方面。佛教利他主义的道德意识是以缘起论为出发点的，"缘起"即"诸法由因缘而起"，也就是说，一切事物或现象的产生和消灭，都是由于相对的互存关系和条件所决定的，佛是一位彻底的觉悟者，深察明了一切因缘，度尽内在与外在的众生。佛教徒既然以成佛为人生的最高目标，就应该利乐一切众生、救济一切众生，对一切众生伸出慈爱之手；另外，佛教慈悲观还强调平等博爱，佛教的爱，被及一切有情无情，因为在佛教看来，一切人类与众生同具佛性，都有觉悟实相的可能，一律平等。

　　第二，自省。

　　在行事不顺利时，正确的态度是进行自我反省，对自己的内心进行省察和考量。所谓"未能自度，而能度人，无有是处"，只有不断完善自身，提高自己的德性，才能够感化别人。

　　从伦理学的角度来看，自省亦即内省、反省，就是自己察看自己、自己审视自己、自己检查自己。它是一种道德修养方法，是一个人对自己的品行是否合乎道德的自我检查，因此，这是人类所特有的现象。《论语》中记载曾子之自省为："吾日三省吾身：为人谋而不忠乎？与朋友交而不信乎？传不习乎？"历代儒家都十分重视自省，通过自省，可以使自己知道自己的道德认识、道德感情和道德意志的道德价值的实际情况；知道自己有哪些不道德的、恶的品行和哪些道德的、善的品行，知道自己实际上是否是一个有美德的人。因此，自己就对自己有更加客观的判断，知道自己的善恶品德在哪些方面，从而有的放矢地去改正和完善。所以，自省是一个人的品德形成和修养的依据与基础，是培养个人道德认识、个人道德感情和个人道德意志的综合道德修养方法。那么，应当怎样自省呢？孔子将其方法归结为"自讼"，也就是自己跟自己打官司——子曰："已矣乎！吾未见能见其过而内自讼者也。"英国学者亚当·斯密则相当详尽地阐释了道德自省的这种方法："当我竭力审查我自己的行为时，当我竭力对其作出判断从而赞许或谴责这些行为时，显而易见，在所有这样的场合，我自己仿佛分成两个人：一个我是审查者和评判者，扮演和另一个我——被审查者和被评判者——不同的角色。第一个我是旁观者，当我从旁观者的眼光来观察自己的行为时，我通过设身处地想想他将有的情感，从而努力使自己具有他评价我行为时的情感。第二个我是当事人，恰当地说就是我自己，对其行为我努力以旁观者的身份进行评论。"只有善于自省、自讼的人，才是一个能正视自己的人，能自己把握自己的人，才能使自己的生活有明确的方向并为之付出努力，也才能够感染身边的人共同进步。

原 文

又闻而不怒，虽谗焰熏天，如举火焚空，终将自息；闻谤而怒，虽巧心力辩，如春蚕作茧，自取缠绵[1]；怒不惟无益，且有害也。其余种种过恶，皆当据理思之。此理既明，过将自止。

注 释

①缠绵：缠绕，束缚。

译 文

再者来说，听到别人的诽谤却不生气，就算这些谗言如烈焰熏天，也不过像举着大火去烧天空一样，最终不过是自己熄灭；听到诽谤就生气，就算有心思巧妙地努力辩白，也不过像春蚕一样作茧自缚，自寻烦恼；可见生气不但没有一点好处，而且还十分有害。其余种种过错，也都应该根据情理来思考。这种道理如果想清楚了，过错也就会自然改正了。

浅 释

如果我们在听到诽谤的话时能做到充耳不闻，任由进谗言的人如何巧言令色，也不起心动念，心中不起一丝涟漪，那么即使流言汹涌得如同冲天的火焰一样燃烧，也终将在空中渐渐熄灭、自我焚尽。假如我们听到诽谤的话就立刻怒发冲冠，那么即使极力辩解安慰，也终究如同春蚕吐丝、作茧自缚、自寻烦恼。可见，发怒不但百无益处，而且十分有害。其他种种过失，其道理也是一样，都应当根据情理平心静气地思考，这种道理一旦明白开悟，身上的过错自然也就能随之改掉。

了凡先生以前脾气是不太好的，遇到有人憎恨、毁谤他时，无法接受，睚眦必报；而现在则是不同于往昔，逐渐能够敞开心扉、宽厚容忍了。

这也体现了佛教关于处理人我是非关系上的一个重要的规范："忍辱。""八风不动心，无忧无污染"，利衰、毁誉、称讥、苦乐八风，都不能改变事物本来的状况，所以，心无须为之所动生起喜怒哀乐之情。

以上几段，就是了凡先生所论述的从情理的角度去改过。概括来讲，就是不可妄动，"三思而后行"，这对我们今天的生活也有很实际的指导意义。

原 文

何谓从心而改？过有千端，惟心所造；吾心不动，过安从生？学者于好色、好名、好货、好怒，种种诸过，不必逐类寻求，但当一心为善，正念现前，邪念自然污染不上。如太阳当空，魑魅①潜消，此精一②之真传也。过由心造，亦由心改，如斩毒树，直断其根，奚必枝枝而伐，叶叶而摘哉？

注 释

① **魑魅**（wǎng liǎng）：中国古代神话传说中山川的精怪或江河之鬼。也有称影子外层的淡影为魑魅的。

② **精一**：指精粹纯一。

译 文

什么叫从心理上改正过错呢？人的过错种类成千上万，但都起源于人的内心；我的心如果没有动过错误的念头，那么过错如何能生发呢？学者们

对于好色、求名、求利、易怒等过错，不必每种都去考查戒除的办法，只需一心一意地行善，光明正大的念头就在眼前，那些邪念就自然污染不了你。就好像艳阳当空，魑魅魍魉都暗中消散一样，这就是精粹纯一的真传。过错是由心来生发的，也可以由心来改正，就好像砍伐毒树，就要直接斩断它的根，又何必一枝一枝地剪伐、一叶一叶地摘除呢。

浅 释

什么叫从心灵上加以纠正呢？了凡先生说，过失虽然是多种多样的，却都源于人的内心，如果心念不曾乱过，又怎么能犯下过错呢？中国有句古话，说"相由心生，相随心改"。了凡先生认为，对于当今的文人学士对待自身存在的徒好虚名、贪慕财利、动辄发怒等问题，他们不必煞费苦心一项项地去探求克服戒除的办法，只要一心一意培养善良之心地，只想着多行善事、造福他人，那么，这种光明正大的心念就会主导人的身心，邪僻的念头自然就无法乘虚而入。这就好比炽烈的太阳高挂晴空，一时间，魑魅魍魉自然就瞬间消失，而这便是扶正祛邪的关键所在。唐朝中叶的百丈怀海禅师说："对五欲八风，不被见闻觉知所缚，不被诸境所惑，自然具足神通妙用，是解脱人，对一切境心无静乱，不摄不散，透一切声色，无有滞碍，名为道人。"总之，恶由心念引起，也将由心念来加以改正，就好比斩伐有毒的大树，最好的办法是连根砍断，无须拘泥于一个枝条一个枝条地去修剪，一个叶片一个叶片地去摘除。

原 文

大抵最上治心，当下清净；才动即觉，觉之即无；苟未能然，须明理以遣之；又未能然，须随事以禁之。以上事而兼行下功，未为失策，执下而昧上，则拙矣。

译 文

大体来说，改正过错最高明的方法是调治内心，这样就可以立刻达到清净的境界；坏念头一动就会觉察，一觉察到就让这种坏念头消失；如果做不到这一点，就应该用明察情理来改正；再做不到的话，就必须针对具体的事情来警戒自己；如果实行上等的方式但兼顾次一等的成效，还不算失策。如果固执地使用下等的方式却对上策一无所知，那就是顽冥不化了。

综上所述，改正过错的最佳方法是调治内心，可以立即收效；刚一萌生邪念就有所察觉，刚一察觉就立刻扑灭，如此就不会犯下过错了；假如做不到这一点，就应该退而求进，在想清楚道理之后对错误加以改正；再做不到的话，就应当针对具体的事情加以改正。应当注意的是，在运用高明的办法改过时，如果顺便兼顾稍逊一等的改过方式，也未尝不可；而如果只知道通过低级的办法来改过，对根本性的办法一无所知，那就是愚顽不化了。

六祖云："前念迷，即凡夫；后念悟，即佛。"心动时，要知其是烦恼来了，此即是觉，觉然后有悟。未觉求悟，走投无路。在这一段中，了凡先生告诉我们改过要从根本的方式抓起。《论语》有云："君子务本，本立而道生。"在这里，了凡先生所说的"本"，即"心"，在心念发动处下功夫，才能从根本上止恶，所谓"不怕念起，只怕觉迟"。由耳、目、鼻、口、四肢追求色、声、味和心追求名利引起的都是邪念，如果把知行分为两件，一念发动虽有不善也不去禁止，其实邪念发动已经是行之始，这样就不能做到非礼勿视、非礼勿听、非礼勿言、非礼勿动，要使视听言动都符合"礼"，就应按照"知行合一"的宗旨，对欲念进行自觉的控制，在一念发动处，将不善的念克倒了，从而恢复良知本体的善。

当然，了凡先生也没有苛责世人，毕竟每个人的道德水平和觉悟的程度不同，但是，他认为即使不能够从"心"上改之，也一定要从"理"或"事"上改，绝对不能忽视真相，逃避过错。这三种改过的方法，就是佛家讲的三种不同根性，上根的人从根本下手，从起心动念处断一切恶；中等根性的人，用"明理以遣之"；下根之人，只有"随事以禁之"。

顾发愿改过，明须良朋提醒，幽须鬼神证明；一心忏悔，昼夜不懈，经一七、二七，以至一月、二月、三月，必有效验。或觉心神恬旷；或觉智慧顿开；或处冗沓而触念皆通；或遇怨仇而回嗔作喜；或梦吐黑物；或梦往圣先贤，提携接引①；或梦飞步太虚②；或梦幢幡③宝盖：种种胜事，皆过消灭之象也。然不得执此自高，画而不进。

注　释

①**接引**：佛教称佛、菩萨引导众生进入西方极乐世界为"接引"。

②**太虚**：太空。

③**幢　幡**（chuáng fān）：指佛、道教所用的旌旗，建于佛寺或道场之前。分开来讲，则幢为有执竿的宝盖；幡则无宝盖，多作悬挂之用。

译　文

所以如果要发誓改正过错，在明处需要好朋友来提醒，在暗处需要鬼神来证明；一心一意进行忏悔，无论昼夜都不懈怠，经过一周、两周，以至一个月、两个月、三个月后，就一定会产生效果；或者会觉得心旷神怡；或者觉得耳聪目明、茅塞顿开；或者觉得应付烦冗琐碎的事时触类旁通、左右逢源；或者遇到仇人时变怒为喜；或者梦见自己吐出了体内黑色的东西；或者梦见古来的大圣大贤，来提携接引自己；或者梦见翱翔在太空之中；或者梦见有得道者所用的重重旌旗；这些不同的好事，都是消除自己过错的征兆。不过也不能因此而自以为是，画地为牢而不再进步。

浅　释

这里说的是改过之后所产生的效果。了凡先生说，有的人发下愿心要努力改过时，在明处必须有好朋友督促提醒，在暗中必须有鬼神监督，要一心忏悔，昼夜不停，经过一周、两周以至一个月、两个月、三个月后，必定会有效果。

对于改正后所产生的效验，了凡先生举了以下几例：或者感到心旷神怡；或者感到茅塞顿开，心明眼亮；或者觉得应付繁杂的事务时左右逢源，得心应手；或者在遇到仇人时变怒为喜；或者梦见体内污秽一吐而净；或者梦见千古圣贤都在提携、帮助自己；或者梦见自己翱翔在茫茫宇宙；或者梦见亲临西方净土。诸如此类的好事，都是改过消罪的征兆。

但是，了凡先生也提醒道，不要因此就沾沾自喜。改过需要坚持不懈，需要毅力和勇气。

　　昔蘧伯玉^①当二十岁时，已觉前日之非而尽改之矣。至二十一岁，乃知前之所改，未尽也；及二十二岁，回视二十一岁，犹在梦中。岁复一岁，递递改之。行年^②五十，而犹知四十九年之非。古人改过之学如此。

注 释

　　①蘧(qú)伯玉：春秋卫国贤大夫。名瑗，字伯玉，谥成子。年五十而知四十九年之非。卫大夫史鳅知其贤，屡荐于卫灵公，但终不用。
　　②行年：经历过的年岁。

译 文

　　从前春秋时卫国的蘧伯玉在二十岁的时候，已经知道自己以前的错误并全都改正了。到了二十一岁，又知道前一次所改正的过错中，还有没完全改正的；到了二十二岁的时候，再回头看二十一岁，就好像在梦里一样。年复一年，不断改正。到了五十岁的时候，还知道前四十九年中的过错。古人改正过错的学问就是这样的。

浅 释

　　在这里，了凡先生举了古人蘧伯玉改过的事例，勉励他的儿子。蘧伯玉是春秋时卫国的大夫，名瑗，今河南长坦县伯玉村（一说今河南濮阳县老渠村）人，生卒年不详，事卫三公（献公、襄公、灵公），因贤德而闻名诸侯。相传他品德高尚，光明磊落，在二十岁时，已经完全意识到以前所犯的过失，从而加以彻底地改正；到二十一岁时，才知道以前的改正并不彻底；到二十二岁时，回首二十一岁时的情形，恍然若在梦境。就这样年复一年，不断改正。到五十岁时，还知道四十九年中的过错。《淮南子·原道训》说："蘧伯玉年五十而知四十九年非。"蘧伯玉确是一位不断求进而又善于改过的人。孔子也与蘧伯玉相交甚厚。几次适卫，多居蘧伯玉家。一次，蘧伯玉使人到孔子那里问候，孔子问："夫子（指伯玉）何为？"来人对曰："夫人欲寡其过未能也。"使者走后，孔子曰："使乎！使乎！"这既是称赞蘧伯玉的德性高尚，也是称赞蘧伯玉的使者应对得体。伯玉死后，后人慕其贤，在其墓前建有祠堂，碑文曰：

"先贤内黄侯蘧伯玉之墓。"

从蘧伯玉的身上可以看到古人坚持不懈地改正过错的执着精神。了凡先生自己在改正过失方面也是非常地坚定。他在《立命之学》中说："因将往日之罪，佛前尽情发露，为疏一通，先求登科；誓行善事三千条，以报天地祖宗之德。"

弘一法师曾说："改过之事，乃是十分光明磊落，足以表示伟大之人格。子贡云：君子过也，如日月之食焉。过也，人皆见之；更也，人皆仰之。"

对于我们来说，在日常生活中，就是要不断地反观自身，反省自己的言语行为，使之符合一定社会的道德准则和风俗习惯，从而使人与人之间的相处更加和谐。

原　文

吾辈身为凡流，过恶猬集①，而回思往事，常若不见其有过者，心粗而眼翳也。然人之过恶深重者，亦有效验：或心神昏塞，转头即忘；或无事而常烦恼；或见君子而赧然②相沮；或闻正论而不乐；或施惠而人反怨；或夜梦颠倒，甚则妄言失志：皆作孽之相也。苟一类此，即须奋发，舍旧图新，幸勿自误。

注　释

①**猬集**：比喻事情繁多，像刺猬的刺那样聚在一起。
②**赧然**（nǎn）：形容难为情的样子。赧，因羞愧而脸红。

译　文

我们都只是平凡的人，平时的过错就像刺猬的刺那样多，但回想往事的时候，常常有人看不到自己的过错，这是由于粗心和目光短浅的原因啊。不过，对于那些罪恶过于深重的人

●唐玄宗听谏散鸟

来说，也会感觉到一些征兆：或者心神昏乱，转眼忘事；或者无缘无故就感到心烦意乱；或者看到有德的君子就因羞愧反而去诽谤别人；或者听到光明正大的话反而闷闷不乐；或者施给别人恩惠反而招来怨恨；或者夜里常做噩梦，严重的还口吐狂言，神志不清；这都是做了坏事之后的反应。如果一出现这样的现象，就必须发奋振作，弃旧图新，千万不要自误前程。

浅　释

　　我们都是寻常人，平日所犯错误多得不可计，可不少人在总结往事时，常常看不到自己的错误，这没有什么别的原因，实在是因为太过大意粗心、目光短浅的缘故。其实，那些罪恶深重的人，平日里是会有一些不好的效验表现出来的：或者心神闭塞，头昏健忘；或者无缘无故就感到心烦意乱；或者见到德性高尚的人就消沉沮丧；或者听到好的言论就闷闷不乐，不能从善如流或者向别人施予恩惠反而招来怨恨；或者噩梦不断，甚至口吐狂言，神志不清，意乱神迷；这些都是做了恶行之后的反应。一旦发生这些情况，不能再因循苟且，应该马上迷途知返，改弦更张，重新做人，切莫自误前程。

　　上述种种症状，今天人称之为心理疾病。远因属过去业障，近因是一向不知自省自改，怨天尤人，累年心垢未曾洗涤，久积为心病。所以，我们应当对自己有一个清醒和正确的认识，在意识到有不好的情况发生时，要立刻省察自己的行为，反思自己的过去。

　　近代高僧弘一法师曾写有《余之改过之法》一文，总结了自己一生的改过之法。他认为改过的次第为：一学、二省、三改。"学"就是要多读儒释经典，多向传统文化学习，从传统文化中求滋养身心、安身立命的源泉。这样才可以更详细、准确地知道善恶区别以及改过迁善之法。学习之后要经常自我审查，每天审查自己的一言一行是善还是恶，审查之后还要能改正。弘一法师还列举了自己五十年以来改过迁善的十大具体措施：第一是虚心。孔子说："五十以学易，可以无大过矣。""闻义不能徙，不善不能改，是吾忧也。"第二是慎独。曾子曰："十目所视，十手所指，其严乎！"第三要宽厚。第四是吃亏。第五是寡言。孔子说："驷不及舌。"第六是不说人过。孔子倡导："躬自厚而薄责于人。"第七是不文己过，子夏曾说："小人之过必文。"第八是不覆己过。第九是闻谤不辩。第十是不嗔。弘一法师自我修炼的体证心得以及经验总结是值得学习和借鉴的。

另外，从哲学的角度看，对主体的反思总是开始于对个体自我的认识，一个不能正确认识自我的人是无法有效地进行自我反省的。所以我们首先应当有正确的自我意识。人只有具有了自我意识才能知道自己是谁，应该做什么，并自觉主动地去践行；而自我反省的对象，概括而言主要包括我们的行为、情感、意志、动机，等等，通过自我知觉、评价、体验、审查、纠正等手段的依次作用而完成自我反省。在日常生活中，我们不能沉溺于浑浑噩噩的生活状态中，而应当做一个"有心人"，对自己的行为和周遭的事物有一个明确的把握。

第二篇　改过之法

第三篇　积善之方

　　"积善之家,必有余庆。"积善必须明辨:真假、阴阳、是非、偏正、半满、大小、难易的分别,否则枉费苦心。应行善事总归十类。

原 文

　　《易》①曰:"积善之家,必有余庆。"

注 释

　　①《易》:《周易》,儒家重要经典。简称《易》,包括《易经》与《易传》两部分,这里专指《易经》。

译 文

　　《周易》说:"积累善行的家族,必定有很多吉庆的福报留给后代子孙。"

浅 释

　　《易经》说:"积累善行的家族,必定有很多吉庆的福报。"这句在《易经》中的完整表述是:"积善之家,必有余庆;积不善之家,必有余殃。"详细论述人世祸福与善恶行为的因果关系。古人认为人世祸福的发生,与人们的善恶行为有着必然的因果联系。"祸福无门,惟人自召。"祸福不会毫无缘由地降临在世人身上,人的善恶行为才是自身福祸的直接诱因。即使不现报在自己身上,也会报应在自己的后代子孙身上。善有善报,恶有恶报,所以人们必须谨慎行事。

原 文

　　昔颜氏将以女妻叔梁纥①,而历叙其祖宗积德之长,逆知②其

子孙必有兴者。

注 释

①**叔梁纥**^{hé}：春秋时鲁国大夫，名纥，字叔梁。孔子之父。

②**逆知**：预先猜度。

译 文

从前颜氏打算把女儿嫁给孔子的父亲叔梁纥的时候，便列举了叔梁纥家祖祖辈辈积累下来的德行，预料到他的子孙中必定有光宗耀祖的人。

浅 释

当初颜氏将要把女儿嫁给孔子的父亲叔梁纥时，列举了叔梁纥家祖祖辈辈所做的善事，预言他家子孙中必定要出光宗耀祖的人。结果颜氏的小女儿徵在嫁与叔梁纥后，生下孔子，成为"祖述尧舜，宪章文武"的至圣先师，一代圣贤。即使在现如今，人们在婚配择偶之时，仍然要考察对方的人品及家庭声誉。

原 文

孔子称舜①之大孝，曰："宗庙飨②之，子孙保之。"皆至论也。试以往事征③之。

注 释

①**舜**：传说中远古帝王，五帝之一。姚姓，一说妫姓，有虞氏，名重华，史称虞舜。为颛顼后裔。

②**飨**^{xiǎng}：用酒食招待人，也泛指请人享受。

③**征**：证明，验证，信而有征。

译 文

孔子称赞舜帝的大孝，说："宗庙将会祭祀他，子孙也会保住他的福德。"这都是至理名言。我们可以试着用以前发生过的事情来加以验证。

浅 释

舜，品德高尚，颇受儒家推崇，尤其以"孝"著称，为后人所称道。舜的父亲及后母对他心怀歹意，蓄意谋害，但都丝毫未能减损他对父母的孝心。孔子在称赞大舜的孝心时说："宗庙将会享祭他，子孙也会保住他的福德。"历史上品德高尚具有表率作用的，或有功于国家人民的人，都会得到后人的尊敬，或为其树碑立传，或为其建祠修庙。如为彰显诸葛亮的文治武功，建有"武侯祠"；为宣扬关羽的忠义勇武，建有"关帝庙"。此类情形比比皆是。

了凡先生接着进一步用先前的事实来加以验证，举例说明"积善之家，必有余庆"的道理，意在教人福从善中求，鼓励人们要行善积德，善有善报。

原文

杨少师①荣，建宁人，世以济渡②为生。久雨溪涨，横流冲毁民居，溺死者顺流而下，他舟皆捞取货物，独少师曾祖及祖，惟救人，而货物一无所取，乡人嗤③其愚。逮少师父生，家渐裕。有神人化为道者，语之曰："汝祖父有阴功，子孙当贵显，宜葬某地。"遂依其指而窆④之，即今白兔坟也。后生少师，弱冠⑤登第，位至三公⑥，加曾祖、祖、父，如其官。子孙贵盛，至今尚多贤者。

注释

①少师：官名，周朝置少师、少傅、少保以辅天子，称"三孤"，又称"三少"。明清作为荣衔，列为从一品，无职事。

②济渡：渡过水面。此指从事摆渡。

③嗤：讥笑，嘲笑。

④窆（biǎn）：泛指埋葬。

⑤弱冠：古时男子二十岁称为弱冠。

⑥三公：古代三个具有崇高地位、荣誉职位和官位的尊称。

译文

少师杨荣，是福建建宁人，祖辈都以摆渡为生。有一次下了很长时间的雨，小溪暴涨以致发生水灾，冲毁了百姓的房子，被淹死的人被水冲下来，其他人都划了船去抢捞财物，只有杨荣的曾祖父和祖父在救人，对财物视而不取，同乡的人都嘲笑他们愚笨。等到杨荣的父亲出生后，家里就逐渐富裕。有一位神仙变化成道人，对他说："你的祖父积累了阴功，子孙后代应当有官高名显的人，所以应该把你的祖父葬在某地。"于是便依从道人的指示下葬，就是今天所说的白兔坟。后来杨荣出生，二十岁的时候就考上了科举，最后位列三公的高位，他的曾祖、祖父及父亲也都被追封了官爵。并且他的子孙后代也都显贵兴盛，直到今天仍有很多有才能、德行的人。

浅　释

少师杨荣，是建宁人，世代都是以摆渡为生。一次连日大雨致使河水暴涨，冲毁民房，淹死的人顺流漂下。在面临水灾之时，其他船只都去打捞财货，见利忘义，只有杨荣的曾祖父和祖父忙着搭救落水的人，丝毫没有捞取漂流的货物。在这种生命危急的时刻，一个人的思想品格高尚与否立见分晓；同时，也显现了他们对于他人生命的珍视。杨荣的曾祖父和祖父的高尚行为却遭到了同乡人的嘲笑，但等到杨荣的父亲出生时，杨家的家境已开始渐渐宽裕。有位神人化作一个道长，对杨荣的父亲说："你的祖父积有阴功，子孙应当显赫尊贵，适宜葬在某个地方。"这种论说深合早期道教的承负说思想。早期道教认为，人的善恶行为，会在后世子孙身上得到报应。同理，如果先人行善积德，则后人就会报应受福。杨荣的祖辈有善行，积有阴功，所以子孙按理应有福报。杨荣的父亲于是就按照道长所指定的地点，埋葬了他的祖父、父亲，也就是今天的白兔坟。这里又涉及古人的"风水"概念。"风水"，是指宅地或墓地的地脉、风向、水流的统称。堪舆家认为，风水的好坏，关乎人的吉凶祸福，也可以说是古代"天人合一"境界的具体化。杨家后来生有杨荣，在弱冠之年就考取进士，官位一直做到位列三公，他的曾祖、祖父、父亲也都追封了官爵，并且他的子孙后代也都显贵兴盛，直到今天仍有很多有才能、德行之人。

古云"作恶事须防鬼神知，干好事莫怕旁人笑"。凡做好事，任劳不易，任怨更难；耐苦不易，耐烦更难。

原文

鄞人杨自惩，初为县吏，存心仁厚，守法公平。时县宰严肃，偶挞一囚，血流满前，而怒犹未息，杨跪而宽解之。宰曰：

"怎奈此人越法悖理，不由人不怒。"自惩叩首曰："上失其道，民散久矣。如得其情，哀矜①勿喜。喜且不可，而况怒乎？"宰为之霁颜②。

注　释

①**哀矜**：哀怜，怜悯。
②**霁颜**：敛威怒之貌，变为和颜悦色。

译　文

　　鄞县人杨自惩，最初在县衙当差，心地仁厚，处事以法为原则且公正无私。当时的县令为人非常严厉，有一次鞭打一名囚犯，打得囚犯浑身是血，但县令的怒气还没消，杨自惩跪下为囚犯求情，也为县令缓解怒气。县令说："怎奈这个人触犯法律违背天理，不由得人不气。"杨自惩叩头说："如果在上位的人离开了正道，百姓早就离心离德了。如果查清他们犯罪的实情，就应当怜悯他们而不要高兴；高兴尚且不可以，更何况发怒呢？"县令听了之后，脸色便缓和了许多。

浅　释

　　鄞县人杨自惩，最初做一名县吏，心地仁厚，公正无私。当时的县令非常严厉。有一次鞭打一名囚犯，致使血肉模糊，血流不止，但他仍然怒气未消。面对犯罪的囚犯，县令难以遏制内心的愤怒，对其施以重刑，以示惩戒。但相对于刑法，中国社会的主流思想儒家学说更注重德治。孔子曾说过："道之以政，齐之以刑，民免而无耻；道之以德，齐之以礼，有耻且格。"杨自惩看到鞭打囚犯的血腥场面，于心不忍，跪倒在地替囚犯求情，为县令宽舒愤怒。县令说："此人违背法律天理，让人无法不生气。"杨自惩叩首说："在上位的人离开了正道，百姓早就离心离德了。如果能弄清他们的实情，就应当怜悯他们，而不要自鸣得意。欣喜尚且不可以，更何况发怒呢？"杨自惩借用《论语》中曾子之言劝解县令，百姓之所以有犯法行为，可能是因为上层统治者的政策措施有了偏差，其中必有隐情。没有谁愿意铤而走险，以身试法，将自己置于不利地位的。对于他们要有怜悯之心，得知案件的实情后，就应该哀其不幸。县令听后，神情便转怒为和颜悦色了。

　　家甚贫,馈遗①一无所取。遇囚人乏粮,常多方以济之。一日,有新囚数人待哺,家又缺米,给囚则家人无食,自顾则囚人堪悯。与其妇商之。

　　妇曰:"囚从何来?"

　　曰:"自杭而来。沿路忍饥,菜色可掬。"

　　因撤己之米,煮粥以食囚。后生二子,长曰守陈②,次曰守址③,为南北吏部侍郎④。长孙⑤为刑部侍郎,次孙为四川廉宪⑥,又俱为名臣。今楚亭德政⑦,亦其裔也。

第三篇 积善之方

注 释

①馈遗(kuì):馈赠,赠予。《史记·孝武本纪》:"人闻其能使物及不死,更馈遗之,常余金钱帛衣食。"

②守陈:即杨守陈(1425—1489),字维新,号镜川,一作晋庵,浙江鄞县(今浙江宁波)人。有《杨文懿全集》。

③守址:即杨守址(1436—1512),字维立,号碧川。成化十四年(1478)登戊戌科一甲第二名进士(榜眼),授翰林院编修,官翰林院侍读学士,南京吏部右侍郎。后诏加吏部尚书致仕,曾任《大明会典》副总裁,人称"杨太史"。

④侍郎:官名。汉武帝时始置的郎官,本为在宫廷常侍皇帝左右的近臣。明清时升至正二品,与尚书同为各部的长官。

⑤长孙:即杨茂元(1450—1516),字志仁,号麟洲。成化十一年(1475)进士,授刑部主事,历官安庆府知府、广西右参政、右副都御史,终刑部右侍郎。著有《麟洲存稿》。

⑥次孙:即杨茂仁,字志道,成化二十三年(1487)进士,授刑部郎中,官至四川按察使。著有《凤洲遗稿》。廉宪:官名,廉访使的俗称。

⑦楚亭德政:即杨德政,字叔向,号楚亭,正德十二年(1517)进士,官翰林院编修,官至福建按察使,著有《梦鹿轩稿》。

　　杨自惩家里非常清贫，但对别人的馈赠一概不取。遇到囚犯缺粮，常想方设法救济他们。一天，有新来的几个囚犯没有东西吃，自己家里又缺粮少米，如果将粮食给囚犯，自己家人就没有饭吃；如果只顾自己，则那些囚犯就会非常可怜。于是他就和妻子商量。

　　他妻子问："囚犯从哪里来？"

　　他说："从杭州来的。一路忍饥挨饿，面带菜色。"

　　因此妻子拿出自家人的口粮煮粥给囚犯吃。后来杨自惩生有两个儿子，长子叫守陈，次子叫守址，分别任南京和北京的吏部侍郎。长孙为刑部侍郎，次孙为四川廉宪，都是名臣。如今的杨德政，也是他的后代。

　　杨自惩家里非常清贫，但对于他人馈赠的东西，一概不予收取。不贪恋别人的财物，也表明他廉洁、有操守。古代读书人只为求取功名，所谓"高官厚禄"，但一个小职员如果没有外财，是很难有巨富，何况杨自惩就是这样一个在县里供职的小职员。

　　中国古代，不乏廉洁之士。东汉有羊续悬鱼拒贿：中平年间，朝廷拜羊续为南阳太守。当时的南阳是著名的商业城市，住有大批官僚贵族和富商大贾。权豪之家，贿赂贪赃，奢侈腐败。一次，府丞以生鱼进献羊续，羊续收下后将鱼悬挂于庭院，后府丞又进献，羊续便将上次悬挂于庭院中的那条鱼指给府丞看，以此谢绝府丞，杜绝贿赂。其他官吏都被他慑服，再也不敢来送礼。从此羊续就有了"悬鱼太守"的雅号，"悬鱼"便成了为官清廉的典故。

　　关羽不贪恋官位财物，也有"挂印封金"的佳话。《三国演义》中，关羽在流落到曹操军中之后，曹操对他极为看重，封为汉寿亭侯，并赏与大量财物。而关羽在得知自己的故主刘备的下落后，马上将累次所收金银，一一封置库中，悬"汉寿亭侯印"于堂上，出去寻找结拜兄弟刘备。

　　积德行善，必有后福，福荫子孙后代。正是杨自惩夫妻积累下的福德，荫佑着他们的后代子孙，以至他们的子孙高官名臣辈出；这虽然没有必然关系，但也是"善有善报"的最好诠释。

了凡四训

原文

　　昔正统间，邓茂七①倡乱于福建，士民从贼者甚众。朝廷起鄞县张都宪②楷南征，以计擒贼。后委布政司③谢都事搜杀东路贼党。谢求贼中党附册籍，凡不附贼者，密授以白布小旗，约兵至日插旗门首，戒军兵无妄杀，全活万人。后谢之子迁④，中状元⑤，为宰辅⑥；孙丕⑦，复中探花⑧。

注释

　　①**邓茂七**：原名邓云（？—1449），江西人，后迁居于福建沙县，佃农出身。正统十二年（1447），邓茂七因联络佃农拒送"冬牲"一事被官府抓捕从而拥众起义，自号铲平王，深得民众响应，聚众八十余万，控制了大半个福建。正统十四年（1449）二月，邓茂七听信内奸罗汝先谗言，中了官兵的埋伏，起义军损失惨重，邓茂七也在混战中阵亡。

　　②**都宪**：明朝都御史的别称。

　　③**布政司**：明代地方行政机构，全称为"承宣布政使司"。

　　④**谢之子迁**：谢迁（1449—1531），字于乔，号木斋，浙江余姚人，明代贤相。

　　⑤**状元**：科举考试中文武科殿试第一名之称。

　　⑥**宰辅**：辅佐皇帝的大臣，多指宰相或三公。

　　⑦**丕**：谢丕（1482—1556）：字以中，号汝湖，谢迁的次子。官至吏部左侍郎，兼翰林院学士，卒赠礼部尚书。著有《归省录》。

　　⑧**探花**：南宋至明清指科举考试中殿试第三名。

译文

　　从前在明正统年间，邓茂七在福建造反起义，士人民众跟随作乱的人很多。朝廷起用鄞县的都御史张楷南征剿除，张楷用计擒住邓茂七。后来朝廷又委任布政司的谢都事，去搜捕斩杀东路的贼人。谢都事拿到了贼人结党的名单，于是凡是有不愿意跟从贼人的，他就秘密给他们一面白布做的旗，约定在大兵抵达的那一天，把旗子插在门前，谢都事严令禁止官兵，让他们不要乱杀，这样便救了上万人的性命。后来谢都事的儿子谢迁，高中了状元，官到宰相；其孙谢丕，又考中了探花。

浅 释

明正统年间，邓茂七在福建造反，民众跟从的很多。在古代，朝廷对于犯上作乱者蔑称为"贼"。《三国演义》将"挟天子以令诸侯"的曹操塑造为觊觎皇权的奸臣形象，而将刘备视为匡扶刘姓汉室的正义典型。《水浒传》中众多英雄好汉因不满官场黑暗，而聚集水泊梁山，占山为王，被朝廷蔑称为"贼寇"。梁山好汉提出了"替天行道"的口号，为自己正名。梁山好汉的领袖宋江受传统观念的影响，更是将朝廷的"招安"作为自己的政治目标，以立身于庙堂为自己的人生理想。

当时的朝廷显然不能容忍反叛自己的力量存在，于是令鄞县的张楷带兵南下征剿。张楷用计谋将邓茂七捉住，后来朝廷又委派布政司谢都事剿杀东路贼党。谢都事寻求到贼众的名册，凡不附属于匪党的，就暗中发给他们一面白布小旗，约定官兵到时，将白旗插在自家门口，这样一来，官兵没有错杀无辜，因此保全了一万余人的性命。《道德经》中将"兵"视为"不祥之器"，即使不得已用之，也不以杀人为乐，"战胜以丧礼处之"。但是在古代战争中，大开杀戒的事例不在少数。战国时期长平之战，白起一次坑杀赵军降卒四十万人。秦末起义，项羽破釜沉舟，在巨鹿大败秦军，迫降秦将章邯部二十万人，随即又将他们全部坑杀。谢都事反其道而行之，后来，他的儿子谢迁中状元，官至宰相，孙子谢丕也中了探花，也算是"为后代积福"了。

原 文

莆田林氏，先世有老母好善，常作粉团①施人，求取即与之，无倦色。一仙化为道人，每旦索食六七团。母日日与之，终三年如一日，乃知其诚也。因谓之曰："吾食汝三年粉团，何以报汝？府后有一地，葬之，子孙官爵，有一升麻子之数。"

其子依所点葬之，初世即有九人登第，累代簪缨②甚盛。福建有"无林不开榜"之谣。

注 释

①**粉团**：用糯米制成，外裹芝麻，置油中炸熟，犹今之麻团。
②**簪缨**（zān）：簪和缨。古代官员的冠饰，常借指为官或显贵。

译文

　　福建莆田有一个姓林的人家，他家祖上有一位老妇人乐善好施，经常做了糯米团来施舍给别人吃，只要有人去要她就会给，没有丝毫厌倦的神色。有一位神仙变成道人，每天早上索要六七个糯米团。老妇人每天都给，三年如一日，神仙于是知道了她的善举是出于诚心。神仙就对她说："我吃了你家三年的糯米团，该用什么报答你呢？你家后面有一块地，把祖先葬在那里，你家子孙后代得到官爵的人，会有一升麻子的数量那么多。"

　　老妇人的儿子便依照他的指点把先人安葬在那里，第一代后人中便有九个人考中科举，后来世世代代成为高官显贵的人更多。福建便有"无林不开榜"的民谣流传。

浅释

　　福建莆田林家，先前有位老妇人乐善好施，常常做糯米团施舍给别人，有求必应，毫不厌倦。有一个仙人化作道长，考验其是否真心行善，于是每天早晨索要六七个糯米团，老妇人也天天给他，三年如一日，从不间断，于是仙人知道老妇人行善是出于诚心。中国传统文化也注重对人的细致考察，心诚与否是对一个人的品格做出价值判断的重要依据。

　　仙人知道这位老妇人是真心行善，于是就对她说：我吃了你三年的糯米团，怎么报答你呢？你家屋后有块地，把祖先葬在那里，你的子孙做官的人数就有一升芝麻那么多。

　　她的儿子就依照仙人指示的地点将先人安葬，第一代后人中就有九人中进士，后来世代得高官显贵者众多。福建甚至流传着"无林不开榜"的民谣。

　　做善事要持之以恒，并且要从内心行善，不是刻意、意兴而为之。这里讲了诚心施事的果报。

原文

　　冯琢庵①太史之父，为邑庠生②。隆冬早起赴学，路遇一人，倒卧雪中，扪③之，半僵矣，遂解己绵裘衣之，且扶归救苏。梦神告之曰："汝救人一命，出至诚心，吾遣韩琦④为汝子。"及生琢庵，遂名琦。

注 释

①**冯琢庵**：即冯琦（1558—1603），字琢庵，万历年间进士。

②**庠 生**：明清两代府、州、县学的生员别称。庠，为古代学校名称，后世又称府学为郡庠，县学为邑庠，故府、州、县通称庠生。
_{xiáng}

③**扪**：摸，抚摸。
_{mén}

④**韩琦**：北宋大臣，字稚圭，相州安阳（今河南安阳）人，自号赣叟，封魏国公。著有《安阳集》。

译 文

冯琢庵先生太史的父亲，原为县学的秀才。有一年深冬早晨起来上学，路上遇到一个人，倒在雪地里，一摸，身体已经半僵了，于是便解下自己的绵裘给他穿上，并把他搀扶回自己家里救醒。后来冯老先生便梦见有神仙告诉他说："你救人一命，而且是出于诚心，我就派韩琦来当你的儿子。"等到生了琢庵先生，便取名为冯琦。

浅 释

冯琢庵太史的父亲在县学做秀才的时候，勤奋好学，虽是寒冬时节，却仍要早起去县学。由此也可看出，古代读书人寒窗苦读的艰辛。古往今来，这样的故事比比皆是：孙敬头悬梁，苏秦锥刺股，匡衡凿壁偷光，范仲淹断齑划粥，勤学奋进的坚毅精神时时激励着后人。

在这个寒冬的早晨，冯琢庵太史的父亲路上遇到一个人，倒卧在雪中，用手摸一下，感觉这个人已冻僵了，于是就脱掉自己的衣服给他披上，并把他扶到家中救醒。后来就梦见神仙告诉他说："你救人一命，出于诚心，我就派北宋文武全才的韩琦作为你的儿子。"于是等到生琢庵时，便取名"琦"。

这是一个救人一命而得善报的事例。佛家云："救人一命，胜造七级浮屠。"浮屠即佛塔。冯老先生诚心救人，以至后代获福，这也是善报。

韩琦为北宋仁宗时期贤相，与范仲淹共守西北边塞，并称"韩范"。琦平生多善行善言，自己回忆前生为僧人。

原 文

台州应尚书①，壮年习业于山中。夜鬼啸集，往往惊人，公不惧也。一夕闻鬼云："某妇以夫久客不归，翁姑②逼其嫁人。明夜当缢死③于此，吾得代矣。"公潜④卖田，得银四两，即伪作其夫之书，寄银还家。其父母见书，以手迹不类⑤，疑之。既而曰："书可假，银不可假，想儿无恙。"妇遂不嫁。其子后归，夫妇相保如初。

注 释

①**应尚书**：应大猷，字邦升，号谷庵，明武宗正德年间进士，官至刑部尚书。
②**翁姑**：公公和婆婆。
③**缢死**：俗称"吊死"。 yì
④**潜**：秘密地，偷偷地。
⑤**类**：相似，相像。

译 文

台州的应大猷尚书，年轻时曾在山中读书。夜里常常有鬼聚集起来大叫，听起来很吓人，但应先生却并不害怕。有一天晚上听到鬼说："某人的妻子因为丈夫出门时间很久了不回来，公公与婆婆便逼着她嫁人。明天晚上她会在这里上吊而死，我终于可以被人替代而再入轮回了。"应先生听到后便私下卖掉了家里的田地，得了四两银子，伪造了那位丈夫的家信，连同银子一起寄给他家。公公婆婆看到信后，因为笔迹不同，所以有些怀疑。但又觉得："书信可能有假，但银子一定不假，想来我们的儿子一定还活在世上。"于是便不再逼儿媳妇改嫁了。后来那位丈夫回了家，夫妻二人仍能像以前那样生活。

浅 释

浙江台州的一位应尚书，壮年的时候在山中读书。这是因为当时的教育机构，如书院，多设立于环境清幽的山林名胜之地，远离车马的喧嚣。山中晚上经常有群鬼叫啸，非常吓人，但应尚书并不害怕。有天晚上他听到有鬼说："某个妇女因为丈夫久出未归，公婆便逼她改嫁，但她不从，明晚将在这里上吊而死。我终于找到替身了。"从后面赠银一事可以看出，这位妇人的丈夫应当是外出谋生；而由于古代通信不便，一走便杳无音讯、生死未卜，公婆只好让儿媳改嫁。古代婚姻要听从"父母之命，媒妁之言"，个人无权做出选择。长篇叙事诗《孔雀东南飞》中，刘兰芝因为被丈夫焦仲卿的母亲赶回娘家，便发誓不再嫁人。她的娘家逼迫她改嫁，她便投水自尽了，以示对爱情的忠贞不贰。由于中国封建社会宣扬忠妇烈女、从一而终的观念，不少妇女受此风气的浸染，选择以死来捍卫自己贞烈的声誉。

应尚书得悉这一情况后，动了救人之心，回去悄悄变卖了田产，得到四两银子，又伪造了其丈夫的家书，把银子寄到妇人家里。那家人的父母见了书信，发现笔迹不符，所以心生疑虑。但转而一想：书信可以有假，银子却不会有假，想来儿子应该安然无恙。于是这个妇女也就没有再被逼改嫁。后来这家人的儿子回来了，夫妻得以重续旧好。俗语道，"宁拆十座庙，不破一桩婚"，况且还能救人一命，何乐而不为？应先生当时做这件事，只是单纯地同情这对夫妻，并没有想到功德不功德，因此也没有想到福报的事。

公又闻鬼语曰："我当得代，奈此秀才坏吾事。"

旁一鬼曰："尔何不祸之？"

曰："上帝以此人心好，命作阴德尚书矣。吾何得而祸之？"

应公因此益自努励，善日加修，德日加厚。遇岁饥，辄捐谷以赈之；遇亲戚有急，辄委曲①维持；遇有横逆②，辄反躬③自责，怡然顺受。子孙登科第者，今累累也。

①委曲：曲从，曲意求全，殷勤周到。

②横逆：强暴无理。

③躬：自身。

应先生后来又听到那个鬼说："我本来可以被代替了，不想这个秀才坏了我的事。"

旁边有个鬼说："你为什么不给他生些灾祸呢？"

那个鬼回答："上帝因为这个人心地好，已经暗中任命他为尚书了，我怎么能够给他生灾祸呢？"

应先生因此更加努力，善行每天都全力修持，德行每天也都在积累。遇到歉收的年份，就把自家的粮食拿出来赈灾；遇到亲戚有难处，便想尽办法去帮忙；遇到有人强横无礼，便先回头来检查自己的过错，并且很逆来顺受。因此他的子孙后代考中科举的人，到现在为止也比比皆是。

浅　释

应尚书再次听到有鬼说："我本来找到了替身，怎奈被这个秀才破坏了。"旁边一个鬼说："你为什么不降祸给他呢？"回答说："上帝因为此人的心地很好，有了阴德，所以将要他做尚书了。我怎么能害得了他呢？"

中国古代传统是将"天"视为"上帝"，而且"天"是自然与人世至高无上的主宰。周朝后，人们认为天是具有人格的至上神，人只有"敬天""以德配天"才能"祈天永命"。"天道"是赏善罚恶，福善祸淫。"天"对施仁之人恩赐幸福，对暴虐凶杀之人怒降灾祸。俗话说，不做亏心事，不怕鬼敲门；何况应尚书行善得福，得到上天的庇佑，鬼怪对他更是无可奈何。

应尚书从此更加勤勉，善行一天天去做，品德也一天天增加。遇到饥荒之年，则捐粮赈灾；遇到亲戚有急难，则想方设法为之提供帮助，排忧解难；遇到有人强暴无礼，则深刻反省，逆来顺受。"静坐常思己过"，凡事从自身找原因，并不对别人求全责备。注重个人的内在心性修养。因此直到现在，他的子孙中科举及第的人仍非常多。

原　文

常熟徐凤竹栻①，其父素富，偶遇年荒，先捐租以为同邑之倡②，又分谷以赈贫乏。夜闻鬼唱于门曰："千不诳，万不诳，徐家秀才，做到了举人郎。"相续而呼，连夜不断。是岁，凤竹果举于乡。其父因而益积德，孳孳③不怠，修桥修路，斋僧接众，凡有利益，无不尽心。后又闻鬼唱于门曰："千不诳，万不诳，徐家举人，直做到都堂④。"凤竹官终两浙巡抚⑤。

注 释

　　①**徐凤竹栻**：即徐栻（1519—1581），字世寅，号凤竹，明代常熟人（今属江苏）。嘉靖二十六年（1547）进士，官授宜春令，历江西、浙江巡抚。著有《仕学集》。

　　②**倡**：带头，首倡，倡导。

　　③**孳孳**：同"孜孜"。勤奋不懈的样子。

　　④**都堂**：隋唐及宋代尚书省长官办事之处。

　　⑤**巡抚**：别称"中丞""抚军""抚台"，官名。明代始置，与总督同为地方最高长官。

译 文

　　常熟的徐栻，他的父亲向来很富有，有一次遇到荒年，他父亲先是捐钱出来做同乡其他人的表率，然后又分出自家粮食来赈济贫困的人。晚上就听到有鬼在他家门前唱："千言不骗人，万语不骗人，徐家的秀才，一定做举人。"接连着大声呼叫，整夜不停。这一年，徐栻果然在乡试中了举人。他的父亲因此更加注意积德行善了，勤奋而不敢懈怠，修桥、修路，斋赈僧人、接济民众，凡是有利于大众的事，全都尽心去做。后来便又听到有鬼在门前唱："千言不虚，万语不虚，徐家举人，做到都堂。"徐栻后来果然做到了两浙巡抚。

浅 释

　　江苏常熟的徐栻，号凤竹，他的父亲比较富有，遇到荒灾之年，率先减免田租，为同县的人做表率，同时又分粮食救济穷困的人。古代儒家学说提倡"仁道"，所痛恨的是刻薄成性、唯利是图的"为富不仁"，徐栻的父亲富有而能兼行慈善，是深合人心的。在夜里，听到有鬼在门外唱道："千言不骗人，万语不骗人，徐家的秀才，一定做举人。"呼声此起彼伏，整夜不断。这种盛传有鬼怪谶语预测吉凶的行为，应当受传统谶纬思想的影响。谶纬思想是古代的一种神学迷信，起于秦而盛于东汉。"谶"指事前的征验之言，多为假托神灵的隐语和预言。"纬"是与"经"相对而言的，是假托神意解经的书，内容荒诞，较多宣扬神灵怪异，这种思想在历史上多被当作一种权术而加以运用。秦末，陈胜、吴广在大泽乡起义之前，就曾佯装狐鸣，大呼"大楚兴，陈胜王"。

　　这一年，徐凤竹果然考中了举人。他的父亲因此更加努力地行善积德，并且孳孳不倦，修桥铺路，施斋饭供养僧人。佛教以佛、法、僧为三宝：佛，指佛祖释迦牟尼，也泛指一切佛，是信徒崇拜的对象；法，指佛法，即佛教教义；僧，指继承、宣扬佛教的僧众。僧人是佛教的"三宝"之一，信众皈依佛教，当然就要表现在对僧人的尊敬和供养上。此外，徐凤竹的父亲还接济贫困大众，凡是对别人有好处的事情，他都尽力去做。后来又听到有鬼在门外唱道："千言不虚，万语不虚，徐家的举人要一直做到都堂。"徐凤竹最终官至两浙巡抚。

原文

嘉兴屠康僖公①，初为刑部主事②，宿狱中，细询诸囚情状，得无辜者若干人。公不自以为功，密疏其事，以白堂官③。后朝审④，堂官摘其语，以讯诸囚，无不服者，释冤抑十余人，一时辇下⑤咸颂尚书之明。

公复禀曰："辇毂⑥之下，尚多冤民，四海之广，兆民之众，岂无枉者？宜五年差一减刑官，核实而平反之。"

尚书为奏，允其议。时公亦差减刑之列。梦一神告之曰："汝命无子，今减刑之议，深合天心，上帝赐汝三子，皆衣紫腰金⑦。"是夕夫人有娠，后生应埙、应坤、应埈⑧，皆显官。

注释

①**屠康僖**：即屠勋（1446—1516），字符勋，号东湖，卒后赠太保，谥康僖，平湖屠家栅村（今属浙江林埭）人。善诗文，著有《东湖遗稿》《太和堂集》等。

②**主事**：官名。

③**堂官**：明、清时对中央各衙门长官之称。

④**朝审**：明清两代实行的对判处死刑尚未执行的案犯于秋后重新进行审理的制度。

⑤**辇下**：指京城。辇，天子的车。

⑥**辇毂**：指天子的车驾。（gǔ）

⑦**衣紫腰金**：也作"腰金衣紫"。戴紫绶挂金章。魏晋以后光禄大夫得假金章紫绶，因用以指做高官。腰金，腰佩金印，指为官。

⑧**应埙**：即屠应埙，字文伯，号九峰，鄞县（今浙江宁波）人。授礼部主事，历

任镇江府同知、湖广屯田副使。**应坤**：即屠应坤，字文厚，官至云南布政使司参政。
应埈：即屠应埈，字文升，号渐山，初选为庶吉士，后授刑部主事，历任礼部员外郎、翰林院修撰，不久升右春坊右谕德兼侍读，后被牵连而辞官。著有《兰晖堂集》。

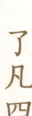

译 文

嘉兴的屠勋先生，最初官拜刑部主事，夜里住在牢狱里，仔细询问各个囚犯的情况，了解到有一些犯人是无辜的。屠先生并不把这当作自己的功劳，而是悄悄地把那些人的冤情写下来，呈送给刑部尚书。后来朝审的时候，刑部尚书便拿他写的东西来审问这些犯人，没有人不心服口服的，于是释放了十几名冤枉的人，一时间京城都称颂尚书大人的英明。

屠先生又禀报说："京城脚下，还有很多冤民，天下之大，有成千上万的人民，难道就没有被冤枉的吗？应该每五年派一个减刑官，去核实那些冤情并且为他们平反。"

尚书便据此上奏朝廷，朝廷准奏。当时，屠先生自己也被派去当了减刑官。他梦到有一个神仙告诉他说："你命中没有儿子，但现在因为你奏请提议为犯人减刑，与上天的好生之心深深契合，上帝赐给你三个儿子，将来都官至高位。"当天晚上他的夫人便有了身孕，后来便生下了屠应埙、屠应坤、屠应埈三人，都做了高官。

浅 释

浙江嘉兴有位屠勋先生，谥号"康僖"，起初任刑部主事，就睡在监狱里，忠于职守，仔细耐心地询问每个囚犯的犯罪情况，探问其中的曲直，因而得知有不少含冤入狱的。查明案情后，他并不将此当作自己的功劳，而是私下把事情的原委呈报给堂官。《道德经》也说，"功成而弗居"。不心生占有、贪功之念，消除了很多争端的祸根。东汉将军冯异谦不居功，为人谦退不伐。其他将士都争着申述自己的战功，而冯异常独自静坐树下，被誉为"大树将军"。将士们对他不居功自傲的精神深表敬佩，都愿意当大树将军的下属。

后来在朝审的时候，堂官就拣择、选取屠勋所提供资料的要点来审讯那些囚犯，所有人都心悦诚服，因此释放了十多个蒙受冤屈的人。当时，京城一带的人们都称赞尚书的明察秋毫。

经过这次审讯之后，屠勋就注意到，在天子脚下的京城尚且有如此多蒙受冤屈的人，更何况全国范围的广大区域，山高皇帝远，怎么会没有被冤枉的人呢？屠勋后来就向尚书禀报说，应该每五年派遣一位减刑官，到各个地方核实情况，为有冤屈的人平反昭雪。

尚书认可这个建议，就代为上奏朝廷，并得到了批准。当时屠勋也在所派遣的减刑官的行列之中。

有一天，屠勋梦见一个神仙告诉他说："你命中本来是没有儿子的，但你所提出的减刑的建议，正好与上天爱人的心愿相合，所以上帝就赐给你三个儿子，而且他们都会有高官厚禄。"上天有好生之德。当天晚上，他的夫人就有了身孕，后来生了应埙、应坤、应埈三个儿子。"不孝有三，无后为大"，这一直是封建社会孝观念的重要内容。其他两个不孝的行为是：阿意曲从，陷亲不义；家贫弃老，不为禄仕。所以说，上帝赐予屠勋三个儿子，延续香火，并且他的三个儿子都做了大官，是很大的福报。中国古代实行封建宗法制，同时也盛行官本位思想。个人如果做了官，就可以为自己的宗族和祖先带来荣耀，家族其他成员可以因此得到种种实惠；官做得大了，已经故去的祖先还可以追加各种谥号、美名。所以在中国这种高官厚禄、光宗耀祖的传统思想根深蒂固。

原文

嘉兴包凭，字信之。其父为池阳太守，生七子，凭最少，赘①平湖袁氏，与吾父往来甚厚，博学高才，累举不第，留心二氏②之学。一日东游泖湖，偶至一村寺中，见观音像，淋漓露立，即解囊③中得十金，授主僧，令修屋宇。僧告以功大银少，不能竣事。复取松布四匹④，检箧中衣七件与之，内纻褶⑤，系新置，其仆请已之。凭曰："但得圣像无羔，吾虽裸裎⑥何伤？"僧垂泪曰："舍银及衣布，犹非难事；只此一点心，如何易得。"

后功完，拉老父同游，宿寺中。公梦伽蓝⑦来谢曰："汝子当享世禄矣。"后子汴⑧，孙柽芳⑨，皆登第⑩，作显官。

①**赘**（zhuì）：入赘，俗称"倒插门"。

②**二氏**：指佛、道两家。

③**橐**（tuó）：盛东西的袋子。

④**匹**：古代长度单位。四丈为一匹，或说八丈为一匹。

⑤**纻褶**（zhù）：先秦时的褶是指夹上衣，魏晋起至隋唐有裤褶，是一种胡服。明代的褶则是一种小袖而袖口收缩，斜领、圆领或方领，腰断裁，下摆有密密褶裥的长衣。

⑥**裸裎**（chéng）：赤身露体。

⑦**伽蓝**：佛教寺院中的护法神。

⑧**汴**：即包汴，字符京，浙江嘉兴人，嘉靖三十八年（1559）进士，历任参议。

⑨**柽芳**：即包柽芳（1534—1596），字子柳，号端溪，嘉靖三十五年（1556）进士。历任礼部主事、刑部主事、贵州提学使、吏部郎中等职。

⑩**登第**：科举考试录取时须评定等第，因称应考中式者为登第。

译 文

　　嘉兴人包凭，字信之，他父亲官任池阳太守，生了七个儿子，包凭是最小的，入赘到平湖的袁家，与我父亲来往密切，他学问广博、富有才华，但多次参加科举考试都考不上，很喜欢佛、道二家的学问。有一天到东边的泖湖游玩，偶然来到一个村子的寺庙中，看到寺里的观音像就露天放着，被雨水淋湿，于是便拿出行囊找到十两银子，给了住持的僧人，让他修整一下庙宇。僧人告诉他工程很大而银子太少，无法动工。他又拿了四匹松布，并且翻出衣箱里的七件衣服给僧人，其中有一件纻麻的长衫，是新做的，仆人请求他把这件衣服留下来自己用，他说："只要圣像能安然无恙，我就是赤身露体又有什么关系呢？"僧人落泪说："施舍银子和衣服、布匹，都还并不是难事。但就这一点赤诚之心，却是非常难得。"

　　后来庙宇修缮完毕，他便拉了我的父亲一同去游玩，夜里便住在寺中。他梦到寺里的伽蓝神来道谢说："你的儿子当要享受世代的俸禄了。"后来他的儿子包汴、孙子包柽芳，都考中了进士，也都当了高官。

浙江嘉兴人包凭，字信之。他的父亲是池阳的太守，生有七个儿子，包凭年纪最小，入赘到平湖县的袁家，和了凡先生的父亲交往频繁，交情深厚。他学问广博、才华出众，但每次考试都考不中，于是就潜心研究佛、道两家的义理学问。儒、佛、道三教分别在经国、修身和治心方面分工合作，所谓"不知《春秋》，不能涉世；不精《老》《庄》，不能忘世；不参禅，不能出世。此三者，经世、出世之学备矣"。三教的人生哲学相互补充，相得益彰。儒家所提倡的积极入世，有时会在现实中遇到挫折，甚至难以实现，那么道家和道教避世法自然的人生理想可以作为一个补充，其提倡的随顺自然常常可以成为调控心境的重要手段。如果入世和避世两者都不可得，那么佛教则可以发挥一定的作用。特别是中国佛教提倡的随缘任运、心不执着，可以帮助人以出世的心态来超然处世，化解入世与避世的矛盾对立，不至于为此生此世的不如意而过分地烦恼。正因为如此，所以"入则儒法，出则释道"的情形才在中国古代知识阶层中屡见不鲜。

　　有一天，包凭一路向东到泖湖游玩，偶然到了一个村庄的寺中，看到观音菩萨的塑像在露天中被风吹雨淋。佛典中讲对佛菩萨像要视同真实佛菩萨，恭敬供养。为了让观音菩萨的塑像免于遭受日晒雨淋，他就解开袋子，拿出里面的十两银子，交给住持，让他维修房屋。和尚告诉他维修房屋的工程大，而银子少，是无法竣工的。于是他又拿出四匹松布，又从行李中选出七件衣服交给住持。其中有件长衫是新做的，他的仆人请他不要再送了。包凭说："只要观音菩萨的圣像安然无恙，我就是赤身裸体又有什么关系？"和尚感动得落泪，说道："布施银子、衣服和布匹，还不是多么困难的事。但这一片赤诚的真心，实在是太难得了。"

　　后来房屋修缮好了，包凭就拉着了凡先生的老父亲一同到这座寺中游玩，并留宿在寺中。包凭梦见伽蓝神来道谢说："你的孩子可以世世代代享受官禄了。"后来，他的儿子包汴、孙子包柽芳都中了进士，当了大官。

　　嘉善支立^①之父，为刑房吏^②。有囚无辜陷重辟^③，意哀之，欲求其生。囚语其妻曰："支公嘉意，愧无以报。明日延之下乡，汝以身事之，彼或肯用意，则我可生也。"其妻泣而听命。及至，妻自出劝酒，具告以夫意，支不听。卒为尽力平反之。囚出狱，夫妻登门叩谢曰："公如此厚德,晚世^④所稀。今无子,吾有弱女,送为箕帚妾^⑤,此则礼之可通者。"支为备礼而纳之,生立,弱冠中魁,官至翰林^⑥孔目。立生高^⑦,高生禄,皆贡为学博^⑧。禄生大纶^⑨,登第。

注 释

①**支立**：曾任浙江嘉善县令,字可兴,号十竹轩主人。

②**刑房吏**：掌管法律、刑狱事务的官吏。

③**重辟**：重法,重刑。

④**晚世**：近世。

⑤**箕帚妾**：持箕帚的奴婢,比喻地位低下,借作妻妾之称。

⑥**翰林**：翰林院的官名。

⑦**高**：指支高,嘉善(今属浙江)人,曾为南丰训导。

⑧**学博**：唐制,府郡置经学博士各一人,掌以五经教授学生。后泛称学官为学博。

⑨**大纶**：支大纶,字心易,嘉靖四十三年(1564)举人,万历二年(1574)进士,由南昌府教授升泉州府推官,谪江西布政使理问,终于奉新县知县,后辞官而归,著有《支子余集》《支华平集》。

译 文

嘉善人支立的父亲,曾经当刑房小吏。有个囚犯无罪却被判了重刑,支立的父亲很哀怜他,想求长官让他活下来。囚犯对妻子说："支先生想救我的好意,我却惭愧地没有什么可以回报的。明天你请他到家里,你就以身侍奉他,他或者愿意尽力,那么我就可以活下来。"他的妻子哭着听从了这个命令。等到支老先生到了,这位妻子亲自出来劝酒,并把丈夫的意思全部告诉了支老先生。支老先生没有听从,最后支老先生仍然竭尽全力来为囚犯平反。囚犯出狱后,夫妻两人登门来叩谢说："先生这样的大恩大德,是近来少见的。现在您没有儿子,我们有个女儿,想送给您当一个小妾,这在礼法上是行得通的。"支父准备了礼物娶了那个女子,生下了支立,支立年轻时便中了科举,官至翰林孔目。支立生下支高,支高生了支禄,他们都曾为学官。支禄生了支大纶,也考中了进士。

了凡四训

○八二

浅 释

　　浙江嘉善支立的父亲，是刑事部门的官吏。有个囚犯无辜被判了重刑，他很哀怜这个囚犯，想为其求得生路。这个囚犯知道后，就告诉他的妻子说："支公的好意，我很惭愧无以为报。明天请他到家里，你就委身于他吧，如果他肯念在这个情分上，那么我就有活命的机会了。"他的妻子哭着答应了。等到支公到的时候，这个囚犯的妻子就出来劝酒，把她丈夫的意思全部告诉给支公。支公不肯这样做，但还是尽力平反了这个冤案。这个囚犯出狱后，夫妻一起到支公家里磕头致谢道："像你这样大德的人，近世少有。现在你没有子嗣，而我有个女儿，愿送给你作为侍奉左右的妾，这在情理上是行得通的。"支公就备了聘礼，把这个囚犯的女儿收纳为妾。在中国古代，纳妾的目的从典律上、理论上说是为了传宗接代。这个妾后来为支公生了儿子支立，刚到二十岁就中了举人，一直做到翰林院的孔目。支立的儿子支高，支高的儿子支禄，他们都被保荐为学博。支禄的儿子支大纶考中了进士。

原 文

　　凡此十条，所行不同，同归于善而已。若复精而言之，则善有真，有假；有端①，有曲；有阴，有阳；有是，有非；有偏，有正；有半，有满；有大，有小；有难，有易：皆当深辨。为善而不穷理②，则自谓行持③，岂知造孽，枉费苦心，无益也。

注 释

　　①**端**：端正。

　　②**穷理**：穷究事物之理。表示道德修养的概念，语出《周易·系辞》："穷理尽性以至于命。"

　　③**行持**：施用。

译 文

　　以上总共十个故事，虽然所行之事或有不同，但都可归于行善。如果更细地来分说，那么行善也有真善，有假善；有直的，有曲的；有不为人知的善，有广为人知的善；有对的，也有错的；有偏的，也有正的；有半的，也有满的；有大的，也有小的；有难的，也有易的：这些都应该深加分辨。

行善事却不追究事物之中的情理，那么自以为自己在修行，却不知道有可能在作孽，这样的话就会枉费苦心，徒劳无益。

以上所说的十则故事，虽然所做的事各不相同，但共同的地方都是存善心。如果再精细说的话，那么做善事有真的，有假的；有直的，有曲的；有私下的，有公开的；有对的，有错的；有偏的，有正的；有半的，有满的；有大的，有小的；有困难的，有容易的：其中不同要仔细地深加辨别。事物都有一体两面。《道德经》说："天下皆知美之为美，斯恶已；皆知善之为善，斯不善已。"天下都知道美之所以为美，丑的概念也就存在了；都知道善之所以为善，恶的观念也就产生了。所以"有无相生，难易相成，长短相形，高下相盈"。

如果只是做善事而不推究做善事的道理，就自认为自己在行善事，哪知反而却是造孽，枉费一片苦心，并没有任何好处。对于人们所行的善事，要详细剖析，全面看待所作所为。通过对于各个方面的深入考察，也就能彰显出什么才是值得推崇的真正的善行。

何谓真假？昔有儒生数辈，谒中峰和尚①，问曰："佛氏论善恶报应，如影随形。今某人善，而子孙不兴；某人恶，而家门隆盛：佛说无稽②矣。"

中峰云："凡情③未涤，正眼④未开，认善为恶，指恶为善，往往有之。不憾己之是非颠倒，而反怨天之报应有差乎？"

众曰："善恶何致相反？"

中峰令试言。

一人谓："詈⑤人殴人是恶，敬人礼人是善。"

中峰云："未必然也。"

一人谓："贪财妄取是恶，廉洁⑥有守是善。"

中峰云："未必然也。"

众人历言其状，中峰皆谓不然。因请问。中峰告之曰："有益于人，是善；有益于己，是恶。有益于人，则殴人、詈人皆善也；有益于己，则敬人、礼人皆恶也。是故人之行善，利人者公，公则为真；利己者私，私则为假。又根心^⑦者真，袭迹^⑧者假。又无为而为者真，有为而为者假。皆当自考。"

注 释

①**中峰和尚**：元代高僧明本，浙江钱塘人。俗姓孙，字中峰，号幻住道人。元仁宗赐号"佛慈圆照广慧禅师"。

②**无稽**：无从查考，没有根据。

③**凡情**：凡人的情感欲望。

④**正眼**：正知、正见的眼睛。能够认知正确的见解，也就是远离诸邪知、邪见的如实知见。

⑤**詈**：骂，责骂。

⑥**廉洁**：语出战国晚期屈原的《招魂》："朕幼清以廉洁兮。"王逸注为"不受曰廉，不污曰洁"。指洁己存耻的道德心理情感和清正自约、不贪财货、不贪禄位的行为。

⑦**根心**：发自内心，自觉自愿。

⑧**袭迹**：注重形迹，沿袭他人的行径，谓取法。

译 文

什么是真善、假善呢？从前有几位儒生，去拜谒中峰和尚，问他说："佛家说善恶报应，就像影子追随身体一样灵验。现在有一个人很好，但他的子孙却不兴旺；有一个人很坏，但他的家族却十分兴盛：看来佛家的说法是没有根据的。"

中峰和尚说："凡人的情感没有涤荡干净，能认清事物本质的眼睛没有打开，就会把善当作恶，把恶当作善，这也是常有的事。不去埋怨自己颠倒是非，却反而来埋怨上天的报应有差错吗？"

众人都说："你说的善恶怎么会相反呢？"

中峰和尚让他们试着说一些具体情况来说明。

一个人说："骂人、打人是恶，尊敬、礼遇别人是善。"

中峰和尚说："不一定是这样的。"

一个人说："贪图财物而不择手段是恶，清正廉洁有操守是善。"

中峰和尚说："不一定是这样的。"

众人都详细地说了各种情状，中峰和尚都不以为然。大家便请他解释一下。中峰和尚告诉大家说："对别人有益，那就是善；对自己有益，那就是恶。如果能有益于别人，那么骂人、打人也是善；如果对自己有益，那么尊敬、礼遇别人也是恶。所以人们去行善，如果有利于他人那就是为公，为公的就是真的；有利于自己的就是为私，为私的就是假的。另外，发自内心的也是真的，沿袭他人的就是假的。还有不求任何回报而行善的是真善，为了某种目的而行善的是伪善。像这些道理，都需要自己认真地分辨、考察。"

什么叫作真善、伪善？从前有几个读书人，参见中峰和尚并质询佛教的善恶报应之理。佛家讲善恶报应，就像影子跟着身体一样，十分快捷灵验。所谓"因果报应，毫厘不爽"，这也是与佛教的因果说相联系的。因是能生，果是所生，有因则必有果，有果则必有因，这就是所谓的因果之理。

这几个读书人从看到的社会现实出发，对佛教的善恶报应理论予以诘难。他们举例说，现在有某人行善，他的子孙并不兴旺；某人是作恶的，但他的家庭事业却很发达。由此，他们认为佛家善恶报应的说法是无稽之谈。而佛教的善恶报应之说，是与佛教的三世说相匹配的。"善恶之报，如影随形。三世因果，循环不失！"佛教认为，存在过去、现在、未来"三世"，《因果经》说："欲知过去因者，见其现在果。欲知未来果者，见其现在因。"可见人们现在所受的祸福，是以前世的善恶为因的；而现在的善恶，又会成为后世的因。

中峰和尚不直接为"善恶报应"的理论做出辩解，而是论述何为真善、伪善。中峰和尚说："一般人的世俗情见没有洗涤清净，因此还没有打开正知、正见的眼睛，常常发生将真善视为恶，将真恶视为善的情况。不怪自己是非颠倒，却反过来埋怨上天的报应有了差错。"佛典认为，人们以无常为常，以苦为乐，反于本真事理就有颠倒妄见。也正应了那句话，"假作真时真亦假"。

大家迷惑不解，进而问道："善恶怎么会被弄反呢？"

中峰和尚就让他们试着列举一些具体情况。

一个人说道："骂人打人是恶，敬爱人、礼敬人是善。"

中峰和尚说："未必都是这样。"

一个人说道："不择手段地贪爱钱财是恶，操守清白是善。"

中峰和尚说："未必都是这样。"

大家纷纷将自己的看法提出来，但中峰和尚都认为未必如此。

所以众人就向中峰和尚请教。中峰和尚告诉他们说："做有益于别人的事，是善；做有益于自己的事，是恶。"

只要对别人有益，即使是打人、骂人也是善。"周瑜打黄盖"的典故，从为了获得整个战局胜利的角度讲，这也可以说是善了。如果只是对自己有益，那么即使恭敬人、礼敬人，也都是恶。秦二世时，丞相赵高阴谋篡位，但又恐怕群臣不服，于是在未动手夺权时先试一下自己的威信。他特地叫人牵来一只鹿献给二世，并当着群臣的面"指鹿为马"，大臣们都畏惧赵高，所以有的人不敢作声，有些人为了讨好赵高，便歪曲事实，随声附和说献上的是马。由此看来，这些"指鹿为马"的大臣虽然恭敬赵高，但其行径却实实在在的是"恶"。

所以，人们做善事，能利益别人的就是出于公心，出于公心就是真善。大禹治水，三过家门而不入，是为至公。"外举不避仇，内举不避子"的祁黄羊也是大公无私之人。春秋晋平公时，南阳地方缺了个长官，便征求大夫祁黄羊的意见，祁黄羊推荐了解孤。晋平公很惊奇，问他："解孤不是你的仇人吗？你为什么要推举他？"祁黄羊坦然答道："大王您问我的是谁可以胜任南阳的长官，并没有问谁是我的仇人。"晋平公觉得有理，就委任解孤为南阳长官。解孤到任后，为地方办了不少好事，受到百姓的普遍好评。不久，晋廷要增加一个中军尉，晋平公又请祁黄羊物色，祁黄羊推荐了祁午。晋平公听了就说："你推举儿子，不怕别人说闲话吗？"祁黄羊答道："大王问谁可做中军尉，没有问祁午是不是我的儿子。"孔子听到了上面两件事后称赞道："善哉，祁黄羊之论也，外举不避仇，内举不避子，祁黄羊可谓公矣。"这不能不说是一种大公无私的美德。历史上无数的民族英雄，如岳飞、文天祥、戚继光等，他们那种为了国家和人民的利益，不屈不挠，历尽磨难，以身殉国的"公""忠"精神，在中国历史上熠熠生辉。

而只想着自己获得利益的就是私，出于私心的就是伪善。而且发自内心、自觉的行善是真善，模仿别人、做表面文章的是伪善。为善而不求任何回报的是真善，为了某种目的而求回报的是伪善。我们今天行善，拿出自己百分之一的力量就觉得自己是个善人了，甚至还妄想舍一而得万，总是把行善变成一种功利性极强的行为，这种善非但不会惠及己身后代，还可能适得其反。像这些道理，都需要自己认真地分辨、考察。

何谓端曲？今人见谨愿①之士，类称为善而取之；圣人则宁取狂狷②。至于谨愿之士，虽一乡皆好，而必以为德之贼③。是世人之善恶，分明与圣人相反。推此一端，种种取舍，无有不谬。天地鬼神之福善祸淫，皆与圣人同是非，而不与世俗同取舍。凡欲积善，决不可徇④耳目，惟从心源⑤隐微处，默默洗涤。纯是济世之心，则为端；苟有一毫媚世之心，即为曲。纯是爱人之心，则为端；有一毫愤世之心，即为曲。纯是敬人之心，则为端；有一毫玩世之心，即为曲。皆当细辨。

注释

①谨愿：谨慎老实，诚实。
②狂狷：指志向高远的人与拘谨自守的人。
③德之贼：道德败坏者。
④徇：依从，遵从。
⑤心源：佛教名词。以心为万法根源，故曰"心源"。

译文

什么是直和曲呢？现在人看到谨慎诚实的人，就一律把他们称为好人并赞赏他们；而像孔子那样的圣人却宁可欣赏那些志向高远的人和拘谨自守的人。至于那些谨慎诚实的人，虽然很受周围的人喜欢，但孔子却认为他们是道德的败坏者。这样看来，世人的善恶，分明和孔子的善恶相反。从这一个例子来推论，便可以知道，世界上许许多多的取舍，都是错误的。天地鬼神对善人降下福报、给恶人降下灾祸，都与孔子有相同的是非标准，却与世俗的取舍观念不同。凡是想积累善行的人，决不可以只为了让人看

了凡四训

〇八八

到和听到，必须从心灵最深微的地方，默默地洗涤那些不好的东西。如果纯粹是济世救人之心，就是直；如果稍有一丝哗众取宠的想法，就是曲。如果单纯是出于爱人之心，就是直；如果有一丝愤世嫉俗之意的，就是曲。如果单纯是出于尊敬别人的心理，就是直；如果有一丝玩世不恭的想法，就是曲。这些都应当仔细分辨。

浅 释

　　什么叫作直、曲？现在人们看到小心谨慎、敦厚老实的人，就都称他为善人并且予以肯定。但是古时的圣贤则宁愿欣赏刚强不屈、有原则的人。至于一般看起来谨慎小心的所谓好人，虽然乡里都喜欢他，但由于这种人个性柔弱，欠缺道德的勇气，使得圣人反而认为他是道德的败坏者。所以世人所说的善恶，分明与圣人完全相反。从这件事上可以推知，世人对事物的种种肯定与否定，没有一件是没有差错的。天地鬼神庇佑善人、报应恶人，他们和圣贤的看法是完全一样的，而不与世俗的人采取相同的看法。

　　因此，凡是要行善积德的，决不可只靠自己的眼睛所看见、耳朵所听见的来作为判断依据，而应从内心最隐秘、细微的地方，默默地省察自己的起心动念，并加以洗涤、净化。纯粹是一颗救济世人的心，这就是直；如果有丝毫讨好世俗的心，那就是曲。纯粹是爱人的心，那就是直；如果有丝毫愤世嫉俗的心，那就是曲。纯粹是尊敬他人的心，那就是直；如果有丝毫玩世不恭的心，那就是曲。像这些都应当仔细地加以辨别。处事的态度应当谨慎，慎就是慎重。待人、接物、处事的态度都要谨慎恭敬，不能玩世不恭、不辨清楚。

原 文

　　何谓阴阳？凡为善而人知之，则为阳善；为善而人不知，则为阴德。阴德，天报之；阳善，享世名。名，亦福也。名者，造物所忌；世之享盛名而实不副者，多有奇祸；人之无过咎①而横被恶名者，子孙往往骤发。阴阳之际微矣哉。

注 释

　　①**过咎：**过错，错误。

什么是阴和阳呢？凡是行善却让别人知道，那就是阳善；而行善不让人知道，那就是阴德。有阴德的人，上天就会有福报；有阳善的人，就会享受世间的名声。名声，就是一种福报。不过，名声也是上天所忌讳的；世上享有盛名却名不副实的人，多数都会招致意外的横祸；那些没有过错却无辜地背负恶名的人，他的子孙后代却往往能飞黄腾达。阴、阳之间的关系实在是太微妙了。

古云："善忌阳，恶忌阴。善欲人知，不是真善；恶恐人知，定是大恶。"什么叫阴、什么叫阳？凡是做善事而让大家知道的，就是阳善；做善事而不被别人知道的，就是阴德。有了阴德的人，上天会给予报偿的；有阳善的人，则会给人带来好的名声。名声，也是一种福泽。但是，名声也是造物主所忌讳的；世上那些享有盛名而实际上名不副实的人，常常会遭受意想不到的灾祸；那些没有什么过错，却意外无辜背上恶名的人，他的子孙往往突然地飞黄腾达起来。阴阳之间的关系实在是太微妙了。

阴阳观念，是中国哲学的一对重要范畴，指元气中相互矛盾的两种基本势力或事物相互对立的两个方面。《易·系辞》提出了"一阴一阳之谓道"的命题，对阴阳的相互对立、相互依存、相互转化做了哲学意义上的概括。老子以"万物负阴而抱阳"的命题最先说明了阴阳的普遍性。作为一种朴素的唯物主义思想和朴素的辩证法思想，阴阳观念对于我国古代的天文、历数、医学的发展起过很大的作用。

何谓是非？鲁国之法，鲁人有赎人臣妾①于诸侯，皆受金于府。子贡赎人而不受金。孔子闻而恶之曰："赐失之矣。夫圣人举事，可以移风易俗，而教道可施于百姓，非独适己之行也。今鲁国富者寡而贫者众，受金则为不廉，何以相赎乎？自今以后，不复赎人于诸侯矣。"

子路拯人于溺，其人谢之以牛，子路受之。孔子喜曰："自今

了凡四训

鲁国多拯人于溺矣。"

　　自俗眼观之，子贡不受金为优，子路之受牛为劣，孔子则取由而黜②赐焉。乃知人之为善，不论现行而论流弊；不论一时而论久远；不论一身而论天下。现行虽善，而其流足以害人，则似善而实非也；现行虽不善，而其流足以济人，则非善而实是也。然此就一节论之耳，他如非义之义，非礼之礼，非信之信，非慈之慈，皆当抉择。

译 文

　　什么叫是非呢？鲁国的法令，如果鲁国人能从别国诸侯那里赎回被俘虏过去做奴仆的人，都可以得到官府的赏金。孔子的弟子子贡把被俘虏的人赎回来，却没有接受官府的赏金。孔子听到以后便不高兴地说："子贡你做得不对啊。大凡圣人做事，目的是要去移风易俗，这使得教化之道可以在百姓中间普及，并不只是为了满足自己的德行而去行事。现在鲁国富人少而穷人多，子贡的做法就表示领了赏金就是不廉洁的人，那么谁还愿意去赎人呢？恐怕从今以后，不会再有人向诸侯赎人了。"

　　子路救了一个溺水的人，那人送他一头牛作为酬谢，子路接受了。孔子高兴地说："从此以后鲁国就会有很多人去拯救掉到水里的人了。"

　　从俗人的眼光来看，子贡不接受赏金是高尚的，子路接受一头牛的谢礼是不好的，但孔子却赞赏子路而贬斥子贡。由此可知对于人们所做善事的评价，不是要考虑现在的行事而是要考虑延续的结果，不是要考虑一时的效果而是要考虑永久的影响，不是要考虑自身的毁誉而是要考虑天下的风气。现在所做的虽然是好事，但其延续下来的结果却是害人的，那就是表面看像善事但其实却不是善事；现在所做的虽然看上去是不好的事，但其延续的结果却可以帮助别人，那就是表面看似乎不是好事但实际上却是好事。不过，这还只是就其中的一部分来讨论的，其他比如有些事像是不义但其实是有义的，有些事像是无礼但其实是有礼的，有些事像是不诚信但其实是诚信的，有些事像是不慈爱但其实是慈爱的，对这些事情的判断都应当有自己的选择。

浅　释

什么叫作是、非？在春秋时代，鲁国的法律规定，鲁国人如果能从别国诸侯那里把被俘过去做奴隶的人赎回来，都可以得到官府的赏金。但是子贡把被俘虏的人赎回来，却没有接受官府的赏金。孔子听到以后很不高兴地说："子贡做得不对啊。凡是圣贤的人做任何事情，其目的是可以改变不良的风俗，对百姓产生教化的作用，并不只是为了满足自己的德行而去行事。现在鲁国富人少而穷人多，如果领了赏金就被指责为不廉洁，变成贪财的人，那么谁还愿意去赎人呢？恐怕从今以后，不会再有人向诸侯赎人了。"

子路救了一个溺水的人，那人就送他一头牛以作为酬谢，子路接受了。孔子高兴地说："从此以后，鲁国就会有很多人去拯救掉到水里的人了。"

从世俗的眼光看来，子贡不接受赏金是优，而子路接受赠牛是劣。但是孔子却肯定、赞赏子路而否定、责备子贡。由此可知人们行善，不能只看他当时的行动效果，还要看将来是否会产生弊端；不能只看一时的效应，还要用长久的目光看待；不能只看个人的得失，还要看对天下大众的影响。当时的行为虽好，而它所造成的影响却足以贻害他人，那么看起来好像是善行而其实不然；当时的行为虽不好，而它的影响却会为别人带来好处，那么虽然看起来不像是善行而其实已经是了。当然这些只是就一件事来讨论而已。其他情况，比如看似不义的义举，看似不合乎礼数而实际上却合乎礼数的举动，看似不讲信用而实际上却合乎忠信原则的举动，看似缺乏慈爱而实际上却大慈大悲的行为等，都应当加以辨别。行善如果只顾眼前或表面是善，尤其沽名钓誉，其遗患往往比贪利更甚。

原　文

何谓偏正？昔吕文懿公①初辞相位，归故里，海内仰之，如泰

山北斗^②。有一乡人醉而詈之，吕公不动，谓其仆曰："醉者勿与较也。"闭门谢之。逾年^③，其人犯死刑入狱。吕公始悔之曰："使当时稍与计较，送公家^④责治，可以小惩而大戒。吾当时只欲存心于厚，不谓养成其恶，以至于此。"此以善心而行恶事者也。

注　释

①**吕文懿公**：即明朝人吕原，字逢源，秀水（今浙江嘉兴）人。有《吕文懿公全集》。

②**泰山北斗**：泰山高耸，五岳之首；北斗光明，群星之最。比喻德高望重或有卓越成就而为众人所敬仰的人。

③**逾年**：过了一年。

④**公家**：泛指官府。

译　文

　　什么是偏、正呢？从前吕原先生刚刚辞去宰相的职位，回到故乡，当时天下百姓都非常敬仰他，就像瞻仰泰山和北斗星一样。有一个乡下人喝醉酒后辱骂他，吕先生不为所动，并对他的仆人说："不要和喝醉酒的人计较。"于是关了门来避开他。过了一年，那个人因犯了死罪而被捕入狱。吕先生才懊悔地说："假使当时稍微与他计较一下，送到官府惩治一番，便可以通过小小的惩罚让他有所戒惧。我当时只想心存仁厚，没想到反而纵容了他的恶习，以至于到了今天这个地步。"这就是以行善之心却做了恶事的例子。

浅　释

　　什么叫作偏、正？有一个好心而做了恶事的例子。从前吕文懿公刚辞掉宰相的职位，回到故乡，因为他为官清廉、公正，所以受到人们的敬爱与尊重，就像对泰山、北极星一样。一位乡下人喝醉酒后辱骂他，但他不为所动，还对他的仆人说："喝醉酒的人，不要和他计较。"于是关起门来予以躲避。过了一年，那个人因犯了死罪而被捕入狱。吕先生才懊悔地说："假使当时稍微与他计较一下，送到官府惩治，可以通过小小的惩罚而让他有所规戒。我当时只想心存仁厚，没想到反而纵容了他的恶习，以致到了今天这个地步。"所以，对于不良的行为要及时制止。"千里之堤，溃于蚁穴。"要防微杜渐，防患于未然。

又有以恶心而行善事者。如某家大富,值岁荒,穷民白昼抢粟于市。告之县,县不理,穷民愈肆,遂私执而困辱①之,众始定。不然,几乱矣。故善者为正,恶者为偏,人皆知之。其以善心行恶事者,正中偏也;以恶心而行善事者,偏中正也,不可不知。

注 释

①**困辱**:使受困窘、屈辱。

释 文

还有出于作恶之心却做了善事的例子。例如有一家很富,在荒年的时候,穷人竟然在光天化日之下在街上抢夺粮食。富人便告到县衙,县里却置之不理,穷人便因此更加肆无忌惮,于是富人便私下把这些穷人抓起来惩罚,那些抢粮的人才安定下来。否则,就可能会酿成大乱。所以做善事是正,做坏事是偏,这是大家都知道的。而那些出于善心却做了坏事的,却是正中的偏;而出于恶心却做了善事的,是偏中的正,这些道理不可不知道。

浅 释

也有出于恶心而做了善事的事例。例如,有一家富人,时值荒年,穷人于光天化日之下在街市上强抢粮食。这家富人就告到县衙,县衙置之不理,穷人更加肆无忌惮,于是他便私下叫人把这些抢粮食的人抓起来羞辱、责罚,抢粮的民众才安定下来。如若不然,就要酿成大乱了。所以善事是正,恶事是偏,这个大家都知道。那些以善心而做了恶事的人,是正中偏;那些以恶心而做了善事的人,是偏中正;这些道理不可不知道。

原 文

何谓半、满?《易》曰:"善不积,不足以成名;恶不积,不足以灭身。"《书》曰:"商罪贯盈①,如贮物于器。"勤而积之,则满;懈而不积,则不满。此一说也。

注 释

①**贯盈**：以绳穿钱，穿满了一贯。多指罪大恶极。

译 文

　　什么叫半、满呢？《易经》上说："如果不积累善行，就不能成名；如果不积累恶行，也不会造成杀身之祸。"《尚书》中说："商纣王的罪恶，就像用绳穿钱，穿满了一贯，好像装满了容器一样。"勤奋地去积累，就是满；懈怠而不去积累，就是半。这是半和满的一种说法。

浅 释

　　什么叫作半、满？《易经》上说："如果没有积累善行，就不能够成名；如果不积累恶行，也不会造成杀身之祸。"《尚书》上说："商纣王的罪恶，就像用绳穿钱，穿满了一贯，好像把东西装满了容器一样。"古代骄奢淫逸的帝王，之所以被民众抛弃，就是因为他们日积月累的罪恶罄竹难书。秦始皇实行文化专制政策，"焚书坑儒"，严刑峻法，穷奢极欲，挥霍无度。为了满足其奢侈欲望，建造阿房宫及骊山墓，大兴土木。大规模地巡行全国，使人民的租赋徭役异常繁重。他死后不久，便爆发了陈胜、吴广起义，秦王朝二世而亡。隋炀帝在位期间，营建东都洛阳，修建宫殿和西苑。并开掘运河，开辟驿道，常四出巡游，所到之处，恣意靡费挥霍。徭役苛重，穷兵黩武。各地农民起义不断，后被禁军将领宇文化及等缢杀于江都。

　　勤加积累，自然就会满了；懈怠而不去积累，那就不会满。这是半善、满善的一种说法。"泰山不让寸壤，故能成其大；河海不择细流，故能就其深。"《道德经》中也说："合抱之木，生于毫末；九层之台，起于累土；千里之行，始于足下。"任何事物的成长都是由小变大，由弱变强，所以力量的积累至关重要。

原 文

　　昔有某氏女入寺，欲施而无财，止有钱二文，捐而与之，主席者亲为忏悔①。及后入宫富贵，携数千金入寺舍之，主僧惟令其徒回向而已。

　　因问曰："吾前施钱二文，师亲为忏悔；今施数千金，而师不回向，何也？"

曰："前者物虽薄，而施心甚真，非老僧亲忏，不足报德；今物虽厚，而施心不若前日之切，令人代忏足矣。"此千金为半，而二文为满也。

注 释

①忏悔："忏"是梵文 Ksama（忏摩）音译的简写，"悔"是它的意译，合称"忏悔"。原为对人表露自己的过错、求容忍宽恕之意。佛教以忏悔为消除罪业、消除心垢的重要方法。佛教也以之制作戒律，规定出家人每半月集合举行诵戒，给犯戒者以查过悔改之机，以后发展成为专以脱罪祈福为目的的一种宗教仪式。

释 文

从前有某人的女儿进入寺庙，想要施舍却没有财物，只有两文钱，便捐出来给寺中僧人，寺里的住持亲自来为她忏悔祈福。后来这个女子进入皇宫从而大富大贵，她又带了几千两银子到寺庙来施舍，住持僧人却只让他的徒弟代替他为其做回向而已。

她不禁问道："我从前只施舍两文钱，师父亲自为我忏悔；现在我布施几千两银子，而师父反而不为我回向，这是为什么呢？"

住持回答说："以前你布施的财物虽然少，而你施舍的心意却十分真诚，如果不是我老和尚亲自代你忏悔祈福，便不足以报答你布施的功德；现在你布施的财物虽然丰厚，但布施的心意不如以前那次恳切，所以我叫人代为忏悔就足够了。"这就是说千金也是"半"，而二文却为"满"。

浅 释

从前有个女子到了寺庙里，想要布施却没有钱，只有两文钱而已，就都捐给了寺里，寺里的住持亲自为她忏悔祈福。后来这个女子入了皇宫，大富大贵，带来数千两银子到寺里布施，住持却只让他的徒弟代为回向而已。

她不禁问道："我从前布施两文钱，师父亲自为我忏悔；现在我布施几千两银子，而师父反而不为我回向，这是为什么呢？"

住持说："上次你布施的财物虽然少，而你施舍的心意却十分虔诚，如果不是我老和尚亲自代你忏悔，便不足以报答你布施的功德。现在你布施的财物虽然丰厚，但布

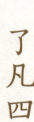

施的心意不如上次那么恳切了，所以我叫人代为忏悔就足够了。"这是千金为半善，而两文为满善。善心的满、半并不在于金钱的多少，而以心意的虔诚与否为衡量标准。

原文

钟离①授丹于吕祖，点铁为金②，可以济世。

吕问曰："终变否？"

曰："五百年后，当复本质。"

吕曰："如此则害五百年后人矣，吾不愿为也。"

曰："修仙要积三千功行③，汝此一言，三千功行已满矣。"

此又一说也。

注释

①钟离：指钟离权，唐五代道士，后演为"八仙"之一的汉钟离，道教全真派的北五祖之一。民间对其事迹颇多传说，被奉为"八仙"之一。

②点铁为金：道家称有炼丹术，谓丹有点铁石成黄金的神效。亦作"点石成金"。

③功行：指修炼所达到的程度。

译文

钟离权传授丹方给吕洞宾，于是便可以点铁成金，用来济世救人。

吕洞宾问道："点铁所成的金子最终会再变回来吗？"

钟离权回答说："五百年后，就会恢复它的本质。"

吕洞宾说："这样的话就会害了五百年后的人，我不愿意做这样的事。"

钟离权说："修炼成仙要积累三千件功德，你就这一句话，三千件功德就已经圆满了。"

这是半和满的又一种说法。

浅释

钟离权当初向吕洞宾传授炼丹的方法，点铁成金，可以用来行善济世。"点铁为金"也就是"黄白术"，是古代炼丹术的重要组成部分。古代以黄喻金，以白喻银，总称"黄白"。

人们企图通过药物的点化，将金属变为金黄色或银白色的假金银，又称"药金"或"药银"。制取"黄白"的方技，即称"黄白术"。宋朝以后，道教黄白术逐渐泯灭不传。

由于黄白术所造"金银"只不过是一种合成金属，终不是真的金银，所以历史上也不乏对此加以限制的法令。汉景帝前元六年曾下诏称："定铸钱伪黄金弃市律。""弃市"是古代死刑之一。在闹市对犯人执行死刑、陈尸街头示众，以示为大众所遗弃的刑罚。秦汉以前已有弃市刑，汉代的弃市为斩首，魏晋以后则为绞刑。"弃市"的运用，主要为了达到杀一儆百的恐吓作用。

吕洞宾也是对于"点铁成金"的法术不太信服，因而问道："点铁成金后还会变回原形吗？"钟离权说："五百年后，就当复还本原。"五百年应当不是确切的说法，只为说明年代久远之后，"点铁成金"之物终会返回原形。吕洞宾说："这样将贻害五百年后的人了，我不愿做这样的事。"不贪图一时的功利，而遗祸后人。钟离权说："修炼成仙要先积满三千件功德，你的这一句话，三千件功德就已经圆满了。"

这是半善、满善的又一种说法。

原文

又为善而心不着善，则随所成就，皆得圆满。心着于善，虽终身勤励①，止于半善而已。譬如以财济人，内不见己，外不见人，中不见所施之物，是谓三轮体空②，是谓一心清净③，则斗粟可以种无涯之福，一文可以消千劫④之罪。倘此心未忘，虽黄金万镒⑤，福不满也。此又一说也。

注释

①勤励：勤劳奋勉。

②三轮体空：亦称"三轮清净"。三轮，一般指能、所、物（法）。如以布施来说，施者、受施者、所施之物为三轮，体此三者性空无相而离执着，以如此之心行施，称三轮体空、三轮清净。

③清净：佛教主张离恶行过失，离烦恼垢染，就是"清净"。

④劫：梵语"劫簸"的简称，译为时分或大时，即通常年月日所不能计算的极长时间。

⑤镒：古代重量单位，合二十两。一说二十四两。

译　文

　　另外，行善的时候心中并不执着于行善，这样的话就随便行什么善事，都可以得到圆满的结果。如果内心执着于行善，即使终生都勤奋而努力，也只不过算是半善而已。就好像拿财物来帮助别人，内心并不考虑自己，对外也不执着于他人，中间也并不执着于施舍的财物，这就是佛家所说的"三轮清净"，也叫作"一心清净"，这样的话一斗米就可以结出无边无际的福报，一文钱便可以消除千万年的罪孽。倘若内心不能忘记所行的善事，即使施舍了万两黄金，所得福报仍然无法圆满。这是半和满的又一种说法。

浅　释

　　另外，行善而心里不想着这是善行，那么随便做什么样的善事，都会很圆满。如果心里总想着自己是在行善，虽然终生都很勤勉地做善事，也只能算是半善而已。譬如以财物来帮助别人，内不见自己，外不见所帮助的人，中不见所布施的财物，这就叫作"三轮体空"，也称作"一心清净"，那么一斗米就可以种出无限的福泽，一文钱都可以消弭一千劫所造的罪孽。如果这个心不能忘怀所做的善事，那么哪怕施舍万两黄金，也还是不能得到圆满的福报。这又是半善、满善的另一种说法。

原　文

　　何谓大小？昔卫仲达为馆职^①，被摄至冥司^②，主者命吏呈善恶二录。比至，则恶录盈庭，其善录一轴，仅如箸而已。索秤称之，则盈庭者反轻，而如箸者反重。仲达曰："某年未四十，安得过恶如是多乎？"

　　曰："一念不正即是，不待犯也。"

　　因问轴中所书何事，曰："朝廷尝兴大工，修三山石桥，君上疏谏^③之，此疏稿^④也。"

　　仲达曰："某虽言，朝廷不从，于事无补，而能有如是之力。"

曰 :"朝廷虽不从,君之一念,已在万民 ;向使听从,善力更大矣。"

故志在天下国家,则善虽少而大 ;苟在一身,虽多亦小。

注 释

①**馆职**:在馆阁任职的官员称馆职。宋沿唐制,在史馆、昭文馆、集贤院、秘阁等馆阁任职的,从直秘阁、直馆、直院到校理、校勘等,均称为馆职。

②**冥司**:阴间,阴曹地府。

③**谏**:直言规劝,多用于下对上。

④**疏稿**:奏疏的草稿。

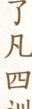

译 文

什么叫大、小呢?从前有个卫仲达在翰林院任职,他的魂魄被摄到阴曹地府,阎王让鬼吏把他的善恶记录呈上来。等到这两份册子送到后,记录恶事册子堆满了庭院,记录善事的册子却只有一小卷轴,而且仅仅像筷子一样细。拿秤来称量,却发现满院的作恶记录反而很轻,而像筷子那样粗细的善事记录反而很重。卫仲达说:"我还不到四十岁,怎么会有那么多的过失、罪恶?"

阎王说 :"只要一个念头不正就是罪过,不一定要等你犯了以后才算。"

卫仲达又问那个卷轴中记录的是什么事,阎王回答说 :"朝廷曾想要大兴土木,修建三山石桥,你上了奏章来劝阻此事,这就是你的奏疏草稿。"

卫仲达说 :"我虽然进谏了,但朝廷并没有采纳,于事无补,竟然会有这么大的功德。"

阎王说 :"朝廷虽然没有听从你的建议,但你有这样的念头,便已经功在万民了 ;如果朝廷听从你的建议,那么善的功德就更大了。"

所以一个人的志向在于全天下和国家的,善事即使少,其福报也会很大 ;如果只在乎自己,哪怕善事很多,其福报也只会很小。

浅 释

什么叫作大、小?从前有位叫卫仲达的人在翰林院任职,有一次他的魂魄被摄到阴曹地府,在那里接受审判。卫仲达到达阴曹地府后,阎王让鬼吏把他的善恶记录呈上来。等这两份册子送上来,关于他的恶事的记录堆满了庭院,不计其数,而关于善事的记录却只有一小卷轴，而且仅如筷子般大小。拿秤来称量，发现盈庭的恶的记录反而轻，而如筷子般大小的善事记录的卷轴反而重。卫仲达不解，于是说道："我还不到四十岁，怎么会有那么多的过失、罪恶？"

阎王说："只要一个念头不正就是罪过，不一定要等你犯了以后才算。"卫仲达又问那个卷轴中所记录的是什么事。阎王回答说："朝廷曾想要大兴土木，修建三山石桥，你上疏劝阻此事，免得劳民伤财，这卷轴中是你的奏疏草稿。"

卫仲达说："我虽然进谏了，但朝廷并没有采纳，于事无补，竟然会有这么大的功德。"

阎王说："朝廷虽然没有听从你的建议，但你的这个念头是为几千万老百姓着想；如果朝廷听从你的建议，那么善的功德就更大了。"

由此可见，善的大小只在于是否发自内心，出发点是否真实，是为了天下百姓还是为了个人家庭。只要惠及万民，无论是否成功，都是大善。

原文

何谓难易？先儒谓克己①须从难克处克将去。夫子论为仁②，亦曰先难。必如江西舒翁，舍二年仅得之束脩③，代偿官银，而全人夫妇；与邯郸张翁，舍十年所积之钱，代完赎银，而活人妻子，皆所谓难舍处能舍也。如镇江靳翁，虽年老无子，不忍以幼女为妾，而还之邻，此难忍处能忍也。故天降之福亦厚。凡有财有势者，其立德皆易，易而不为，是为自暴。贫贱作福皆难，难而能为，斯可贵耳。

注释

①克己：约束、克制自己。表示个人道德修养的概念，即遵循一定的道德要求约束自己的意思。

②仁：中国古代最重要的道德范畴。"仁"字，从人从二，原意表示人与人之间的亲切关系。孔子发展了"仁"的思想，并使之成为道德规范的核心，孔子"仁"的基本含义是爱人。孔子把"克己复礼"作为实现"仁"的根本途径。他认为每个人都有实践"仁"的可能性，"为仁由己"，"我欲仁，斯仁至矣"。

③束脩：即十条干肉。

译 文

什么叫难、易？儒家先圣说要克制自己的私欲，必须先从最难克除的地方做起。孔夫子在论述"为仁"的问题时，也说要先从最难的地方做起。一定要像江西的一位舒老先生，拿出教书两年所得的这仅有的收入，代替别人偿还欠官府的钱，从而保全了一对夫妇；还有河北邯郸的张老先生，拿出十年的积蓄，代人交还赎金，从而救了别人的妻儿，这都是将难以割舍的东西施舍给别人。比如江苏镇江的靳老先生，虽然年老没有儿子，但还是不忍心纳幼女为妾，而将其送还给邻居，这是在难以忍耐的情况下而能够克制自己。所以上天也会降下更多的福报。凡是有财有势的人，要想行善立德都很容易，容易而不去做，那是自暴自弃。贫贱的人要行善修福是很难的，艰难而能去做，这就十分可贵了。

浅 释

什么叫难行、易行的善？儒家先圣说，要克制自己的私欲，就要从难克除的地方做起。孔夫子在论述"为仁"的问题时也说要先从最难的地方做起。一定要像江西的一位舒老先生，拿出两年教书所挣得的酬金，代替别人偿还欠给官府的田赋，从而不致使别人夫妇被拆散。又如河北邯郸的张老先生，拿出十年的积蓄，代人交还赎金，而救了别人的妻儿。这都是将难以割舍的东西施舍给别人。比如江苏镇江的靳老先生，虽然年老没有儿子，但还是不忍心纳幼女为妾，而将其送还。这些都是在难以忍耐的情况下而能够克制自己。上天必定会降给他们丰厚的福泽。凡是有财有势的人，要想行善立德都很容易，容易而不去做，那是自暴自弃。贫贱的人要行善修福报是很难的，艰难而能去做，这就十分可贵了。行善不论贫富贵贱，只讲现前尽力尽心。若说发达后再行善，待发达时，大约又有借口。

原 文

随缘①济众,其类至繁,约言其纲,大约有十:第一,与人为善②;第二,爱敬存心;第三,成人之美③;第四,劝人为善;第五,救人危急;第六,兴建大利;第七,舍财作福;第八,护持正法④;第九,敬重尊长;第十,爱惜物命。

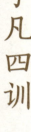

注　释

①**随缘**：佛家语。谓人生际遇，悉起于因缘。此指随意、随应或随顺机缘，不加勉强。有顺其自然之意。

②**与人为善**：原指帮助别人一起做好事。今多指善意帮助人。

③**成人之美**：帮助成全别人的好事。

④**护持正法**：正法，即四谛等真正之法。谓诸佛、菩萨以大悲心，护持如来正法，使一切邪魔外道，无能恼乱，令诸众生正信乐闻，弘通流布，利益无穷。

译　文

随缘去做济助众人的事情，其种类非常繁多，如果简单地列举它的条目，大概有十个方面：第一，要与人为善；第二，对于年纪轻、辈分低、家境差的人要有爱护之心，对于年龄长、辈分高、德学好的人要有恭敬之心；第三，要帮助成全别人的好事；第四，若遇不愿意行善或是作恶的人，要设法劝他为善；第五，当别人遇到危险时要施以援手；第六，对于国家、社会和百姓有极大利益的事，要尽心竭力地完成；第七，有了积蓄的人，最好能够多做布施善行；第八，对于正知正见，能够让人增长智慧、知识的道理或法门，都应当加以维持；第九，对于学问优、见识广、品德佳、年纪长、职位高于自己的人，必须多加敬重；第十，爱惜动物的生命。

浅　释

随顺机缘去做济助别人的事情，并非刻意去做善事。这类事情的种类繁多，大概说来有十种。这十种多为传统的民族道德。

原　文

何谓与人为善？昔舜在雷泽①，见渔者皆取深潭厚泽，而老弱则渔于急流浅滩之中，恻然哀之，往而渔焉。见争者皆匿其过而不谈；见有让者，则揄扬②而取法之。期年，皆以深潭厚泽相让矣。夫以舜之明哲③，岂不能出一言教众人哉？乃不以言教而以身转之，此良工苦心④也！

①**雷泽**：一名雷夏泽。在今山东菏泽东北。

②**揄扬**：宣扬。

③**明哲**：明智，洞察事理，也指聪明智慧的人。

④**良工苦心**：指经营某事的用心之深。

译　文

　　什么叫与人为善？从前大舜在雷泽之中，看见年轻力壮的渔夫都选择潭深鱼多的地方，而年老体弱的渔夫只能在水流湍急的浅滩中捉鱼，就很怜悯他们。于是他自己也去打鱼，看见有人争夺的时候便避而不谈；看到有人互相谦让的，就赞赏宣扬并效法他们。就这样过了一年，大家都把潭深鱼多的地方相互谦让出来。以舜的聪明睿智，难道不能说句话来教导众人吗？这是因为他不用言语教导，而是以身作则来转变人们的思想行为，才是教导众人的良苦用心啊。

浅　释

　　什么叫作与人为善？从前舜在雷泽，看见打鱼的人都选潭深鱼多的地方，而年老体弱的渔夫便只能在水流湍急的浅滩中捉鱼。舜看到后，很悯恻哀怜他们。于是他自己也去打鱼，看见有人争抢，对于他们的行为不加评判；看见有彼此谦让的，他就加以赞赏宣扬并效法他们。过了一年，大家都把潭深鱼多的地方相互谦让出来。当时以舜的聪明睿智，难道不能说几句话来教导大家吗？这是因为他不用言语教导，而是以身作则来转变人们的思想行为，这真是用心良苦啊。古人云："学至于不责人，其学进矣。""以责人之心责己，以恕己之心恕人。"以身作则，以自己的实际行动为别人做出榜样。要求别人遵守的，自己首先必须遵守；要求别人不做的，自己首先不做。处处起模范作用，是有修养的体现。

原　文

　　吾辈处末世①**，勿以己之长而盖人，勿以己之善而形人，勿以己之多能而困人。收敛才智，若无若虚，见人过失，且涵容而掩覆之：一则令其可改，一则令其有所顾忌而不敢纵。见人有微长可**

取、小善可录，翻然舍己而从之，且为艳称而广述之。凡日用间，发一言，行一事，全不为自己起念，全是为物立则，此大人^②天下为公之度也。

注 释

①**末世**：浇末之世代。佛教认为，释迦入灭后五百年为正法时，次一千年为像法时，后万年为末法时。末世，即末法时。

②**大人**：德行高尚的人。

译 文

　　我们正处在社会风气败坏的时代，不要用自己的长处来掩盖别人，不要用自己的善行来与别人相比，不要用自己的才能来难为别人。应该收敛自己的才智，让自己似乎没有什么才能一样，看到别人的过失，要能宽容并尽量帮他遮掩。一方面让他有改正的机会，另一方面也让他有所顾忌而不敢放纵。看到别人有一点长处可取，有一点善行可以记录，要立刻舍弃自己的成见来学习，而且要大加称赞与宣扬。凡是在日常生活之中，说一句话、做一件事，都不是出于为自己的私心，而是要为社会树立典范，这才是君子"天下为公"的气度。

浅 释

　　我们处在社会风气败坏的年代，不可以自己的长处来掩盖别人的长处，不可以自己的善行来与别人相比较，不可以自己的才能来难为别人。收敛才智，虚怀若谷，就像自己没有才识的样子。了凡先生的本意是要劝导人们谦逊包容，其实"收敛才智"也可以成为一种谋略。

　　看到别人的过失，就要多多包涵，为他掩盖。一方面让他有自我改过的机会，另一方面也可以让他有所顾忌而不敢放纵。看到别人有一点点的长处可供学习，有小小的善心善行可以记录，都要舍弃自己的成见去学习他的长处，并且为他们赞叹，广为宣传。孔子也说过："三人行，必有我师焉。择其善者而从之，其不善者而改之。""见贤思齐"，自己见到别人的优点就要努力学习；而见到别人的缺点，就要"有则改之，无则加勉"。凡是在日常生活中，说一句话，做一件事，都不是出于为自己考虑，而是要为社会树立典范，这才是君子以"天下为公"的气度。

古人以为，上天赋予人才智财富，意在使其接济愚钝贫困的人，如果反加欺凌，则是天之罪民。

何谓爱敬存心①？君子与小人，就形迹观，常易相混，惟一点存心处，则善恶悬绝②，判然如黑白之相反。故曰：君子所以异于人者，以其存心也。君子所存之心，只是爱人敬人之心。盖人有亲疏贵贱，有智愚贤不肖③，万品不齐，皆吾同胞，皆吾一体，孰非当敬爱者？爱敬众人，即是爱敬圣贤；能通众人之志，即是通圣贤之志。何者？圣贤之志，本欲斯世斯人，各得其所。吾合爱合敬，而安一世之人，即是为圣贤而安之也。

注 释

①**存心**：存有某种心思。犹言居心。存心即自觉存养人的先天道德本性。
②**悬绝**：悬殊，相差很大。
③**不肖**：不才，不贤，不孝。

译 文

什么叫爱敬存心？君子和小人，从表面现象看来，常常容易混淆，只有这一点存心，善、恶才相差悬殊，如同黑与白那样截然相反。所以说：君子之所以与一般人不同，就在于他们的存心。君子所存的心，只有爱人敬人的心。人有亲近、疏远、高贵、低贱之分，有聪明、愚笨、贤良、败坏之别；然而千万人的品质虽不相同，却都是我们的同胞，也都与我们是一体的，哪个不是应当尊敬、爱护的呢？爱护并尊敬众人，就是爱护和尊敬圣贤；能够与众人心志相通，也是能通圣贤之人的心志。为什么呢？圣贤之人的心志，本来就希望这个世界上所有的人，都各得其所。我们对这些人都爱护、尊敬，这样来安定整个世界上的人，也就是代替圣贤来安定他们。

什么叫作爱敬存心？君子与小人，从表面现象看来，常常容易混淆。只有这一点存心，善、恶才相差悬殊，如同黑与白那样截然相反。所以说：君子之所以与一般人不同，就在于他们的存心。君子所存的心，只有爱人敬人的心。尽管人有亲疏贵贱之分，聪明、愚笨、贤良、败坏之别，但都是我们的同胞，都是一体的，难道不是我们应当敬爱的吗？《论语·子路》中说"君子和而不同"，"和而不同"也就是既能保持个性，又能与自己嗜好不同、意见不一的人调和相处。庄子更进一步，要"齐万物"，认为万物是等同、齐一、没有差别的。

爱敬众人，就是爱敬圣贤；能够与众人心心相通，也就是与圣贤心心相通。为什么呢？圣贤的心意，本来就是要世界上的人，都能够安居乐业、各得其所。我普遍爱敬世人，使他们平安快乐，那也就是代替圣贤使他们平安快乐。

从前读书明理的人"敬圣敬贤"，跟我们现代社会贪、嗔、痴、慢不断增长的人"敬圣敬贤"，在思想上和心态上都不一样。从前人敬圣敬贤，是因为圣贤是我们的模范，取"见贤思齐"的意思；现代人敬佛、敬菩萨、敬鬼神，是希望佛菩萨、鬼神多让他赚一点钱，其目的在此。圣贤之志就是为众生造福。有谁不希望得到安和乐利？中国人常讲的五福—人人都希望自己有福，希望自己长寿、富贵、健康、幸福、善终，这是世间人的希望。但是这些都是善因善果；希望得好的果报，但是忘了好的果报是要好因缘才结得的。若不修好因，不结善缘，希求好的果报，是决不能得到的。圣贤人希望每一个人都得到殊胜的果报，所以圣人之志就是群众之心。只是圣人有智慧，群众迷惑颠倒，所以圣人教导大众修善积德，才能使人人皆得到好的果报。

修善积德从"爱敬"开始。先学爱人、敬人；爱物、敬物；爱事、敬事，对于人、物、事要真正"爱敬"。所以十大愿王里的菩萨修行原则，第一条就是"礼敬诸佛"。我们读《礼记》，第一句话"曲礼曰：毋不敬"，就是教"敬"，"毋不敬"就是一切恭敬。要从这里下手。

圣贤、佛菩萨只有一个想法、一个心愿，就是教导一切众生"各得其所"。聪明杰出的人，诱导他成佛作祖；没有这个大志，他希望得到什么，都祝福他、帮助他能够如愿，这是圣贤之志。所以要心存爱敬。

何谓成人之美？玉之在石，抵掷则瓦砾，追琢则圭璋[①]**。故凡**

见人行一善事，或其人志可取而资可进，皆须诱掖②而成就之。或为之奖借，或为之维持，或为白其诬而分其谤，务使成立而后已。

注释

①**追琢**：雕琢。金曰雕，玉曰琢。**圭璋**：古代礼玉之一种，为一种贵重玉器。上尖下方曰"圭"，半圭曰"璋"。古礼制诸侯朝王执圭，朝后执璋。古为瑞信之器。

②**诱掖**：引导和扶助。

译文

什么叫作成人之美呢？玉本来藏在石头里，如果不去寻找或者扔掉那就如同瓦砾，如果四处寻找并精心雕琢那就成了贵重的圭璋。所以凡是看到有人做了一件善事，或是这个人的志向有可取之处并且资质有进步的潜力，都一定要引导和奖掖从而极力成就他。或者称赞鼓励，或是协助扶持，或是为他辩白诬陷、分担诽谤，总之一定要使他有所成就之后才停止。

浅释

什么叫作成人之美？玉本来是在石头里面，如果抛弃不顾也就与瓦砾无异，如果精心雕琢就成了贵重的圭璋。"玉不琢，不成器；人不学，不知道。是故古之王者，建国君民，教学为先。"璞玉如果不经过一番琢磨，就成不了贵重的玉器。同样，人如果不经过一番教育，就不懂得政治和伦常的大道理。所以，自古帝王要建立国家、统治人民，首先要从教育方面着手。并且"君子成人之美，不成人之恶"，所以只要见到别人做一件善事，或是这个人的志向有可取的地方，很有前途，都要引导和扶助而极力成就他。或是称赞鼓励，或是协助扶持，或是为他辩白诬陷、分担诽谤，总之一定要使他有所成就方才罢手。

世出世间贤者在修行过程中免不了遭忌妒、毁谤，往往会给他带来困惑；有时候足以教他退心，那就很可惜了。这时我们要替他分忧，要帮他洗刷冤情，成就他，以"务使成立而后已"为目标；如此成全人便是大学问、大智慧、大福德之相。在中国古代，"荐贤受上赏"——你替国家推荐一位贤人，国家对你的奖赏是最高的，为什么？因为这位贤人为国家建功，替国家服务，为老百姓造福，都是因你推荐的，等于就是你造的。

了凡四训

一〇八

所以在过去中国社会，确实能举贤能、举贤良、举孝廉；把人才发掘出来，推荐给朝廷、推荐给国家。

好人为什么还有人找麻烦？俗话常说"好事多磨"，魔就喜欢作恶，你作恶，他不但不会障碍你，还会帮助你；你做好事，恰恰跟他相反，他看了不顺眼，所以来找麻烦。一方面是魔来找麻烦，另一方面是自己生生世世的冤家债主，看到你修行，将来你超越六道轮回——过去世你欠他的命没有还，欠他的债也没有还，怎么可以跑掉呢？他不甘心！不甘心就要来障碍你，所以菩提道上魔难重重。

无始劫以来自己所造无边的业障，要怎样免除呢？我们每天将所做的功课回向冤亲债主，把所修学的功德都分享给他们。诸位要知道，全给他们就是自己圆满的功德！我们要什么？什么也不要。不发这样的愿心，你想在菩提道上没有障碍，相当不容易！所以发这个愿心，最好能依照《金刚经》的理论方法，要真正依教奉行，真实地去做。

原文

大抵人各恶其非类，乡人之善者少，不善者多。善人在俗，亦难自立。且豪杰铮铮，不甚修形迹，多易指摘。故善事常易败，而善人常得谤。惟仁人长者，匡直而辅翼之①，其功德最宏。

注释

①**匡直**：纠正，端正。**辅翼**：辅佐，辅助。

译文

大概来说，一般人都厌恶那些与自己不同性情的人，乡下善良的人少而不善的人多，所以善人如果处在世俗之中，也常常会受到排挤。而且凡是英雄豪杰都铁骨铮铮，不太注重礼法与规矩，所以大多容易被找出毛病来指责。因此做好事反倒容易失败，好人也常常受到毁谤。只有心存仁厚、道德高尚的长者去修正并辅佐善人的善行，这样才会有更大的功德。

浅释

大概一般人都厌恶异己，乡里善人少，不善的人多，那么善人处在世俗中，也难以立足。所以人要成为善人、有为之人，其所处的环境就显得尤为重要。为了让孟

第三篇 积善之方

一〇九

子有个好的成长环境，孟母前后三次搬家、择邻而居，就是为了让孟子有一个良好的成长环境；而孟子能成为一代大贤，也与自己母亲在他成长初期所做的抉择紧密相关。

在善人少而不善的人多的世俗环境中，善人很难自己立得住脚。正如庄子所说："木秀于林，风必摧之；堆出于岸，流必湍之；行高于人，众必非之。"并且豪杰刚正不阿，不修边幅，多容易被批评指责。所以，做善事常常容易失败，善人也常常被毁谤。面对如此险恶的外部环境，了凡先生认为只有靠仁人长者端正人们的行为，并辅佐善人行善，匡扶正义，才能有所改变，并且这样做的功德也是很宏大的。

成全、赞叹他人的善业，功德与之等同。子曰："君子成人之美，不成人之恶。"因此在成全他人前，应该先思量。如果发现有真正的人才，我们要尽心尽力地扶助他。他将来成就了，帮助他的人的功德和他一样大。

何谓劝人为善？生为人类，孰无良心①？世路役役②，最易没溺③。凡与人相处，当方便提撕④，开其迷惑。譬犹长夜大梦，而令之一觉；譬犹久陷烦恼，而拔之清凉⑤：为惠最溥⑥。韩愈云："一时劝人以口，百世劝人以书。"较之与人为善，虽有形迹，然对症发药，时有奇效，不可废也。失言失人⑦，当反吾智。

注 释

①**良心**：善良的心，天赋的善心，本性。即仁义之心或善良之心。

②**役役**：辛苦奔走、劳苦不休的样子。

③**没溺**：沉没，沉迷。

④**提撕**：提引，扯拉。引申为提醒，振作。

⑤**清凉**：佛教称一切苦、烦恼皆寂灭永息为"清凉"。

⑥**溥**：广大。

⑦**失言失人**：语出《论语·卫灵公》："可与言而不与之言，失人；不可与言而与之言，失言。"意即可以与他交谈却不与他交谈，这是失去了可交往的人；不可以和他交谈却和他交谈，这是说话不得当。

什么叫劝人为善？生而为人，谁能没有良心？但在俗世之路上追逐奔走，又最容易沉迷堕落。因此，凡是与人相处，应当在合适的时候提点别人，打开他们的迷惑。就好像在长夜漫漫的梦境中，让他们觉醒过来；还好像有人长久地陷入烦恼之中，要把他拔出到清凉自在的境界中来，这样做的恩惠最为广博。韩愈说："短时间规劝别人要用口，想要在百世里劝人就要用书。"这种劝人为善的方法和与人为善相比较，虽然把痕迹显露在外，但这是对症下药，时常会有神奇的效验，所以不可以废除。如果出现对不该说的人进行规劝和对该说的人没有规劝的情形，那就应当回转过来考察自己的聪明才智。

什么叫作劝人为善？人生在世，谁能没有良心？而人在尘世中庸庸碌碌，最容易沉迷堕落。

人都是向善的，再恶的人，他口里也说要修善、要行善。由此可知，善心、善行是人的天性，就是佛法里所讲的"性德"。既然善心、善行是性德自然的流露，为什么还会作恶？仔细研究，不外乎两个原因，第一是内里的烦恼、习气；第二是外有恶缘，人才会造恶。虽然造恶，不被良心谴责的人很少；作恶，他知道不对，会受良心的责备，可惜没有善友提醒他、帮助他回头，于是愈迷愈深、愈陷愈重，这种情形往往有之。

因此，凡是与人相处，应当设法指点提醒对方。譬如在长夜漫漫的梦境中，令其醒觉过来；譬如长久地沉陷于烦恼之中，而把他拔出烦恼，使其清凉自在，这样做的恩惠最为广博。韩愈说："短时间规劝别人要用口，想要在百世里劝人就要用书。"这种劝人为善和与人为善相比较，虽然形迹显露于外，但是对症下药，时常会有神奇的效验，所以不可以废除。如果有失言失人的情形，也就是有的人可以和他交谈却不与他交谈，有的人不可以和他交谈却和他交谈。

如果不能很好地处理"失言失人"的问题，那是因为自己智慧不够，应当反省自己。迎宾待客，与人相处，要用智慧去观察，使我们在一生中"不失人"也"不失言"。

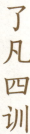

原文

何谓救人危急？患难颠沛^①，人所时有。偶一遇之，当如恫瘝^②在身，速为解救。或以一言伸其屈抑^③，或以多方济其颠连^④。崔子曰："惠不在大，赴人之急可也。"盖仁人之言哉！

注释

① **颠沛**：处境窘迫困顿。
② **恫瘝**（tōng guān）：病痛，疾苦。
③ **屈抑**：枉屈，压抑。
④ **颠连**：困顿穷苦。

译文

什么叫救人危急？处于患难或流离失所的情况，这是人们时常会遇到的事情。如果偶然遇到处于困境中的人，就应当像痛苦在自己身上一样，尽快将他解救。或者用一句话来为他申辩冤屈，或者想方设法救济他的困苦。崔子说："恩惠不在大小，只要能够救人于危急就可以了。"这真是心存仁德的人所说的话啊！

浅释

所谓救人危急，就是人们时常会遇到艰难困苦的情况，如果偶然遇到处于困境中的人，就像自己感同身受一样，赶快将他解救。或者说句话为他申辩冤屈，或者想方设法救济他的困苦。

人一生往往会遭到不幸的事，尤其是在战乱时，遭受颠沛流离之苦，谁都不能保证明天生活怎么样。在太平盛世，尤其是现在的儿童，受父母的溺爱，但世界上是否会永远像这样安定和平？所以，当我们见到遇难的人，就要像病痛在自己身上一样，尽快去解救他。

崔子说："恩惠不在大小，只要能够救人于危急就行了。"这真是具有仁德心之人所说的话啊！恩惠不在大，要救急；救急不救贫。对于贫困的人，要帮助他获得谋生能力、帮助他独立生存，这才是最大的恩惠。

何谓兴建大利？小而一乡之内，大而一邑之中，凡有利益，最宜兴建。或开渠导水，或筑堤防患；或修桥梁，以便行旅；或施茶饭，以济饥渴；随缘劝导，协力兴修，勿避嫌疑，勿辞劳怨。

什么叫兴建大利？小到一个乡村之内，大到一个城镇之中，凡是对大家有利的事，最应该去兴建。或者挖渠引水，或者筑堤防患；或者修建桥梁，方便过往的人通行；或施舍茶饭，周济他人的饥渴；一有机会遇到上述善事，就因势劝导大家，齐心协力来兴修，不必害怕会有嫌疑，也不要躲避辛苦和埋怨。

什么叫兴建大利？小在一乡之中，大到一县之内，凡是对大家有利的事，都最应该去做。"勿以善小而不为。"或者开渠导水，或者筑堤防患；或者修建桥梁，以方便通行；或施舍茶饭，以解除饥渴；一有这样的机会就劝导大家，齐心协力兴建公益，不必避免嫌疑，不要害怕辛劳。

中国有句俗话："一家饱暖千家怨。"只要有益于一个地方的，都应该努力去做。诸位要有个观念——大家有福，自己才有福；若大家没福，只一个人有福，灾难也免不了了。如果我们把自己的福分给大家享，这个社会就安定，天下太平，这是真正的福报。真正有福报是要与大众共享，这是大智慧、大福德之相。

何谓舍财作福？释门万行①，以布施②为先。所谓布施者，只是舍之一字耳。达者内舍六根③，外舍六尘④，一切所有，无不舍者。苟非能然，先从财上布施。世人以衣食为命，故财为最重。吾从而舍之，内以破吾之悭⑤，外以济人之急。始而勉强，终则泰然，最可以荡涤私情，祛除执吝。

第三篇 积善之方

①**行**：佛教指身、口、意的种种造作。

②**布施**：以福利施与人。所施虽有种种，而以施与财物为本义。

③**六根**：佛教名词。眼、耳、鼻、舌、身、意，眼是视根，耳是听根，鼻是嗅根，舌是味根，身是触根，意是念虑之根。根是能生之义，如草木有根，能生枝干，识依根而生，有六根则能生六识。

④**六尘**：色尘、声尘、香尘、味尘、触尘、法尘，又名六境，即六根所缘之外境。尘是染污之义，就是说其能染污人们清净的心灵，使真性不能显发。

⑤**悭**^{qiān}：吝啬。

释 文

什么叫舍财作福？佛门千千万万的善行之中，最首要做的就是布施财物。所谓布施，其实就只是一个"舍"字而已。通达的人对内可以舍掉眼、耳、鼻、舌、身、意六根，对外可以舍掉色、声、香、味、触、法六尘，所有的一切，没有舍不得的。如果做不到这一点，就先从布施财物上做起。世人靠衣食维持生命，所以将钱财看得最重。我却将钱财舍掉，于内可以破除我的吝啬心，于外可以救人于危急。一开始可能会有些勉为其难，最终则会泰然处之，这样最有助于洗涤自己的私心，去除执着贪吝的习气。

浅 释

什么叫作舍财作福？佛门的诸多善行中，最首要的就是布施。"释门"就是佛教。佛陀教人修行的诸多方法叫"万行"。佛教认为"布施"具有无上功德，是一种把福利施于他人、累积功德以求个人解脱的修行方法。小乘佛教将"布施"分作"财施"和"法施"两种。"财施"指将各种财物布施与人，目的在破除个人的吝啬和贪心，以免除未来世的贫困；"法施"指向人说法传教，目的使人成就解脱之智。大乘佛教将"布施"与大慈大悲的教义相联系，用于普度众生，因此"布施"的对象遍及万物，并把它纳入大乘佛教的修习方法"六度"之中。"六度"，意为使人们由生死此岸到达涅槃彼岸的六种途径和方法。

所谓布施，就只是一个"舍"字。明白通达的人对内可以舍掉眼、耳、鼻、舌、身、意六根，对外可以舍掉色、声、香、味、触、法六尘，所有的一切，俱都舍得。外无所攀缘的方法，内心又无一识生起。庄子也有"吾丧我"的观念，出自《庄子·齐物论》，指忘记自我，与自然和社会融为一体的境界。"吾"是我，真我；"丧"为忘，忘我为去除自我偏见或意识。一般人如果做不到这一点，就先从布施财物上做起。世人都靠衣食维持生存，所以将钱财看得最重。我却将其舍掉，于内可以破除我的吝啬之心，于外可以救人于危急。一开始可能会有些勉强，最终则会泰然处之。这样最有助于洗涤干净自己的私心，去除执着贪吝的念想。

　　所以布施是修福，是菩萨修的——菩萨真正在修福，六度都是修福。福里面包括智慧——慧也是福。所以"法布施"得的是聪明、智慧，也属于福；"无畏布施"得健康、长寿，这当然是福；"财布施"得的是财富。中国人说"五福"：第一是福寿，有福有寿。第二是富贵，大富大贵。第三是康宁，健康快乐。第四是好德，其中就包括智慧了。第五是考终，就是好死，好死决定好生。念佛往生——我们在这一生当中，看到的、听到的，完全是真的。世间法里一生得到圆满自在——依照这本书去做，决定不错；出世间法里，依《无量寿经》就足够了。真正依照这两本书去修行，世出世间你就得大自在。所以这里劝我们修福，以"布施"为先。

原文

　　何谓护持正法？法者，万世生灵之眼目也。不有正法，何以参赞①天地？何以裁成万物？何以脱尘离缚？何以经世出世②？故凡见圣贤庙貌、经书典籍，皆当敬重而修饬之。至于举扬正法，上报佛恩，尤当勉励。

注释

　　①**参赞**：参与并协助。

　　②**出世**：超脱人世，脱离世间束缚。又作"出世间"，佛教认为一切生死之法为世间，涅槃之法为出世间。具体说来，苦集二谛为世间，灭道二谛为出世间。前者说生来即苦，说明人生缘起之理，表明人生的逼迫性和招感性；后者说灭寂、解脱才是佛教的追求，指出解脱的途径和方法，表明人生的可证性和可修性。

译文

　　什么叫护持正法？所谓的法，是万世生灵的眼睛。没有正法，拿什么去参与谋划天地的造化？拿什么去分别万物？拿什么来挣脱尘世的束缚？拿什么来治理世务以达到超脱尘世的境界？所以凡是看到圣贤和佛家的庙宇神像、经书典籍，都应当敬重并加以修缮整理。至于弘扬正法，报答佛祖超度的恩德，尤其应当劝勉鼓励。

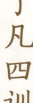

浅 释

本段主要解释什么是护持正法。法是万世生灵的眼睛，"正法"就是大圣大贤以真实智慧亲证之法，如儒佛大法。没有正法，怎么能去参与天地的造化？怎么能使天地万物有序地化育生长？怎么能挣脱尘世的束缚？怎么能治理世务以超脱虚幻的世间束缚？所以凡是看到圣贤的庙宇形象、经书典籍，都应当敬重而加以修缮整理。至于弘扬正法，报答佛祖超度的恩德，尤其应当劝勉鼓励。

古时候读书，书本不是自己的，不可以写字做记号。书本用后还要流传给后人去念，自己需要的话可以抄一本。从前印刷术不发达，得到一本书是相当的珍贵，这是教我们要珍惜、要尊重、要爱护。古书如破损，须知修补翻印流通，方不至于失传——功德最大。

所谓经世之学，即中外圣贤的言论、思想、行为、著作。圣教就是圣人的教化、圣贤人的教育，以于世道人心、风俗习惯、社会的安和乐利、大众的幸福，有非常重要的关系；圣贤的行为就是众人的典范，圣贤的言语教训是经典，在任何时间、地区都是有着遵习的价值。例如当年佛祖在印度说法，后传到中国；中国与印度不同，但他的言行既适合于印度也适合于中国。现在我们把它放在欧美也同样适用。同样地，中国的孔孟儒学思想也是中国文化的结晶，对于个人、家庭、社会以及国家都有着决定性的利益，放之于国内外皆获认可。

"经世"是为世间作一个标准、一个典范。而"出世"，实际上出世间与世间并没有界限。世出世间的差别，就在迷、悟，一念迷了就是世间，一念觉就是出世间。是故，莫以己意曲解正法，莫以正法弘扬自己。

中国教育是发展理性、启发智慧，使接受教育的人明白伦理、知道道义；使他彻底认清人与人的关系，人与物的关系，人与天地、大自然间之关系，做一个顶天立地之人，我们才有幸福可言，国家、民族才有真正的前途，这才是教育。民国初年废除了读经，当时多少贤哲痛心疾首。那时所造的因，我们今天尝到了恶果；尝到恶果还不觉悟，怎么得了！这样的心态足以亡国灭种。这是我们废除读经的后果，是摧毁了正法！所以儒家、道家的道统不能维护，大乘佛法也决定不能建立。佛法在中国两千年，能发扬光大，就是建立在儒、道的基础上，今天把根挖掉了，基础挖掉了，所有一切佛法全是空谈。

原 文

何谓敬重尊长？家之父兄，国之君长，与凡年高、德高、位高、识高者，皆当加意奉事。在家而奉侍父母，使深爱婉容①，柔声下气，习以成性②，便是和气格天③之本。出而事君，行一事，毋谓君不知而自恣④也。刑一人，毋谓君不知而作威也。事君如天，古人格论⑤，此等处最关阴德。试看忠孝之家，子孙未有不绵远而昌盛者，切须慎之。

注 释

①**婉容**：和顺的仪容。

②**习以成性**：养成习惯，即成本性。

③**格天**：感通于天。

④**自恣**：放纵自己，不受约束。

⑤**格论**：精当的言论，至理名言。

译 文

什么叫敬重尊长？一家的父亲、兄长，一国的君主、长官，以及凡是年事高、德行高、职位高、识见高的人，都应当小心服侍。在家里服侍父母，要有深爱父母的心与和顺的面容，外表要和颜悦色，时间久了就成为本性，这就是以和气来感动上天的根本办法。在外侍奉君王，每做一件事情，不要以为君王不知道就恣意妄为。每惩罚一个人，不要以为君王不知道就作威作福。侍奉君王就要像侍奉上天一样，这是古人的至理名言。而这些方面与人的阴德最有关联。试看忠孝的人家，子孙没有不连绵不绝而且兴隆昌盛的。所以，一定要格外谨慎小心。

　　什么叫作敬重尊长？家庭中的父兄，国家的君王，以及凡是年事高、德行高、职位高、识见高的人，都应当小心服侍。古代社会中，家庭与国家、社会的结构是相同的。君、臣、民是古代传统的社会结构，它不过是放大了的家庭结构。"君主"相当于社会中的"家长"，居统治地位，负责发号施令；"臣"为社会里的"家属"，负责执行君主的命令、管理人民；"民"则为社会中的"家奴"，是社会的最底层。"身修而后家齐，家齐而后国治，国治而后天下平。"自身修养好了，家政治理好了，国家也就能治理好了。所以服侍好父母才能侍奉好君主。在家里服侍父母，要和颜悦色，柔声下气，养成习惯，以成本性，这就是和气感通上天。在外侍奉君王，每做一件事情，不要以为君王不知道就恣意妄为。每刑讯一个人，不要以为君王不知道而作威作福。侍奉君王就像侍奉上天一样，这方面与人的阴德关联最为密切。试看忠孝的人家，子孙没有不连绵不断而且兴隆昌盛的。所以，一定要格外谨慎小心。

　　中国古代的小学，着重于基础教育。教"孝""顺""敬""诚"，以这些教学的纲目教育，真所谓"少成若天性"，培养圣贤人的根基。中国自古以来的社会传统，是圣贤的教学，治国也是圣贤的政治。"建国君民，教学为先。"如果教育本质没有认识清楚，存有错误的观念，足以毁灭国家民族。

　　古代中国深受"三纲五常"思想的影响。"三纲五常"来源于先秦儒家"君君、臣臣、父父、子子"的伦理思想和仁义道德的说教，董仲舒为论证其合理性和永恒性，用"天人感应论"给"三纲五常"披上了神学外衣。认为君臣、父子、夫妻之义，皆取于阴阳之道。君为阳，臣为阴；父为阳，子为阴；夫为阳，妻为阴。天之道就是阳尊阴卑，阳贵阴贱，阳永远处于主导地位，阴永远处于从属地位。臣侍君、子侍父、妻侍夫是天经地义。因为"君为臣纲"是第一纲，君主秉天意而行事，所以，谁也不能违背。事君如事天，否则，上违天意，下抗君主，违背"五常"，必遭惩罚。董仲舒宣布：天不变，道亦不变。因此，"三纲五常"依据天意永远也不能改变，这就使"三纲五常"固定化、系统化、神学化了。"三纲五常"学说是儒家宗法等级思想和宗法等级制度的最直接、最典型的表现。

　　所谓忠孝传家远，现在父子有似朋友关系，伦理毁掉了。伦理是性德——中国儒家、道家所讲的。展开佛法仔细观察，全是性德的流露；舍弃私心（私心是迷惑），性德才会往外流露。这些大圣大贤没有一丝一毫的私心，全是性德的流露。孔夫子的学说是自性的流露，我们如果自信现前时，流露出来的就跟他是一样的。就像灯光一样，他的灯光亮了，我的灯光也开了；光光交融，成为一体，是自性的流露。这才是真正的伟大，真正不可思议，是圆满的性德。

开发性德必须要用"孝敬"来做工具，才能明心见性。佛法里讲开发性德最重要的一个条件就是"发菩提心"，儒家亦如是。"诚意、正心"，就是佛所讲的大菩提心。凡事能够存心真诚，不自欺、不欺人，以孝顺心、恭敬心处事、待人、接物。自己只是默默去做，真正积善累德，"此等处，最关阴德"。果报可以从历史上来看，也可以从现前社会上观察。可见得这是事实，绝对不是虚妄。所以我们动一个念头，做一桩事情，绝不要认为别人不知道。人或许不知，天地鬼神、诸佛菩萨却没有一个不晓得的。了凡先生前面给我们讲，改过要有三种心——耻心、畏心、勇猛精进心。成圣、成贤、成菩萨、成佛，你只要真正圆发此三心，的确一生足以成办。

原　文

　　何谓爱惜物命？凡人之所以为人者，惟此恻隐[①]之心而已；求仁者求此，积德者积此。《周礼》："孟春之月，牺牲毋用牝[②]。"孟子谓君子远庖厨，所以全吾恻隐之心也。故前辈有四不食之戒，谓闻杀不食，见杀不食，自养者不食，专为我杀者不食。学者未能断肉，且当从此戒之。

注　释

①恻隐：怜悯，不忍，同情。
②牝(pìn)：雌性的兽类，也泛指雌性。

译　文

　　什么叫爱惜物命？一个人之所以成为人，就是因为人都有慈悲恻隐之心罢了；追求仁的人就是要求这个，积累德行的人也是要积这个。《周礼》中说："早春时节，祭祀用的牲畜不要用母的。"孟子说，君子应当远离厨房，这就是为了要保全我们的恻隐之心。所以前辈就有"四不食"的禁忌，是说听到宰杀声音的不吃，看到宰杀场面的不吃，自己喂养的不吃，专门为我宰杀的不吃。人们无法完全断绝吃肉，就应当先从这几条来戒。

　　什么是爱惜物命？人之所以算作是人，就是因为人有恻隐之心。追求仁的人就是要求这些，积德的也是要积这些。恻隐之心集中反映了孟子的道德起源论和人性论。孟子认为，人生来的本性中，就有善的因素。他说："人性之善也，犹水之就下也，人无有不善，水无有不下。"在他看来，人性本身是善的，这是一种天生的本性，恻隐之心人人具有。孟子还进一步认为恻隐之心是"仁义"的开始，他把"恻隐之心""羞恶之心""辞让之心""是非之心"叫作"四端"。"四端"如果能发展起来，就形成了"仁""义""礼""智"的"四德"。"四德"是"四端"的发展。有了"四德"人就具有了善心。那么为什么有些人不仅不善，反而凶狠残暴？他认为那是因为这些人不注意善的方面，不注意培养和扩大善的结果，也就是没有发扬恻隐之心的结果。

　　《周礼》上说："早春的时候，祭祀用的牲畜不要用母的。"孟子说，君子应当远离厨房，这就是为了要保全我们的恻隐之心。所以前贤就有"四不食"的禁忌，说的是听到宰杀的声音不食，看到宰杀的场面不食，自己喂养的不食，专门为我而宰杀的不食。后来的人们无法断绝吃肉，不妨先从这几条开始禁戒做起。

　　孟子的用心，跟佛法讲的"三净肉"一样——不见杀、不闻杀、不为我杀。因为僧人在印度当时，生活方式是行托钵的制度，人家施舍什么就吃什么，不分别、不执着、不选择。这是大慈大悲，一切随缘而不攀缘，人家供养什么就吃什么。直到今天，像泰国、斯里兰卡这些信小乘佛教的国家依然如此。当佛法传到中国时，中国是当时最先进的"礼仪之邦"，而且中国人不重视乞食；当时的法师是朝廷以礼请到中国来，当然不能叫他出去讨饭，所以就在宫廷里接受供养。托钵的制度在中国从来没有实行过，但是那时供养出家人还是"三净肉"。

　　素食是梁武帝提倡的。所以现在全世界学佛的人，不论出家、在家，只有中国佛教是素食，全世界学佛的人都没有素食的习惯。我们参加国际会议时，见到外国出家人没有吃素的。所以诸位要晓得，佛教传统是吃"三净肉"，不是素食，素食是中国人提倡的。

　　了凡先生列举十善，以"爱惜物命"压轴，劝素食、戒杀、放生，以开拓后学者之善心，可见思虑之深远。人类果欲自爱，必须爱惜物命。

了凡四训

原文

渐渐增进，慈心愈长。不特杀生当戒，蠢动含灵^①，皆为物命。

求丝煮茧，锄地杀虫，念衣食之由来，皆杀彼以自活。故暴殄②之孽，当与杀生等。至于手所误伤，足所误践者，不知其几，皆当委曲防之。古诗云："爱鼠常留饭，怜蛾不点灯。"何其仁也！

【译 文】

循序渐进，慈悲之心不断增长。不只是应当戒除杀生，一切蠢动的生灵其实也都有灵性，也都是有生命的。抽取蚕丝时要煮茧，锄地时要杀死虫子，想想我们衣食的由来，都是以杀害别的生命来养活自己。所以糟蹋浪费衣食的罪孽，应当等同于杀生。至于手下误伤的、脚下误踩的，不知其数，都应该想方设法地去防止。古诗说："爱鼠常留饭，怜蛾不点灯。"这是多么仁慈啊！

●苏 轼

【浅 释】

我们生活在这个世间，不过短短几十年，为了维系自己的生命，都是杀它以养己。对于一切众生，无论是有意还是无意的，都亏欠得太多，也由此可知自身造的业有多重。所以佛说："如果罪业要有形相、体积的话，尽虚空都容纳不下。"我们的业障有这么多、这样重。想到此处，自己的警觉心才真正提得起来。循序渐进，日积月累，慈悲心不断增长。不只是应当禁戒杀生，包括低等生物等一切众生都是有生命的，都应当爱惜。在饮食起居上也一定要节俭，决不能够糟蹋。抽取蚕丝时要煮茧，锄草耕地时要杀死虫子，想想我们衣食的由来，都是以杀害别的生命来存活自己。所以糟蹋、毁坏衣食的罪孽，实在是与杀生等同。至于手下误伤的、脚下误踩的，不知道有多少，都应该想方设法地仔细提防。古诗说："爱鼠常留饭，怜蛾不点灯。"这是说明一个有慈悲心的人，为了同情老鼠有饿死之虞，因此常会留下饭菜给它们吃；为了怜悯在空中飞窜的小蛾子，会扑向油灯而被烧死，所以晚上就不愿点燃灯火。这是多么仁慈的行为啊！人要以慈悲为怀，与地球上的各种物种和谐相处，不可以自我为中心，肆意攫取自然资源。

原　文

善行无穷,不能殚①述;由此十事而推广之,则万德可备矣。

注　释

①殚dān：尽，竭尽。

译　文

善行是无穷无尽的，无法仔细罗列陈述；由这十件事推而广之，那么各种德行就都可以完备了。

浅　释

善事善行无穷无尽、难以详述殆尽，即使举例十分完备，仍难将全部都网罗进去。由这十个方面推衍开来，那么各种德行就都完备了。"积善"是建立在"改过"的基础上，"改过"是建立在明白因果的概念上。唯有提纲挈领地列出几个条目，方免顾此失彼之虞。

了凡四训

一二二

第四篇　谦德之效

谦虚是承受福气的基础,骄傲是招惹祸事的开端。列举科考中谦虚与骄傲的态度不同,结果也不同。

原文

《易》曰:"天道亏盈而益谦,地道变盈而流①谦,鬼神害盈而福谦,人道恶盈而好谦。"是故谦之一卦②,六爻③皆吉。《书》曰:"满招损,谦受益。"予屡同诸公应试,每见寒士④将达,必有一段谦光可掬。

注释

①流:流布,充实。

②卦:《易经》中象征自然现象和人事变化的一套符号。由以一长画表示的阳爻和两短画表示的阴爻配合而成。古时用以占验吉凶。

③爻:构成《易经》之卦的基本卦画,作为符号,爻是指代表阳和阴的爻画。其哲理内涵,有交错和变易等义。

④寒士:原指出身寒微的读书人,其社会地位低下。

译文

《易经》说:"天的本性是要使充盈者亏损而补偿不满的一方,地的本性也是要使充盈者溢出而流向不盈的一方,鬼神的本性也是损害充盈者而福荫那些空虚的一方,人的本性也是厌恶充盈者而喜好不满的一方。"所以谦卦中的六爻都是吉利的。《尚书》说："自满招致损失，谦虚得到益处。"我多次同大家一起参加科举考试，每次见到有贫寒的读书人将要发达，就必定会先有一段谦和的光彩流露出来。

　　了凡先生征引古书，来说明谦虚之德的重要。《易经》说："天的本性是亏损盈满而增益谦虚的一方，地的本性是改变盈满而流向谦下的一方，鬼神的本性是损害盈满而福佑谦让的一方，人的本性是厌恶盈满而爱好谦虚的一方。"这里举"天道""地道""鬼神""人道"为例，说明宇宙间的事理全都抑满扶谦。《道德经》将道、天、地、人称之为宇宙的"四大"，并且说："人法地，地法天，天法道，道法自然。"《阴符经》也说："观天之道，执天之行，尽矣。"中国传统思想认为"天人同构"，人自身就是一个小宇宙，与天地的运行规律相一致。人只要了解天地运行的规律，效法自然，修身养性，就能够"与天地合其德，与日月合其明，与四时合其序，与鬼神合其吉凶"，从而达到"天人合一"的境界。

　　谦卦中的六爻都是吉利的。《尚书》中说："自满招致损失，谦虚得到益处。"也就是说，谦虚使人进步，骄傲使人落后。《道德经》中有："持而盈之，不如其已；揣而锐之，不可长保。金玉满堂，莫之能守；富贵而骄，自遗其咎。"主张柔弱处下，虚己待物，不可利令智昏。越是在有利的形势下，越要保持清醒的头脑。

　　了凡先生屡次和大伙一起参加考试，每次看到那些将要发达的贫寒学子，必定流露出谦虚的光彩。

　　辛未计偕[①]，我嘉善同袍[②]凡十人，惟丁敬宇宾[③]，年最少，极其谦虚。

　　予告费锦坡曰："此兄今年必第。"

　　费曰："何以见之？"

　　予曰："惟谦受福。兄看十人中，有恂恂[④]款款、不敢先人，如敬宇者乎？有恭敬顺承[⑤]，小心谦畏，如敬宇者乎？有受侮不答、闻谤不辩，如敬宇者乎？人能如此，即天地鬼神，犹将佑之，

了凡四训

一二四

岂有不发者？"

　　及开榜，丁果中式^⑥。

注　释

　　①**辛未**：指 1571 年。**计偕**：举人赴京会试。

　　②**同袍**：泛指朋友、同年、同僚、同学等。

　　③**丁敬宇宾**：即丁宾（1543—1633），字敬宇，又字礼原，号改亭，嘉善（今属浙江）人，隆庆五年（1571）进士。任句容知县，后任御史，迁南京右佥都御史兼提督操江、南京工部尚书，后累加至太子太保，卒谥清惠，著有《丁清惠公遗集》。

　　④**恂恂**：温和恭顺的样子。

　　⑤**顺承**：顺从承受。

　　⑥**中式**：科举考试被录取称为中式。《说文》："式，法也。"中式即符合录取的法定手续。《明史·选举志二》："三年大比，以诸生试之直省，曰乡试，中式者为举人。次年，以举人试之京师，曰会试，中式者，天子亲策于廷，曰廷试，亦曰殿试。"

译　文

　　辛未年举人们赴京会试，我们嘉善县的同学共有十人参加，其中有一个叫丁宾的，年纪最轻，为人非常谦虚。

　　我告诉费锦坡说："这位丁兄今年一定能考上。"

　　费锦坡反问道："何以见得呢？"

　　我说："只有谦虚才能受到福报。费兄你看看这十人当中，有像敬宇兄那样温和而诚恳、不敢抢人风头的人吗？有像敬宇兄那样对人恭恭敬敬、小心谨慎得像畏惧一样的人吗？有像敬宇兄那样受到侮辱也不反驳、听到毁谤也不辩解的人吗？人能做到这些，就是天地鬼神，也会保佑他的，哪还能不发达呢？"

　　等到名单公布，丁宾果然考中了。

浅　释

　　辛未年，了凡先生与来自嘉善的十个同学，参加京城举行的会试。按照明代科举取士制度，会试每三年一次在京城举行，各省乡试中式的举人皆可应试。考试地点在礼部。因汉代应举之人均用公家车马接送，所以古人也以"公车"代称会试的举人。

　　与了凡先生一同应试的人中有一个名叫丁宾，字敬宇的，年纪最轻，为人非常谦虚。结合上面"人道恶盈而好谦"的理论，了凡先生认为"谦光可掬"的丁敬宇必将发达，于是对同行的费锦坡说："这位仁兄今年一定考中。"费锦坡说："你是怎么看出来的？"了凡先生就说："只有谦虚的人才有福气。你看我们这十人当中，有谁能像丁敬宇那样温和恭顺、诚恳忠实、不为人先？有谁像丁敬宇那样毕恭毕敬、谨小慎微？有谁像丁敬宇那样受到侮辱、听到有人诽谤也不开口辩解？一个人能够做到这样，就是天地鬼神也都要保佑他，哪有不飞黄腾达的道理？"了凡先生全面阐述了丁敬宇谦让不争的品德。这也是道家所极力提倡的优秀品质。老子在《道德经》中将其所提倡的道德原则总结为"三宝"，"一曰慈，二曰俭，三曰不敢为天下先"。"不敢为天下先"，就是指谦让不争，柔顺处下。

　　等到发榜，不出所料，丁敬宇果然考中进士。

原　文

　　丁丑①在京，与冯开之②同处，见其虚己敛容③，大变其幼年之习。李霁岩直谅④益友，时面攻其非，但见其平怀顺受，未尝有一言相报。予告之曰："福有福始，祸有祸先。此心果谦，天必相之。兄今年决第矣。"已而果然。

注　释

①**丁丑**：指 1577 年。

②**冯开之**：名梦祯，字开之，嘉兴府秀水县（今属浙江）人。明神宗万历年间，高中会试第一名会元。官至翰林院编修。

③**敛容**：正容，显出严肃的神色。

④**直谅**：正直诚信。语出《论语·季氏》："益者三友……友直，友谅，友多闻，益矣。"

译　文

　　丁丑年在京师，我与冯开之先生住在一起，看到他虚怀若谷，神情严肃，完全改变了幼年时的习性。李霁岩先生是他正直诚信的净友，时常当

了凡四训

一二六

面指摘他的错误，然而只见他心平气和地虚心接受，不曾说一句反驳的气话。我告诉他："福有福的根源，祸有祸的先兆。心中果然谦虚，上天一定会相助的。老兄今年一定会考中的。"后来果然考中了。

浅　释

丁丑年，在京师，了凡先生与冯开之住在一起，看到他虚怀若谷，神情庄重，完全改变了幼年时的习性。想来冯开之幼年时必是年轻气盛，狂傲不羁，锋芒毕露。他的好友李霁岩正直诚实，心直口快，不顾及别人的感受和颜面，时常当面指摘他的过失，只见他心平气和地虚心接受，不曾回说一句气话。"直谅"语出《论语》，是孔子对于良友、益友品质的论述。孔子认为和正直、诚实以及见识多的人交朋友，这是有益的。而和逢迎谄媚、花言巧语以及当面奉承背后毁谤的人交朋友，则是有害的。和"直谅"之友相交，可以互相学习，相互提携进步。这是相对于择友而言，而如果是君臣之间，如此当面指责帝王，则难免会惹来杀身之祸。

了凡先生见冯开之虚己待人，就告诉他："福有福的根源，祸有祸的先兆。心中果然谦虚，上天一定会相助的。老兄今年一定会考中及第的。"在事物萌生的前期，必有征兆显露。了凡先生将谦逊的品质作为考中及第的征兆来看待，而后来冯开之也果然考中了。

原　文

赵裕峰光远①，山东冠县人，童年举于乡，久不第。其父为嘉善三尹②，随之任。慕钱明吾，而执文见之。明吾悉抹其文，赵不惟不怒，且心服而速改焉。明年，遂登第。

注　释

①赵裕峰光远：即赵光远，字裕峰，冠县（今属山东）人，中万历十七年（1589）进士。

②三尹：明朝编制，知县称大尹，县丞称二尹，主簿称三尹，又称少尹。

译　文

赵裕峰，名光远，是山东冠县人，不满二十岁就考中举人，此后却多年未考中进士。他父亲任职嘉善三尹，他就跟随父亲到任。他仰慕当地饱学之士钱明吾，就带着自己的文章去请教。不想钱明吾把他的文章全部否定了，赵裕峰非但不生气，还心悦诚服地迅速改正自己的文章。第二年，赵裕峰就考中了进士。

（浅 释）

赵裕峰，名光远，是山东冠县人，还不满二十岁就考中举人，以后参加会试，却多年都没考中进士。科举进仕之路并非一帆风顺，越到后来竞争也就越激烈。他的父亲任职为嘉善县的主簿，他就跟随父亲到任。他很仰慕当地饱学之士钱明吾的才学，便带着自己的文章去请教。钱明吾把他的文章全部否定，他不但不生气，而且心悦诚服地虚心接受，并迅速改正自己的文章。诗人白居易作诗后，常常念念与老妇听，并听取她们的意见，然后修改，直到她们听懂为止。唐太宗李世民也说："以铜为镜，可以正衣冠；以古为镜，可以知兴替；以人为镜，可以明得失。"谦虚使人进步，此言不虚。

赵裕峰虚心听取别人意见后，果然在第二年就进士及第了。

（原 文）

　　壬辰①岁，予入觐②，晤夏建所③，见其人气虚意下，谦光逼人。归而告友人曰："凡天将发斯人也，未发其福，先发其慧。此慧一发，则浮者自实，肆者自敛。建所温良④若此，天启之矣。"及开榜，果中式。

（注 释）

①**壬辰**：指 1592 年。

②**入觐**（jìn）：指地方官员入朝觐见帝王。

③**夏建所**：即夏九鼎，字玉铉，又字建所，号璞斋，嘉善（今属浙江）人。受业顾宪成，万历二十年（1592）进士，授浮梁知县，改衢州府学教授，卒于途。

④**温良**：温和善良。儒家所倡导的五种德行：温、良、恭、俭、让。出自《论语·学而》。

（译 文）

　　壬辰年，我入京觐见皇帝，遇到了夏建所，见此人虚己待人，谦虚之光逼人。我回去后告诉朋友说："凡是上天将要使某个人发达时，在降福给他之前，都会先开启他的智慧。这个智慧一经启发，则浮躁的人自然就会变得沉稳，放肆的人自然会有所收敛。夏建所这样的温和善良，一定是上天启发了他。"等到发榜，他果然中了进士。

浅　释

　　壬辰年，了凡先生到京城觐见皇帝。先秦时代诸侯朝天子称"觐"，后世之王公百官、外国使节等进谒皇帝，称"觐见"。了凡先生在京城遇见了夏建所，见他神情谦逊，谦光逼人。了凡先生回去后告诉朋友说："凡是上天将要使某个人发达的时候，在降福给他之前，先开启他的智慧。这个智慧一经启发，则浮躁的人自然就会变得沉稳，放肆的人自然会有所收敛。夏建所这样的温和善良，一定是上天启发了他。"等到发榜，夏建所果然中了进士。了凡先生认为，只要是有才智之人，一定会谦虚沉稳。这也有一定的道理。恃才放旷、锋芒毕露之人常会惹来灾祸，如三国时的杨修，聪敏过人，最能揣度曹操心思，恃才自傲，结果到最后反被曹操寻找借口杀掉了。

原　文

　　江阴张畏岩，积学工文，有声艺林。甲午①，南京乡试，寓一寺中，揭晓无名，大骂试官，以为眯目。时有一道者，在傍微笑，张遽②移怒道者。道者曰："相公③文必不佳。"

　　张益怒曰："汝不见我文，乌知不佳？"

　　道者曰："闻作文，贵心气和平，今听公骂詈，不平甚矣，文安得工？"

　　张不觉屈服，因就而请教焉。

注　释

①**甲午**：指1594年。

②**遽**（jù）：立刻，马上。

③**相公**：旧时称读书人为相公。明、清科举考试进学成秀才的人，也被称为相公。

江苏江阴的张畏岩，积累学识工于文章，在读书人中小有名气。甲午年，参加南京的乡试，他借住在一个寺院中，等到揭榜时却榜上无名，于是破口大骂考官有眼无珠。当时有一位道人在旁边微笑，张畏岩马上又迁怒于这位道人。道人说："相公的文章一定写得不好。"

张畏岩更加生气地说："你又没有见过我写的文章，怎么知道不好？"

道人说："听说写文章，贵在心平气和。现在听你这样怒骂，心情极不平和，文章怎么能写得好呢？"

张畏岩不由得心服口服，于是便向这位道人请教。

江苏江阴的张畏岩，苦下功夫做学问，文章也写得很好，在读书人中也小有名气。甲午年，参加南京的乡试，他借住在一个寺院中，等到揭榜，他却榜上无名，于是怒火中烧，破口大骂考官有眼无珠，以发泄心中憋闷。当时有一位道人在旁边微笑而无端招惹了他，于是他马上又迁怒于这位道人。道人说："你的文章一定写得不好。"

张畏岩更加生气地说："你又没有见过我写的文章，怎么知道不好？"

道人说："听说做文章，贵在心平气和，现在听你这样怒骂，心情十分不平和，文章怎么能写得好呢？"做文章如做人，观人言谈举止、品质性格，也能判断一个人的学问做得究竟如何。

张畏岩不由得心服口服了，于是便向这位道人请教。

《文心雕龙·养气》云："率志委和，则理融而情畅。"舒顺心志，意气和平，则文章说理圆融，抒情酣畅。

道者曰："中全要命；命不该中，文虽工，无益也。须自己做个转变。"

张曰："既是命，如何转变？"

道者曰："造命者天，立命①者我。力行善事，广积阴德，何福不可求哉？"

张曰："我贫士,何能为?"

道者曰："善事阴功,皆由心造②。常存此心,功德无量。且如谦虚一节,并不费钱,你如何不自反而骂试官乎?"

注 释

①**立命**:修身养性以奉天命。

②**心造**:佛教语,谓为心所生。

译 文

道人说："能否考中功名全在于命运;命里不该中的,就算是文章写得再好,也是没有用的。必须要自己做个转变。"

张畏岩问："既然是命中注定的,又该怎么改变呢?"

道人说："造命的是上天,但立命却在自己。只要努力多做善事,广积阴德,什么福报求不到呢?"

张畏岩说："我只是个贫寒的读书人,又能做些什么呢?"

道人说："行善事和积阴德,都是由人的内心所决定的。只要常存这种善心,就会有无量的功德。况且像谦虚的品质,并不需要花费钱财,你为什么不自我反省却大骂考官呢?"

浅 释

道人说："能考中与否全在于命运,命里不该中的,就算是文章写得再好,也是没有用的。必须要自己做个转变。"古人多信奉"命由天定"。"命里有时终须有,命里无时莫强求。"对于功名等身外之物不能强求,宜采取豁达的态度。而道教认为"我命由我不由天",人通过自身的努力和修行,可以扭转乾坤。所以这里道人就劝张畏岩要自己做个转变。

张畏岩不解地问道:"既然是命中注定的,又怎么能够改变呢。"

道人说:"造命的是天,而立命在我自己。只要努力多做善事,广积阴德,又有什么福泽求不到呢?"

张畏岩问:"我是个贫寒的读书人,又能做些什么呢?"言下之意是,行善积德要有强大的经济基础作为后盾。殊不知,万事都是从基础做起,只要心存善念,做自己力所能及的事情，都是在积功累德。

道人又说道："行善事和积阴德，都是由人的内心所决定的。只要常存这种善心，就会功德无量。况且谦虚这一方面，并不需要花费钱财，你为什么不自我反省却大骂考官呢？"

原 文

张由此折节①自持，善日加修，德日加厚。丁酉②，梦至一高房，得试录一册，中多缺行。问旁人，曰："此今科试录。"

问："何多缺名？"

曰："科第阴间三年一考较，须积德无咎者，方有名。如前所缺，皆系旧该中式，因新有薄行③而去之者也。"后指一行云："汝三年来，持身颇慎，或当补此，幸自爱。"是科果中一百五名。

注 释

①折节：改变从前的志向或行为。
②丁酉：指 1597 年。
③薄行：品行轻薄。

译 文

张畏岩从此改变自己的态度而自我修持，每天都行善事，功德也每天在加厚。丁酉年，他梦见自己来到一座高大的房子内，看到一本考试录取的名册，中间有不少行是空缺的。就问旁边的人，旁边的人答道："这是今年考中者的名录。"

张畏岩问："为什么缺了这么多名字？"

那人回答说："阴间对于读书人每三年考察一次，必须是积功累德、没有过错的人才能在这个册子上列名。像这份册子前面所缺少的，都是原先预定应该考中的，因为新近有不端的行为，所以才被除名了。"后来又指着一行说："你这三年以来，行事谨慎，或许应当补到这里，希望你自重自爱。"这一科，他果然以第一百零五名中举。

听到道人的指点，张畏岩从此一改往日的作风，每日行善，功德日增。丁酉年，他梦见自己来到一座高大的房子内，看到一本考试录取的名册，中间有不少行是空缺的。于是他就问旁边的人，旁边的人答道："这是今年考取者的名册。"

张畏岩又问道："为什么中间缺少这么多名字？"

旁边的人答道："对于那些读书人，阴间每三年考察一次，必须是积功累德，没有过错的人才能在这个册子上列名。像册子前面所缺少的，都是原定应该考中的，因为新近有不端行为，所以被除名了。"后来又指着一行说："你这三年来，行事谨慎，或许应当补到这里，希望你自重自爱。"这一科，他果然以第一百零五名中举。

原 文

由此观之，举头三尺，决有神明；趋吉避凶，断然由我。须使我存心制行，毫不得罪天地鬼神，而虚心屈己，使天地鬼神，时时怜我，方有受福之基。彼气盈者，必非远器[1]，纵发亦无受用[2]。稍有识见之士，必不忍自狭其量，而自拒其福也。况谦则受教有地，而取善无穷，尤修业者所必不可少者也。

注 释

①远器：远大的气度。

②受用：得益，享受。

译 文

由此看来，抬头三尺之处，就一定有神明存在；而修福避灾，却可以由我自己决定。我们必须有意识地管束好自己的行为，丝毫不得罪天地鬼神；而且要谦虚自抑，使天地鬼神都时时眷顾我们，我们才有纳受福报的根基。那些气势逼人的人，必定没有远大的气度，纵然是发达了也没有什么可以享受的。稍微有见识的人，必定不会忍心使自己心胸狭窄，从而拒绝自己可以得到的福报。况且，谦虚的人才有机会接受到教诲，从而受益无穷，这尤其是修习学业的人所不可缺少的。

由此看来，抬头三尺就有神明。中国民众的信仰是多神崇拜，神灵众多，体系庞杂，其中有自然崇拜、图腾崇拜、鬼神崇拜、祖先崇拜以及对历史上的圣贤人物的崇拜。

趋向吉祥或避开凶险，完全由我们自己决定。人在鬼神面前是极其卑微的，我们必须自己管束好身心，不得罪天地鬼神；谦逊卑下，使天地鬼神都时时眷顾我们，我们才有受福的根基。那些气势逼人的人，必定没有远大的气度，纵然是发达了也不会享受。稍微有见识的人，必定不会使自己心胸狭窄，从而拒绝自己可以得到的福泽。况且，谦虚的人才有接受到好的教诲的机会，从而受益无穷。这尤其是修习学业的人所不可缺少的。

古语云："有志于功名者，必得功名；有志于富贵者，必得富贵。"人之有志，如树之有根。立定此志，须念念谦虚，尘尘方便，自然感动天地，而造福由我。

今之求登科第者，初未尝有真志，不过一时意兴耳。兴到则求，兴阑①则止。

①兴阑：兴残，兴尽。

古语说："有志向求取功名的人，就必定能得到功名；有志向求取富贵的人，就必然能得到富贵。"人有志向，就像树木有根基一样。立定了这个志向，还必须念念不忘谦虚，处处与人方便，自然会感动天地，所以说造福就全在我们自己。

当今那些求取科举功名的人，起初未必有什么真的志向，不过是一时心血来潮罢了。兴致来了就去求取，兴致散了就作罢。

浅　释

　　古语说："有志于功名者，必得功名；有志于富贵者，必得富贵。"人如果有了志向，就像树木有了根基。汉高祖刘邦到咸阳服徭役时，正逢秦始皇御驾出巡，当他见到盛大的出行场面时，便不胜感慨地说："大丈夫当如此也！"由此也激发了他对于王权的向往。有了明确的目标，后来又适逢秦末群雄竞起，逐鹿中原，借此时机，刘邦率众起义，一步步实现了自己的帝王梦。

　　了凡先生认为立定了志向后，还必须念念不忘谦虚，处处与人方便，自然会感动天地，所以说造福全在我们自己。

　　了凡先生又说到当今那些求取科举功名的人，起初未必有什么真心，不过是一时心血来潮。兴致来了，就去求取，兴致散了，也就作罢了。

原　文

孟子曰："王之好乐甚，齐其庶几①乎？"予于科名亦然。

注　释

　　①庶几：相近，差不多。

译　文

　　孟子说："大王如果真正非常喜欢音乐，那么齐国的国政也就治理得差不多了。"我对于科举功名也是这样看的。

浅　释

　　孟子说："大王如果真正喜欢音乐，那么齐国治理得也就差不多了。"这句话出自《孟子·梁惠王下》。当时齐国的臣子庄暴见到孟子，将齐宣王喜好音乐的事告诉了孟子，并询问孟子对于齐宣王喜好音乐的看法，于是孟子就说了这句话。改日，孟子见到齐宣王，又向齐宣王说了这句话，并进而使齐宣王省悟到"独乐乐"不如"与人乐乐"，"与少乐乐"不如"与众乐乐"的道理。孟子讲到，如果大王能够将国家治理得井井有条，做到与民同乐，那么就能得到民众的拥护和爱戴。百姓听到自己的大王欣赏音乐就会非常高兴，为大王能够有健康的身体和如此的闲情雅致而兴高采烈。否则，如果百姓流离失所，怨声载道，而大王仍在欣赏音乐，那么这样一定会使民怨沸腾，使百姓以为大王骄奢淫逸，不顾他们的死活。所以孟子说道，如果大王是真正的喜欢音乐，那就要与民同乐，这样就能够称王于天下了。

古人云"有作用者，器宇定是不凡；有智慧者，才情决然不露"。了凡先生借助孟子的言论，以表明自己对于科举功名的态度。以此来说明真正有志于功名的人，只要志向坚定，矢志不渝，努力进取，有朝一日，一定能够金榜题名。所以说："天下事有难易乎？为之，则难者亦易矣；不为，则易者亦难矣。"

袁了凡居士传

[清] 彭绍升 撰

袁了凡先生，名黄，字坤仪，江南吴江人。了凡之先祖，赘嘉善殳氏，遂补嘉善县学生。隆庆四年，举于乡。万历十四年，成进士，授宝坻知县。后七年擢兵部职方司主事，会朝鲜被倭难，来乞师。经略①宋应昌奏了凡军前赞画②，兼督朝鲜兵。提督③李如松以封贡绐倭，倭信之，不设备；如松遂袭破倭于平壤④。

了凡面折⑤如松，不应行诡道，亏损国体；而如松麾下又杀平民为首功，了凡争之强。如松怒，独引兵而东。倭袭了凡，了凡击却之，而如松军果败。思脱罪，更以十罪劾了凡。而了凡旋以拾遗被议⑥，罢职归。居常善行益切，年七十四终。

熹宗⑦朝，追叙倭功，赠尚宝司少卿。

了凡自为诸生，好学问，通古今之务，象纬律算兵政河渠之说，靡不晓练。⑧

其在宝坻，孜孜求利民。县被潦，了凡乃浚三岔河，筑堤以御之。又令民居海岸植柳，海水狭沙上，遇柳而淤，久之成堤。治沟膵⑨，课耕种，旷土日辟。省诸徭役以便民⑩。家不富而好施。居常诵持经咒，习禅观，日有课程。公私遽冗，未尝暂辍。著戒子文四篇行于世。

夫人贤，常助之施，亦自记功行。不能书，以鹅翎茎渍朱逐日标历本。或见了凡立功少，辄颦蹙。尝为子制冬袄，将买花絮。

了凡曰："丝绵轻暖，家中自有，何必买絮！"

夫人曰："丝贵花贱，我欲以贵易贱，多制絮衣，以衣冻者耳。"

了凡喜曰："若如是，不患此子无禄矣！"

子俨，后亦成进士，终高要知县。

注 释

①经略：官名，掌一路兵民之事，权任甚重，在总督之上。

②赞画：类似于今天的参谋。

③提督：旧官制官名。清代于重要省份设提督，统辖全省水陆各军，为武职最高者。

④平壤：朝鲜安南道首邑，面江背山，形势险要。

⑤面折：当面批评、指责。

⑥被议：被疑忌的人诬陷。

⑦熹宗：天启庙号。

⑧"了凡自为诸生"句：了凡先生博学尚奇，凡河洛理数、律吕、水利、兵备，旁及勾股、堪舆、星命之学，无不精密研求，富有心得，有两行斋集历法新书皇都水利评注八代文宗群书备考手批纲鉴行世。

⑨沟塍：沟渠和田埂。

⑩省：减少或免除。徭役：中国古代统治者强迫平民从事的无偿劳动。

译 文

袁了凡先生，本名袁黄，字坤仪，江苏省吴江县人。年轻时入赘到浙江省嘉善县姓殳的人家；因此，在嘉善县得了公费做县里的公读生。他于明穆宗隆庆四年（1570），在乡里中了举人；明神宗万历十四年（1586）考上进士，奉命到河北省宝坻县任知县。过了七年升拔为兵部"职方司"的主管人，任中碰到倭寇侵犯朝鲜，朝鲜向中国求救兵。当时的"经略"（驻朝鲜军事长官）宋应昌奏准请了凡为"军前赞画"（参谋长）的职务，并兼督导支援朝鲜的军队。提督李如松掌握兵权，假装赐给高官俸禄与倭寇议和，倭寇信以为真，没有设防；李如松发动突击攻破形势险要的平壤，因而打败了倭寇。

了凡先生因为这件事当面指责李如松，不应用诡诈的手段对付倭寇，这样有损大明朝的国威；而且李如松手下的士兵随便杀害百姓来邀功，了凡向李如松据理力争。李如松发怒，独自带着军队东走，使得了凡所率领的军队孤立无援。倭寇因而乘机攻击了凡的军队，所幸凭借了凡机智应对，将倭寇击退，而李如松的军队果真战败了。为了逃脱罪名，更是编织十条罪状弹劾袁了凡。后因朝廷内部斗争，了凡被迫停职返乡。在家里，了凡非常恳切，认真地行善直到去世，过世时享年七十四岁。

明熹宗天启年间，了凡的冤案终于真相大白，朝廷追叙了凡征讨倭寇的功绩，赠封他为"尚宝司少卿"的官衔。

了凡先生从当学生时，就非常喜欢研究学问，书不论古今，事不分轻重，他都认真研究，并且非常通达。例如：星象、法律、水利、理数、兵备、政治、堪舆等。

了凡先生在宝坻县当县长时，非常注重人民的福利，常常想做些有利地方的事情；宝坻县当时水灾泛滥频繁，了凡先生于是积极兴办水利，将三汊河疏通，筑堤防以抵挡水患侵袭；并且教导百姓沿着海岸种植柳树，每当海水泛滥，挟带沙土冲上岸时，遇到柳树就积挡下来，久而久之变成一道堤防。于是了凡先生又督导百姓在堤防上建造沟渠，并鼓励百姓耕种；因此，荒废的土地渐渐地开垦，了凡先生又免除百姓种种杂役以惠利民众，使得百姓安居乐业。了凡先生家里并不富有，可是却非常喜欢布施，家居生活俭朴，每天诵经持咒，参禅打坐，修习止观。不管公私事务再忙，早晚定课从不间断。在这当中，了凡先生写下四篇短文，当时命名为《戒子文》，用来训诫他儿子，就是后来广行于世的《了凡四训》这本书。

　　了凡先生的夫人非常贤惠，经常帮助他行善布施，并且依照功过格记下所做的功德，因为她不会写字，所以用鹅毛管沾红墨水，每天在历书上做记号。有时了凡先生较忙，当天所做功德较少，她就皱眉头，希望先生能多做些善事。有一次，她为儿子裁制冬天的大袍子，想买棉絮做内里。

　　了凡先生问："丝绵又轻又暖和，家里已经有了，为什么还买棉絮呢？"

　　了凡夫人答："丝绵较贵，棉絮便宜，我想将家里的丝绵拿去换棉絮，这样可以多裁几件棉袄，赠送给贫寒的人家过冬。"

　　了凡先生听了非常高兴说："你如此贤德，能这样虔诚地布施，不怕我们子孙没有福报了！"

　　他们的儿子袁俨，后来中了进士，最后以广东省高要县的县长退休。

　　附：彭绍升（1740—1796），法名际清，字允初，号尺木，江苏长洲人。清乾隆年间进士，工古文。初慕贾谊之为人，思赫然树功烈。后读儒先正书，尤喜陆（宋陆象山）王（明王明阳）之学。尝与吴县汪大绅、瑞金罗有高等游，遍阅藏经。居深山，习静，素食，持戒甚严，欲以彻儒佛之樊。有著作《居士传》《善女人传》《净土圣贤传》《二林居集》《一行居集》《华严念佛三昧论》《净土三经新论》等刊行于世。

云谷先大师传

[明] 憨山德清撰

原 文

　　师讳法会，别号云谷，嘉善胥山怀氏子。生于弘治庚申，幼志出世，投邑大云寺某公为师。初习瑜伽①，师每思曰："出家以生死大事为切，何以碌碌衣食计为？"年十九，即决志操方②，寻登坛受具。闻天台小止观法门，专精修习。法舟济禅师③，续径山④之道，掩关于郡之天宁。师往参扣，呈其所修。舟曰："止观之要，不依身心气息，内外脱然。子之所修，流于下乘，岂西来的意耶？学道必以悟心为主。"师悲仰请益，舟授以念佛审实话头⑤，直令重下疑情。师依教日夜参究，寝食俱废。一日受食，食尽亦不自知，碗忽堕地，猛然有省，恍如梦觉。复请益舟，乃蒙印可。阅《宗镜录》，大悟唯心之旨。从此一切经教，及诸祖公案，了然如睹家中故物。于是韬晦丛林，陆沉贱役。一日阅《镡津集》，见明教大师⑥护法深心，初礼观音大士，日夜称名十万声。师愿效其行，遂顶戴观音大士像，通宵不寐，礼拜经行，终身不懈。

　　时江南佛法禅道，绝然无闻。师初至金陵，寓天界毗卢阁下行道，见者称异。魏国先王闻之，乃请于西园丛桂庵供养，师住此入定三日夜。居无何⑦，予先太师祖西林⑧翁，掌僧录，兼报恩住持，往谒师，即请住本寺之三藏殿。师危坐一龛，绝无将迎，足不越阃⑨者三年，人无知者。偶有权贵人游至，见师端坐，以为无礼，谩辱之。师曳杖之摄山栖霞⑩。

栖霞乃梁朝开山，武帝凿千佛岭，累朝赐供赡田地。道场荒废，殿堂为虎狼巢。师爱其幽深，遂诛茅⑪于千佛岭下，影不出山。时有盗侵师，窃去所有，夜行至天明，尚不离庵。人获之，送至师。师食以饮食，尽与所有持去，由是闻者感化。太宰五台陆公，初仕为祠部主政，访古道场，偶游栖霞，见师气宇不凡，雅重之。信宿⑫山中，欲重兴其寺，请师为住持。师坚辞，举嵩山善公以应命。善公尽复寺故业，斥豪民占据第宅，为方丈、建禅堂、开讲席、纳四来。江南丛林肇于此，师之力也。

道场既开，往来者众，师乃移居于山之最深处，曰"天开岩"，吊影如初。一时宰官居士，因陆公开导，多知有禅道，闻师之风，往往造谒。凡参请者，一见，师即问曰："日用事如何？"无论贵贱僧俗，入室必掷蒲团于地，令其端坐，返观自己本来面目，甚至终日竟夜无一语。临别必叮咛曰："无空过日。"再见，必问别后用心功夫，难易若何。故荒唐者，茫无以应。以慈愈切而严益重，虽无门庭设施，见者望崖不寒而栗。然师一以等心相摄，从来接人软语低声，一味平怀，未尝有辞色⑬。士大夫归依者日益众，即不能入山，有请见者，师以化导为心，亦就见⑭。岁一往来城中，必主于回光寺。每至，则在家二众，归之如绕华座。师一视如幻化人，曾无一念分别心。故亲近者，如婴儿之傍慈母也。出城多主于普德，膛鹤悦公实禀其教。

先太师翁，每延入丈室，动经旬月。予童子时，即亲近执侍，辱师器之，训诲不倦。予年十九，有不欲出家意。师知之，问曰："汝何背初心耶？"予曰："第厌其俗耳。"师曰："汝知厌俗，何不学高僧？古之高僧，天子不以臣礼待之，父母不以子礼畜之。天龙恭敬，不以为喜。当取《传灯录》、《高僧传》读之，则知之矣。"予即简书笥，得《中峰广录》一部，持白师。师曰："熟味此，即知僧之为贵也。"予由是决志薙染⑮，实蒙师之开发，乃嘉靖甲子岁也。丙寅冬，师愍禅道绝响，乃集五十三人，结坐禅期于天界。师力拔予入众同参，指示向上一路，教以念佛审实话头，是时始知有宗门事⑯。比南都⑰诸刹，从禅道者四五人耳。

师垂老，悲心益切。虽最小沙弥，一以慈眼视之，遇之以礼，凡动静威仪，无不耳提面命，循循善诱，见者人人以为亲己。然护法心深，不轻初学，不慢毁戒。诸山僧多不律，凡有干法纪者，师一闻之，不待求而往救，必恳恳当事⑱，佛法付嘱王臣为外护，惟在仰体佛心，辱僧即辱佛也。闻者莫不改容释然，必至解脱而后已，然竟罔闻于人者。故听者，亦未尝以多事为烦。久久，皆知出于无缘慈也。了凡袁公未第时，参师于山中，相对默坐三日夜，师示之以唯心立命之旨。公奉教事，详《省身录》。由是师道日益重。隆庆辛未，予辞师北游。师诫之曰："古人行脚，单为求明己躬下事，尔当思他日将何以见父母师友，慎毋虚费草鞋钱也。"予涕泣礼别。

　　壬申春，嘉禾吏部尚书默泉吴公、刑部尚书旦泉郑公、平湖太仆五台陆公与弟云台，同请师故山⑲。诸公时时入室问道，每见必炷香请益，执弟子礼。达观可禅师，常同尚书平泉陆公、中书思庵徐公，谒师扣《华严》宗旨。师为发挥四法界圆融之妙，皆叹未曾有。

　　师寻常示人，特揭唯心净土法门，生平任缘，未常树立门庭。诸山但有禅讲道场，必请坐方丈。至则举扬百丈规矩，务明先德典刑⑳，不少假借。居恒安重寡言，出语如空谷音。定力摄持，住山清修，四十余年如一日，胁不至席。终身礼诵，未尝辍一夕。当江南禅道草昧㉑之时，出入多口之地，始终无议之者，其操行可知已。

　　师居乡三载，所蒙化千万计。一夜，四乡之人，见师庵中大火发。及明趋视，师已寂然而逝矣，万历三年乙亥正月初五日也。师生于弘治庚申，世寿七十有五，僧腊五十。弟子真印等，荼毗葬于寺右。

　　予自离师，遍历诸方，所参知识，未见操履平实、真慈安详之若师者。每一兴想，师之音声色相，昭然心目。以感法乳之深，故至老而不能忘也。师之发迹入道因缘，盖常亲蒙开示。第末后一着，未知所归。前丁巳岁，东游，赴沈定凡居士斋。礼师塔于栖真，乃募建塔亭，置供赡田，少尽一念。见了凡先生铭未悉，乃概述见闻行履为之传，以示来者。师为中兴禅道之祖，惜机语失录，无以发扬秘妙耳。

　　释德清曰：达摩单传之道，五宗而下，至我明径山之后，狮弦㉒

将绝响矣。唯我大师，从法舟禅师，续如线之脉。虽未大建法幢，然当大法草昧之时，挺然力振其道，使人知有向上事。其于见地稳密，操履平实，动静不忘规矩，犹存百丈之典刑。遍阅诸方，纵有作者[23]，无以越之。岂非一代人天师表欤！清愧钝根下劣，不能克绍家声，有负明教。至若荷法之心，未敢忘于一息也。敬述师生平之概，后之观者，当有以见古人云。

注 释

①瑜伽：在汉传佛教中，常用指专为修福、荐亡所做的法事仪轨。明太祖时，曾规定僧人分为三类，除了"禅僧"和弘扬诸经义旨的"讲僧"外，其为人诵经礼忏的应赴僧，统称为"瑜伽僧"。

②操方：即行脚参方。

③法舟济禅师：明代临济宗僧道济，字法舟，又称济关主。嘉靖三十九年（1560）秋示寂，世寿七十四，法腊五十二，有语录行世。

④径山：指南宋临济宗禅僧宗杲，号妙喜，孝宗时赐号"大慧禅师"。

⑤念佛审实话头：又称"念佛审实公案"，方法是提起一句佛号做话头，即在佛号提起之处，发起"念佛是谁"的疑情。以此斩断妄念，一门深入，直至打破疑团，亲见本来面目。

⑥明教大师：北宋云门宗僧契嵩，常顶戴观音像，日诵其号十万声。后游京师，献所著《辅教篇》《传法正宗记》等，甚为仁宗嘉赏，乃诏令入藏，并赐"明教大师"之号。

⑦无何：不久。

⑧西林：明代僧永宁，字西林，是憨山大师的出家剃度师。

⑨阃：门槛。

⑩曳杖之摄山栖霞：拖着手杖前往摄山栖霞寺。

⑪诛茅：剪除荒草以营居。

⑫信宿：连宿两夜。

⑬未尝有辞色：指说话和表情都很平和。

⑭就见：指下山接受众人的参见。

云谷先大师传

⑮**薙染**：即剃染，指出家为僧。剃除须发、身着染衣，为佛弟子出家之相。染衣，用木兰色等坏色来染成的衣，即僧衣。

⑯**宗门事**：指禅宗参究向上，悟明心地之事。

⑰**比**：合。**南都**：南京。

⑱**当事**：当政者。

⑲**故山**：浙江嘉兴府别称嘉禾，师为嘉禾胥山人，因此几位同乡的宰官护法共同请师归乡，休老于山中。

⑳**典刑**：可资效法的规范、准绳。

㉑**草昧**：初创尚未明了之时。

㉒**狮弦**：以狮子之筋做成的乐弦，奏之则余弦悉绝，喻指如来正法眼藏。

㉓**作者**：指出是弘法者。

云谷禅师授袁了凡功过格

参云栖大师自知录

准百功：

　　救免一人死。完一妇女节。阻人不溺一子女。为人延一嗣。

准五十功：

　　免堕一胎。当欲染境，守正不染。收养一无倚。葬一无主骸骨。救免一人流离。救免一人军徒重罪。白一人冤。发一言利及百姓。

准三十功：

　　施一葬地与无土之家。化一为非者改行。度一受戒弟子。完聚一人夫妇。收养一无主遗弃门孩。成就一人德业。

准十功：

　　荐引一有德人。除一人害。编纂一切众经法。以方术治一人重病。发至德之言。有财势可使而不使。善遗妾婢。救一有力报人之畜命。

准五功：

　　劝息一人讼。传人一保益性命事。编纂一保益性命经法。以方术救一人轻疾。劝止传播人恶。供养一贤善人。祈福禳灾等，但许善愿不杀生。救一无力报人之畜命。

准三功：

　　受一横不嗔。任一谤不辩。受一逆耳言。免一应责人。劝养蚕、渔人、猎人、屠人等改业。葬一自死畜类。

准一功：

赞一人善。掩一人恶。劝息一人争。阻人一非为事。济一人饥。留无归人一宿。救一人寒。施药一服。施行劝济人书文。诵经一卷。礼忏百拜。诵佛号千声。讲演善法。谕及十人。兴事利及十人。拾得遗字一千。饭一僧。护持僧众一人。不拒乞人。接济人畜一时疲顿。见人有忧，善为解慰。肉食人持斋一日。见杀不食。闻杀不食。为己杀不食。葬一自死禽类。放一生。救一细微湿化之属命。作功果荐沉魂。散钱粟衣帛济人。饶人债负。还人遗物。不义之财不取。代人完纳债负。让地让产。劝人出财作种种功德。不负寄托财物。建仓平粜、修造路桥、疏河掘井、修置三宝寺院、造三宝尊像及施香烛灯油等物、施茶水、舍棺木一切方便等事。自"作功果"以下，俱以百钱为一功。

准百过：

致一人死。失一妇女节。赞人溺一子女。绝一人嗣。

准五十过：

堕一胎。破一人婚。抛一人骸。谋人妻女。致一人流离。致一人军徒重罪。教人不忠不孝大恶等事。发一言害及百姓。

准三十过：

造谤诬陷一人。摘发一人阴私与行止事。唆一人讼。毁一人戒行。反背师长。抵触父兄。离间人骨肉。荒年积囤五谷不粜生索。

准十过：

排摈一有德人。荐用一匪人。平人一冢。凌孤逼寡。受畜一失节妇。畜一杀众生具。恶语向尊亲、师长、良儒。修合害人毒药。非法用刑。毁坏一切正法经典。诵经时，心中杂想恶事。以外道邪法授人。发损德之言。杀一有力报人之畜命。

准五过：

讪谤一切正法经典。见一冤可白不白。遇一病求救不救。阻绝一道路桥梁。编纂一伤化词传。造一浑名歌谣。恶口犯平交。杀一无力报人之畜命。非法烹炮生物，使受极苦。

准三过：

嗔一逆耳言。乖一尊卑次。责一不应责人，播一人恶。两舌离间一人。欺诳一无识。毁人成功。见人有忧，心生畅快。见人失利、失名，心生欢喜。见人富贵，愿他贫贱。失意辄怨天尤人。分外营求。

准一过：

没一人善。唆一人斗。心中暗举恶意害人。助人为非一事。见人盗细物不阻。见人忧惊不慰。役人畜，不怜疲顿。不告人取人一针一草。遗弃字纸。暴弃五谷天物。负一约。醉犯一人。见一人饥寒不救济。诵经差漏一字句。僧人乞食不与。拒一乞人。食酒肉五辛，诵经登三宝地。服一非法服。食一报人之畜等肉。杀一细微湿化属命以及履巢破卵等事。背众受利，伤用他钱。负贷。负遗。负寄托财物。因公恃势乞索、巧索，取人一切财物。废坏三宝尊像以及殿宇、器用等物。斗秤等小出大入。贩卖屠刀、渔网等物。自"背众受利"以下，俱以百钱为一过。

附

安士全书

　　此书凡孔孟薪传，佛祖道脉，格致诚正，了生脱死，与凡日用云为，居心动念，一一发明，堪为规范。诚可谓借世间之因果，示作圣之玄猷。实如来随机利生之妙道，众生离苦得乐之真诠。读者当与佛经一律看，宜存敬畏，切勿亵渎，则福无不臻，灾无不消矣。敬呈读法十条，祈鉴愚诚。此书措词阐意，精详曲尽。其于格致诚正修齐治平，穷理尽性，经世出世，悉皆有大裨益。允为挽回世道人心之第一奇书。读者务必恭敬虔洁，息心体究，则无边利益，自可亲得。若或亵渎，获罪不浅。如不欲看，祈转施人，慎勿置之高阁。又祈种种设法，展转流传。俾现在未来一切同胞，共出迷途，咸登觉岸云耳。

　　　　　　　　——摘录自《印光法师文钞三编》卷四"《安士全书》题辞"

编者按

　　《安士全书》为清代周安士先生所著，清末民初曾广为流传，被誉为奇书善本。全书以佛教思想为主线，深刻地诠释了中国传统的儒释道三教文化，汇聚了三教典籍大量第一手资料，收集了大量历史传说故事，雅俗共赏，启迪智慧，有益于劝人为善、济世救人、净化心灵。

　　由于篇幅有限，因此本书并未完整收录《安士全书》的全本内容，敬请读者见谅。此外，书中的一些思想内容与现代人们的科学价值观念有所出入，还请广大读者自行鉴赏。

文昌帝君阴骘文广义节录

上卷

"吾一十七世为士大夫身"

原文

（发明）篇中所言，皆帝君现身说法，故以"吾"字发其端。曰"一十七世"，特将吾身中亘古亘今，生生不坏之物，指示后人也。人惟生不知来，死不知去，便谓形神消灭，无复来生，所以肆行罔忌。帝君深惧此种自误误人，流毒不浅，故以自己之一十七世，晓然正告天下也。帝君既有一十七世，则吾侪皆有一十七世。由是将为善，思及身后之福，必果。将为不善，思及身后之福，必不果。（人唯知道有来春，所以留着来春谷。人若知道有来生，自然修取来生福。）识得此篇开端语，亦思过半矣。

译文

（发明）本篇中所说的，都是文昌帝君现身说法。因此以"我"字开头，说"我"一十七世所做过的事。特意把我们身体中过去和现在都没有损坏的东西，指示出来。人只因为生不知从哪里来，死不知到哪里去，就说人身体死了，一切都没有了。于是他的行为就非常放肆，没有一点儿顾忌。

文昌帝君非常害怕这种思想既误了自己又误了别人，流毒不浅，所以用自己一十七世的事，来忠告天下所有的人。帝君既有一十七世，我们也都有一十七世。因此，现在种了善因，就知道下世一定会有福报；种了不善的因，下世就一定不会有福报。（人只知道明年春天会来，所以留着来年春天吃的谷子。如果知道有来世，自然就会去修来世福。）懂得了这篇开头语，就等于已经忏悔了一半的过失。

原文

　　人读善书，每心粗气浮，不能沉思默会。即如"吾"字、"身"字，未有不蒙笼混看者。若识得吾可为身，身不可为吾，方知吾是主人，身是客矣。主则旷劫长存，无生无死。客则改形易相，乍去乍来。譬如远行之人，或乘舟坐轿，或跃马驱车，种种更变，人无更变。舟车轿马，身也；乘舟车轿马者，吾也。又如人作戏，或扮帝王，或扮官吏，或扮乞儿，种种改易，人无改易。帝王、官吏、乞儿，身也；扮帝王、官吏、乞儿者，吾也。以一身言之，其能视听者，身也；所以视听者，吾也。身唯有生死，故目至老而渐昏，耳至老而渐塞。吾唯无生死，故目虽昏，而所以视者不昏；耳虽塞，而所以听者不塞。（若作视听即吾，又是认贼为子。）是故大人从其大体，身能为吾用。小人从其小体，吾反被身用也。

译文

　　人读善书，常常心粗气浮，不能仔细思考，静静体会。例如"我"字、"身"字，没有不模糊蒙混地看过去的。如果认得"我"可为"身"，"身"不能为我，才知道"我"是主人，"身"是客人。主人就是历尽无量劫难都长存不变，没有生死。客人就改头换面，忽然去了又忽然来了。好像远行的人，或者乘舟坐轿，或者骑马赶车，种种不同，人却没有变化。舟车轿马是"身"，乘舟车轿马的人是"我"。又如人演戏，或者扮帝王，或者扮官吏，或者扮乞丐，种种改变，人无改变。帝王、官吏、乞丐是"身"，扮帝王、官吏、乞丐的人是"我"。从这本身来说，那个能够看和听的，是"身"；能够指挥看和听的，是"我"。身有生有死，所以眼睛到老了就昏花模糊了，耳朵到老就渐渐听不清楚了。"我"就没有生死，因此眼睛虽然昏花，但指挥眼睛的神识却不昏花；耳朵虽然听不清，但指挥耳朵的心灵却清楚。（如果认为眼睛耳朵的就是"我"的一部分，那就是认贼为子。）因此有智慧的人就能得到大体，"身"能被"我"所用；智慧浅薄的人就随从小体，"我"反而被身用啊。

原　文

　　既可以十七世，即可以十七劫，即可以无量无边劫。帝君之吾无穷，则吾辈之吾亦无穷矣。既可以士身、可以大夫身，亦可以天龙八部、地狱、鬼、畜身。帝君之身无定，则吾辈之身亦无定矣。且托生既多，则宿世父母六亲亦多。帝君宿缘既多，则吾辈宿缘亦多矣。然则"吾"者，主人也；"一十七世"，旦暮也；"为"者，机缘也；"士大夫"，傀儡也；"身"者，革囊也。诚难与俗人道也。

译　文

　　一个人可以有十七世，就可以有十七劫，更可以无量无边劫。帝君的"我"无穷，那么我们的"我"也无穷了。文昌帝君可以为常人百姓身，也可以为贵人身，还可以为天龙八部（天龙八部，指天、龙、夜叉、乾达婆、阿修罗、迦楼罗、紧那罗、摩睺罗伽）、地狱、鬼、畜身。文昌帝君的"身"没有一定，那么我们的"身"也没有一定了。轮回转世既多，那么前世的父母亲族也多。文昌帝君前世的缘分多，那么我们前世的缘分也多，这样看来，"我"是主人；"一十七世"，是早晚的事；投胎出生，都只靠机缘；常人贵人士大夫等，都是演员；人的身体，是皮袋。这其中的道理确实很难与一般人说明白啊。

　　前世后世，犹之昨日来朝，吾生合下自有，并非佛家造出。譬如五脏六腑，本在病人自己腹中，奈何因其出诸医人之口，竟视为药笼中物乎？

　　人若无有后世，不受轮回，则世间便有多少不平事。即圣贤议论，亦有无征不信者矣。且如孔子言"仁者寿"，力称颜子之仁，而颜反夭矣；极恶盗跖之不仁，而跖偏寿矣。君子枉自为君子，小人乐得为小人，何以成其为造物？唯有前世后世以为销算，而后善有所劝，恶有所惩。上帝不受混帐之名，孔子可免无稽之谤。大矣哉，一十七世之说也。

　　前世后世，好像昨天和明晨一样，来得快去得也快，我们生下来就这样存在的，并非佛家的发明所创造。例如五脏六腑，原本就在病人自己的腹中，自己却看不见，但为何只因为借医生之口，就知道病在哪个部位，并将其作为用药的地方呢？

　　如果人没有后世，没有轮回，那么世上就有很多不公平的事。即使圣贤站出来讲话，也会因为没有证据，而不被人相信了。况且犹如孔子说"有仁心的人一定长寿"，经常称赞颜子的仁，但颜子反而很早就死了；无恶不作的盗跖非常不仁，但他反而长寿。这样一来，君子就枉自作君子，小人就乐得作小人，天下造物怎么能够这样不公平呢？只有前世后世互相加起来清算，互相抵偿，我们才知道修善积德的人会不断进步，恶念才会时加戒备提防。这样上帝就不受混账的名声，孔子也可免除没有根据的毁谤。一十七世的说法，其中的道理真是智慧无穷啊。

　　虚无寂灭之学，非吾儒所痛恨乎？既已恨之，不可身自蹈之。

今之述佛理以劝世者，必曰作善得福，作恶得祸；明有因果，幽有鬼神；已往者是前生，未来者为后世。步步据实。试问："虚无"二字，如何可加？而谤佛者，则以地狱天堂为荒诞，前世后世为渺茫，谓此身来无消息，去无踪影。静言思之，恰中虚无二字之病。学佛者之言曰："肉躯虽有败坏，真性原无生死。"而谤佛者辄云无有前生，无复后世。夫曰舍一身复受一身，则是虽寂而不寂，虽灭而不灭也。若其舍一身不复受一身，则是一寂而长寂，一灭而永灭矣。平心自揣，试问"寂灭"二字，毕竟谁当受之？嗟乎！身若侏儒，而反讥防风氏为短小，亦已过矣。

文昌帝君阴骘文广义节录

　　虚无寂灭的学问，不是那些迂儒所痛恨的吗？既然痛恨它，就不能自己打自己的嘴巴。现在讲佛理来劝世的人，一定会说作善得福，作恶得祸；明有因果，暗有鬼神；已过去的是前生，还没有来的是后世。步步证据确凿。试问："虚无"二字怎么能够拿来谤佛呢？如果认为地狱天堂为离奇虚妄，前世后世渺茫不见，说身体来无消息，去无踪影。静心思考，恰中虚无二字的病毒，学佛的人说："肉体虽有败坏，真性原无生死。"而谤佛的人却说没有前生，没有来世。如果舍一身不再受一身，则是一寂就长寂，一灭就永灭了。平心自问，"寂灭"二字，谁又当解释清楚它呢？可叹啊！自己是侏儒，反而讥笑别人矮小，不也是太愚痴了吗？

[原 文]

　　以刀杀人，不过斩人肉躯。若言无有后世，直是断人慧命。斩肉躯者，害止一生。断慧命者，杀及世世。故知劝人改恶修善，犹是第二层工夫。先须辨明既有今世，必有来生，方是根本切要语。

一五七

无后世之语，出之凶恶小人，人皆轻而忽之，譬诸投鸩毒于臭食之中，啖者自少，故其为害浅。若出之正人君子，人必尊而信之，譬若置砒霜于膏粱之内，食者必多，故其为害深。苟能侃侃凿凿，唯以救世为心，不作以顺为正之妾妇，则其阴功大矣。

用刀杀人，只不过杀害了人的肉体。如果说没有后世，径直斩断了人觉悟的慧根。斩断肉体，危害只有一生。斩断觉悟的慧命，就会祸延后世。因此劝人改恶修善，还是次要的功夫。先劝人认识清楚，既有今世，必有来生，才是从根本处入手。

没有后世的说法，如果出自那些凶恶小人，人们就会轻视忽略这个问题，例如把毒药放到臭食里面，吃的人会因气味难闻而自然少吃，这种危害就比较浅。如果这种说法出自正人君子，人们就会因为尊敬他而相信他所说的话，这就好比是砒霜投进美食中，吃的人必定多吃，这种危害就深了。如果能够正直为人，旗帜鲜明，一心以救世为己任，不做以偏为正的妾妇，那么他的阴德就无尽无穷了。

原　文

吾辈一为书生，即有书生习气，闻三世轮回，无论不信，即信，亦不肯出诸口。今悟一十七世之说，出自帝君宝训，可明目张胆告人矣。何则？向惟不知有后世，所以屈指将来，光阴无几。今悟肉躯虽死，真性不亡，可知当身寿算，原来地久天长。是能易短命为长年者，此一十七世之说也。向惟不知有前生，故见天帝天仙、帝王卿相，不觉自顾渺小。今知六道轮回，互为高下，则夫豪贵之途，宿生何者不历？是能等贫贱于富贵者，此一十七世之说也。向惟昧于宿因，故每逢失意，不免怨尤。今悟荣枯得失，皆宿业所招。则虽横逆相加，亦可安然忍受。是能消忿怒为和平者，此一十七世之说也。向惟不达祸福，所以无恶不为。今知行善始足庇身，损人适以害己，则暗室屋漏之中，自存战兢惕厉之想。是能化贪残为良善者，此一十七世之说也。向惟不信因果，故见善人得祸，恶人得福，便谓天道难凭。今能参观前世后世，则知福善祸淫，本是毫发无爽。是能转愚痴为智慧者，此一十七世之说也。识得此言真意味，何劳读尽五车书。

译文

　　我是一介书生，自有书生习气，平常听到三世轮回的说法，无论信与不信，都不肯说出口。现在悟出一十七世之说，出自帝君宝训，就可以明目张胆告人了。为什么呢？以前只因不知有后世，所以悠悠度日，屈指一算，光阴无几。现在知道肉体虽死，真性不会消亡，可知生命原来地久天长。因此能把短命改为长命的，是一十七世之说。以前只因不知有前生，所以看见天帝天仙、帝王卿相，就觉得自己太渺小。现在知道有六道轮回，互为高下，那么豪贵的路，前世怎么会不经历过呢？因此，能把贫贱与富贵的差别看得很淡薄，是一十七世之说。以前只因不知道有前因，所以每逢失意，往往怨天尤人。现在知道贫富荣辱、利害得失，都是业力所招。那么当处入逆境之时，我也能安然忍受。因此，能够消除愤怒转化为和平，是一十七世之说。以前不知道出现祸福的原因，所以无恶不作。现在知道行善正是庇护自己，损人正是损害自己。那么在别人看不见的地方，也是战战兢兢，警惕戒备自己不要起动恶念。因此，能够化贪残为良善，是一十七世之说。以前只因不信因果，所以看见善人得祸，恶人得福，就认为天道不公平。现在能检查观察前世后世，就知道了福因作善而来，祸因作恶而来，是一丝一毫也不会有差离的。因此，能转愚痴为智慧，是一十七世之说。如果明白了这些言语中蕴含的真正意味，何必还去辛劳地去读尽五车的书呢？

人寿有古延今促之异

经云：增劫之时，从人寿十岁后，每过百年，各增一岁，如是增之又增，至八万四千岁而止。自后每过百年，各减一岁，如是减之又减，至于十岁而极。十岁以还，又复增益。犹之日永日短，循环无已也。

译 文

经传上说，增劫的时候，人过了十岁以后，每过一百年，就增加一岁，这样一直增加下去，到八万四千岁才停止。此后每过百年，就减去一岁，直到减至十岁为之。而十岁以后，又开始增劫。人的寿命，就好像是日升日落，循环往复、永不停止。

修善修福

原 文

（发明）世人之所蓄积，有人夺得去，吾带不去者；有人夺不去，吾亦带不去者；又有我带得去，人夺不去者。金银财宝，家舍田园，此人夺得去，吾带不去者也。博学鸿才，技艺智巧，此人夺不去，吾亦带不去者也。若夫吾带得去，人夺不去者，唯有修善与福耳。修善到极处，能使七祖超升，百神拥护。修福到极处，能使火不能焚，水不能漂。善者福之基，福者善之应。

但修福而不修慧，每因享福而造业。但修慧而不修福，又虑薄福而少资。昔迦叶佛时，有兄弟二人，共为沙门。兄持戒坐禅，

安士全书

一六〇

一心求道，而不布施。弟则修福，而常破戒。后释迦成佛时，兄已得罗汉果，然因未曾修福，食尝不饱。弟因破戒，生在象中，然余福尚多，虽作畜生，为王所爱，真珠缨络，常挂其身，食邑至数百户。故曰："修福不修慧，象身挂缨络。修慧不修福，罗汉应供薄。"唯佛称两足尊，以其福慧具足耳。

译文

（发明）世上的人们所积蓄的东西，有的别人夺得去，我却带不去；有的别人夺不去，我也带不去；有的我带得去，别人夺不去。金银财宝，房舍田地，这些东西是别人夺得去，而我带不去的。博学多才，超凡的技艺和智慧，这是别人夺不去，我也带不去的。要想我带得去，别人夺不去的，就只有修善和修福啊。修善修到最高境界，就能使七祖超升，众神庇护；修福修到最高境界，就能使火不能燃烧，水不能淹没东西。修善是得到福禄的基础，得福是修善行的感应。

只修福禄而不管修智慧的人，常常会因为享福而不能使业绩有成。只修智慧而不管修福禄的人，又会担忧福薄而资财匮乏。从前迦叶佛在世的时候，有两兄弟，出家儿女沙门。兄长持戒坐禅，一心修道而不布施。弟弟就修福而常常破戒。后来释迦成佛的时候，兄长已经征得罗汉果，但因为曾经没有修福，经常吃不饱。弟弟因为破戒，就在象群里出生，但留下来的福还很多，虽然做了畜生，但却被国王爱护，珍珠璎珞常常挂在身上，拥有封地几百户。所以说："如果只修福不修慧，就只能做象，身挂璎珞。如果只修慧不修福，那么虽然能做罗汉但却常常饥寒受苦。"只有佛才能福慧都具备，所以才被人们称之为两足尊。

文昌帝君阴骘文广义节录

一六一

孝　亲

　　（发明）甚矣！孝之难言也。《诗》曰："欲报之德，昊天罔极。"我之所以致于亲者，其能胜于天乎？古今劝孝书，所在多有，姑述其罕见罕闻者。

　　人而不知有后世，不信有因果，是犹盲而无见，聋而不闻，真天下之穷民而无告者也。何则？自己不知后世，则亦不知亲有后世，而所以欲致其爱敬者，暂矣。自己不信因果，则亦不知亲有因果，而所以欲去其苦患者，小矣。余见母鸡之伏雏，而尝惕然自凛也。方其舒翼而护子也，子母甚相爱也。曾几何时，而次第被杀，子母各不相顾矣。吾辈为人，亦复如是。父子夫妻，方其聚首时，则难割难舍。一到生死分途，则疾病不能相代，罪业亦不能相代。甚有冥间方万苦千愁，而阳世正欢呼畅饮者矣。锦衾徒在，欲扇枕以无从。双鲤空陈，卧寒冰而何用？古人云："孝子不忍死其亲。"正以吾亲实未尝死耳，岂特虚设此想乎？

　　佛言："父母之恩，世莫能报。假令左肩担父，右肩担母，大小便利，随之而下，亦不能报。又使尽世间珍羞，供养父母，经恒沙劫，亦不能报。"由是观之，然则佛门之所以报亲者，必有道矣。

　　（发明）关于孝的内容真是难以说得完的啊！《诗》说："所要报答的父母的恩德，就好像是苍天那样无边无际啊！"我能送给父母的，又怎么能胜得过广大无垠的天际呢？古往今来的劝孝书，已经很多，在这里姑且记述那些很少看到和听到的事情。

人如果不知道有来生，不相信因果报应，就等于看不见东西的瞎子、听不见声音的聋子，他们真是天下最可怜的人，却不能将他们的苦楚诉诸他人！为什么呢？自己不知道有来世，就不知道亲友有后世，想要使大家互相敬爱，就很难坚持了。自己不相信因果，就也不知道亲友有因果，想要使别人离苦得乐，就做不到了。我看见母鸡孵卵的时候，就突然有所凛然的感觉。在母鸡舒展开羽翼，保护幼雏时，母子之间的情感是多么亲密无间啊！哪里会想到未来有一天，会相继被杀死。我们做人也是这样，父子夫妻，在一起时，就难舍难分。一到生死关头，疾病不能互相替代，罪业也不能不想替代了。甚至有的阴间正受尽痛苦，而阳间正欢呼畅饮。床头上的绣枕仍在，却不能重温旧梦。双鲤空自点缀在绣枕之上，但独卧寒冰又有什么用呢？古人说："孝子往往不能承受住亲人的死亡。"那正是因为他的亲人实在还没有死啊！这种观点难道只是空想吗？

佛说："父母的养育之恩，即使几生几世也难以报答。即使左肩背着父亲，右肩背着母亲，无论大小便利与否，都顺随父母的心意，随着他们的意愿随时把他们从肩头放下来，也是不能报答完的。即使让父母享用尽世上所有的珍宝佳肴，供养父母，但经过恒河沙那么长的时间，也是不能报尽的。"从这里看来，佛门提倡报答亲人的恩情，就一定有道理了。

下附征事　五母悲哀（《五母子经》）

原文

昔有沙弥，年七岁，出家得道，自识宿命。因叹曰："吾之一身，累五母悲恼。为第一世母子时，邻家亦生，我独短命，母见邻子长成，即生悲恼。为第二母子时，我复早夭，母若见人乳儿，即生悲恼。为第三母子时，十岁即亡，母见他儿饮食类吾，即生悲恼。为第四母子时，未娶而死，母见同辈娶妇，即生悲恼。今当第五世，七岁出家，我母忆念，复生悲恼。五母聚会，各说其子，咸增哀苦。吾念生死轮回如此，当勤精进修道。"

（按）父母一生精血，大半为人子耗尽。而怀胎十月，乳哺三年，以及推燥就湿之苦，则为母者尤甚。自顾不肖形骸，遗累于亲者甚多，报答于亲者甚少。吾从无量劫来，所饮母乳，多于大海之水。所大小便利，污及于亲者，多于大海之水。甚至生而不寿，累亲哭泣，所出目泪，亦多于大海之水。凡此皆因生死轮回，展转投胎之故也。纵使世世尽孝，得亲欢心，终不若不累其亲之为愈矣。孔子谓听讼犹人，必使无讼。不其然乎？

 译文

从前有一个小沙弥，只有七岁，就出家得道，看到了自己的前世。因而感叹道："我这个身体，曾经拖累五位母亲悲哀苦恼。做第一世母子的时候，邻家也生了一个小孩，而我却短命死了，母亲看见邻家儿子长大，就引发她无尽的悲哀苦楚。做第二世母子的时候，我又早早夭折，母亲看见别人给孩子哺乳，就产生悲哀苦恼。做第三世母子的时候，我十岁就死了，母亲一看见别人吃饭像我，就生起悲哀苦恼。做第四世母子的时候，我还没有娶媳妇的时候就死了，母亲一看见与我同辈分的其他人娶媳妇，就有了悲哀苦恼。如今到了第五世的时候，七岁就出了家，我母亲非常思念，又生出了悲哀苦恼。如果五位母亲相会，各自说出自己的遭遇，就更增悲哀苦恼。我在想，既然生死轮回这样痛苦，就应该更努力发奋修道，早日报答母亲的恩情。"

【按】父母一生精血，大半都被自己的子女耗尽。这其中怀胎十月，乳哺三年，以及推燥就湿的苦楚，做母亲的更辛苦。自己看看这个不肖的形体，花费了亲人很多心血，而我又很少报答得了亲人。我从无量劫来，所吃的母乳比大海里的水还多。所受到来自亲人的大小关照，也比大海的水还深。

甚至生下来短命，母亲痛哭所流下来的眼泪，也比大海的水还多。这些悲苦的根源，都是因为生死轮回，辗转投胎的缘故。即使能世世尽孝，让亲人得到欣慰欢心，终究还是不能报答完亲人的恩情。孔子说判决案件、解决纠纷的能力，我没有超人之处，我要做的就是断除产生这些事情的根源，没有缘起了，哪里还能有后果呢！这难道不是这样的吗？

信　友

原文

（发明）据字义言，则多人为朋，少人为友。然此处不必强分，凡同朝、同类、同窗、同事者，皆可为友。信即不欺之谓，非独指践言一端。是故谋事不忠，非信也。负人财物，非信也。面誉背毁，非信也。缓急不周，非信也。知过不规，非信也。绝其不信之端，所谓信者，在是矣。

译文

根据字面上的意思来解释，则很多人在一起为朋，少数人为友。但这个地方不必强行分清，凡是同朝、同类、同窗、同事的人，都可以称为朋友。信就是不欺诈的意思，并非专指履行诺言这一条。所以谋事不忠不是信，欠人财物不是信，当面赞扬、背后诋毁不是信，快慢不周不是信，知错不改不是信。断绝了不信的这一面，所剩下的就是信了。

千里赴约（《史林》）

原文

卓恕，还会稽，辞太傅诸葛恪。恪问何日复来，恕言某日。至日，恪宴客，停不饮食，欲以待恕。客皆曰："会稽、建康相去千里,道阻江湖,安能必来?"俄而恕至,一座尽惊。

（按）此特信中之一耳,然能不爽千里之约,信何如之!

卓恕回到会稽县,辞别太傅诸葛恪。诸葛恪询问他哪一天还会再来,卓恕就确定了某日。等到了这一天,诸葛恪宴请宾客,突然停下来不再吃了,想要等待卓恕。客人都说:"会稽到建康相距千里,江湖路途遥远,怎么能说来就来呢?"过了一会儿,卓恕突然来到,满座大惊。

【按】这就是讲信用的一个例子,互相不违背千里之约,一般人也很难做到。

或奉真朝斗

（发明）真者,天仙之谓。斗者,列宿之名。尝记人之善恶,注人之生死,安得不敬奉朝礼乎?若欲原其最初,则天仙在前,斗宿居后。盖劫初未有众星,梵王、帝释因驴唇大仙之请,而后安置二十八宿于四门也。斗为西门第五宿。属斗宿者,当以粳米花,和蜜祭之。

《楼炭正法经》云:大星周围七百里,中星四百八十里,小星一百二十里,中有天人居住。世俗乃谓陨星仅如拳石,甚至画七猪之形于斗母下,亵亦甚矣。

真人、斗母,宿生皆从尊敬三宝、修行十善而来,故能享飞行宫殿,照临下土。乃今之奉道者,往往反谤佛法,安在其能奉真朝斗也?

汉魏以前，称佛为天尊，称僧为道士，称道士为祭酒。自北魏寇谦之，窃天尊与道士之号。而后佛不称天尊，比丘不称道士。其后祭酒之名，沿为大司成矣。

（发明）真，是天仙的称呼。斗，是星宿的名字。他们曾经记载人的善恶，主管人的生死，怎么能不敬奉礼拜呢？如果想要推究他们的根源，那么天仙在前，星宿在后。大概这一劫最开始的时候，天上并没有众多的星星，梵王、帝释应驴唇大仙的请求，就在四门之上安置了二十八宿。斗是西门的第五颗宿星。关于斗宿之类，应该把爆米花和蜜搅和在一起，以此来祭祀斗宿。

《楼炭正法经》中说：大星周围长达七百里，中星则有四百八十里，小星也有一百二十里，中间有仙人居住。我们世俗的人看到落下的陨石只有拳头大，甚至还在斗母星下画出七头猪的图形，真是对它们的亵渎啊。

天仙星宿，都是从尊敬三宝、修行十件善事的人中来，依赖前世所修的福德，所以能够在宫殿中飞行，光芒照临世俗下界。而如今的修道者，反而往往诽谤佛法，怎么能有颜面敬奉天仙、礼拜星宿呢？

汉魏之前，人们称佛为天尊，称僧为道士，称道士为祭酒。到了北魏寇谦之时期，他私自窃取天尊和道士的称号。此后佛不被称作天尊，比丘不被称作道士。后来就连祭酒的名称，也演变为大司成。

下附征事 七星救焚（《劝惩集》）

常熟奚浦钱氏，聚族而居。有小四房者，素奉斗，姑媳孀居。正德丙寅，其房旁失火，延烧三昼夜。恍惚见朱衣者七人，于檐前举袖一麾，火光随灭。四面皆成灰烬。

（按）《普门品》云："设入大火，火不能烧。"即此可信。

常熟奚浦有户姓钱的人家，他们整个族人都聚居在一起。有个小四房的人家，平时敬奉星斗，婆媳两人相依为命。正德丙寅年，她们的房屋失火，烧了三昼夜。婆媳俩恍惚看见有七个穿红衣服的人，走到她们的房檐前举袖一挥，火光随即熄灭，四面已经全烧成灰烬了。

【按】《妙法莲花经》"观世音菩萨普门品"说："如果被大火包围，依靠信奉佛祖的力量，大火就不会烧到自己身上。"从上面的事例中就可以证明这种说法是让人信服了。

或拜佛念经

（发明）佛者，觉也，自觉觉他，觉行圆满，名之为佛。自心中人人有觉，则自心中人人有佛矣。若云泥塑木雕，方名为佛，则是愚夫愚妇之佛也。若云降祸降福，斯名为佛，是又唐宋诸儒之佛矣。愚夫愚妇终日言佛，而佛实未尝敬；唐宋诸儒终日谤佛，而佛实未尝毁者，以其皆不知有佛也。

佛为三界大师，即诸天、诸仙，梵王、帝释，犹当恭敬礼拜，而况具缚凡夫乎？

礼一佛，即当观想礼无数佛。礼现在佛，即当观想礼过去、未来佛。要使十方三世微尘数如来前，一一皆有我身修供养，方为善拜佛者。

诸佛经典，与世间之善书不同。一则但知谋及身家，一则直欲救人慧命。一则止能谈议现在，一则直欲福利多生。世间若无佛经，则天上天下，皆如长夜。所以《胜天王经》云：若法师所行

之处,善男子、善女人,宜剌血洒地,令尘不起,如是供养,未足为多也。

念经能解其义,复能如说修行,固为上也。若不能解其义,但存敬慕之心,亦得无量福报。譬之儿童服药,虽未谙其方,却能除病。

佛,译为中文就是觉悟的意思,即自觉觉他,觉行圆满,就称之为佛。每个人都有觉心,所以每个人都是佛。如果说泥塑木雕,才称作佛,那是愚夫愚妇的佛。如果说能够降祸降福,才称作佛,那是唐宋各儒所说的佛。愚夫愚妇整天说佛,但实际上并没有敬佛;唐宋各儒整天毁谤佛,但实际上佛并没有被毁谤,这是因为他们都不知道佛在哪里。

佛是三界的导师,即使是天上神仙,梵王、帝释,也要恭敬礼拜,何况是我们这些凡夫俗子呢。

礼拜一尊佛,就应当观想礼拜无数佛,礼拜现在的佛就应当观想礼拜过去、未来的佛,要使十方三世像微尘一样数不清的佛,都有我在那里朝拜供养。这样的拜法才算是真正拜佛的人。

所有佛书,和世上劝人行善的书不同。世间劝人行善的书只讲到立身安家,佛书就直接拯救人的慧命。世间劝人行善的书只能谈论现在,佛书就要福利多生。世上如果没有佛书,那么天上天下,都如漫漫长夜。所以《胜天王经》说:“凡是法师所到的地方,善男子、善女人都应当剌血洒地,使尘土不飞起来。这样供养,并不算过分的行为。”

念经能够理解其中的意思,并且又能按经文中所说的去实行,当然就最好不过的了。如果不能理解其中的意思,只要保持敬慕的心理,也能得到无量福报。例如儿童吃药,虽然他不知道药方,但是能消除他的疾病。

下附征事　经救全城《法苑珠林》

原文

晋刘度，平原人也，其乡有千余家，俱奉佛法，供养僧尼。值北虏有逃人，多匿城内，虏主大怒，将屠此城。刘率城大小，尽诵观世音菩萨。未几，虏见天上有物坠下，入其庭中，绕于屋柱。视之，乃《观音普门品》也。虏心大喜，此城由是得释。

（按）平时既知植福，临难又能哀恳，虏之回心也，固宜。

译文

晋朝刘度，是平原人，他住的那个地方有千多户人家，全部信奉佛法，供养僧尼。当时，北方少数民族有一些人逃来隐藏到城中，少数民族的首领大怒，打算屠城。刘度就率领全城大小，一起念诵观世音菩萨。没有多久，北方的少数民族看见天上有一个东西掉下来，落入他们的屋庭中，绕在梁柱上。取下来一看，原来是一本《观世音菩萨普门品》。他读后心里非常高兴，就撤销了原来的计划。

【按】平时就已经知道培植福业，临难又能诚心哀求，北方民族首领改变屠城的想法，是理所当然的。

"广行三教"

原文

（发明）三教圣人，皆具救世之念，但门庭施设不同耳。儒用入世之事，佛行出世之法，道则似乎出世，而实未尝出世者也。孔颜虽圣，然欲藉以却鬼驱妖，则迂；佛道虽尊，然欲用以开科取士，则诞。此三教所以有不得不分之势也。

人非一途可化，故圣教必分为三。譬如三大良医，一精内科，一精外科，一精幼科，术虽不同，而其去病则一也。若三人共习一业，所救必不能广。故曰：为善不同，同归于治。

译　文

（发明）儒佛道三教圣人，都有济世救世的想法，但所采用的方法不尽相同。儒家专讲入世的事情，佛家专讲出世的方法，而道家的道理则是表面上出世，而实际上并没有教人出世。孔子和颜子虽然是圣人，但要他们驱鬼抓妖，就不切实际了；佛的道法虽然最高，但要用它们开科取士，也不切实际了。这就是三教不得不分的道理。

人不能只用一种方法教化，所以圣人教育就分为三种。好像三大良医，一个精通内科，一个精通外科，一个精通小儿科，医术虽然不同，但治病的宗旨都是统一的。如果三个人都学同一种医术，所救的人就不能很多。所以说：为善的方法不同，但都会使世界走向安泰和平。

原　文

余阅贵州《铜仁府志》，知向来本名"铜人"，因其地有铜人山，故名。后改"人"为"仁"，而地与山，俱更其旧。山在巨浸中，其下皆水。曾有一年大旱，见山下尽空，但有三大铜人，头顶此山，岿然直立，而三人恰是三教服式。窃思此山，乃开辟时物，尚无三教名色，而铜像又非人力所铸。始知三教门庭，本天造地设，合下当有。况帝君德位，超乎人类之上，岂不知孔颜大道，已如日月经天，而必欲牵合释、道，以之训饬士子乎？又考南阎浮提，名虽一洲，其中国土甚多。每一国土，各有圣贤持世立教，如孔子、老子者不计其数，但各国姓名不同耳。至于书法，亦有六十四种，今儒者所读，不过举业之书，此外所见，能有几何？所以三藏十二部之文，龙宫秘笈之语，不唯不见，见之反加排斥。以为苟不如此，便不似儒道。不特宣之于口，并著之于书。无不曲肆诋毁，一片意必固我之私，习同党同伐异之套。至考其旦昼所为，幽独所念，无非争名逐利，欺世害人。甚至夤缘奔走，赌博樗蒱，无所不至。凡吾儒正心诚意之学，济世安民之道，全然不讲。但损儒门之望，何增学术之光！帝君示以广行三教，可作午夜之钟矣。

译文

　　我翻阅了贵州《铜仁府志》，知道铜仁本名为铜人，因为这个地方有铜人，所以就取了这个名字。后改为铜仁，而地和山也改变了原来的面貌。山浸在大水中，不知有多深，曾经有一年大旱，水都耗干了，就看见山下全部空了，露出了三个铜人，头顶大山，岿然直立，而三个人恰好穿着三教的服装。这使我想起一个问题，天地开辟之初，还没有三教的名字，而这些铜像又不是人力所能铸造的。于是我就悟出了三教门庭，本来就是天造地设，在过去、现在、未来都是永恒不变的真理。帝君的德位远远超过我们人类，他提出"广泛地推行三教"，我们还有什么怀疑呢？有人要问，孔颜大道已是日月中天，难道还一定要融合佛道，才能教育读书人吗？我查考南阎浮提，虽然都是一洲，但其中国土很多。每个国家各有圣贤出世立教，像孔子、老子这样的圣人，不计其数，只不过各国的姓名不同罢了。至于各国的书籍文字也有六十四种，今天的儒生所读的书，只不过是一些科举的书，此外的知识还有多少呢？所以三藏十二部的经文，龙宫秘典的语言，从来都没有见过，一旦见到就不分青红皂白地加以排斥。以为不像他想的，就不符合儒道。不仅在口头上反对，而且还著书立说。横加歪曲，大肆毁谤，固执己见，自私无理，这种恶习无异于党同伐异，完全是顺我者昌、逆我者亡的做法。去调查他们平时的所作所为，私自所想，就能发现这无非是争名夺利，欺世害人。甚至于攀缘巴结，赌博游乐，为非作歹，无所不为。对儒家正心诚意、济世安民之道，全然不顾。只是损坏儒门的名望，怎么能替学子增光！帝君指示广泛的推行三教，可以作为我们长夜醒世的钟声。

原文

　　人能学孔子，释迦必喜。人能学释迦，孔子亦必喜。若必欲从我教而善，则悦。不从吾教而善，即不悦。则是奴投主、兵投将之法而已，岂三教圣人乎！

　　"广行"二字，以心言，不以迹言。人能修仁慕义，即是行儒道。不必青衿墨绶，而后为士也。人能见性明心，即是行佛道。不必圆顶方袍，而后为僧也。

译文

　　人能学孔子，释迦一定高兴。人能学释迦，孔子也一定高兴。如果一定要随从自己的教派才高兴，不随从自己的教派就不高兴，那只是奴隶投靠主人、士兵投靠将领的做法罢了，岂能是三教圣人的意思呢？

　　广行这两个字，是从内心来讲，不从外表来说。人们只要能够修仁向义，就是行儒道，不一定要青衫黑带，才算是儒士啊！人们只要能够明心见性，就是行佛道，不一定要圆顶方袍，才算是僧人啊。

原文

　　拘儒闻广字，必嫌学问之杂，不知杂亦有辨，如天理而杂以人欲，王道而杂以霸术，米粟而杂以糠秕，此决不可杂者也。至于三教所言，皆有益身心之务。太山不辞土壤，故能成其大；沧海不择细流，故能就其深。奈何亦患其杂耶！一家之中，有食有衣，有财有宝，有仆婢田园，可谓杂极矣，然苟不如此，其家必不能富。若论腹中所食，则为饭为糜，为羹为炙，为醯醯盐梅，亦可谓杂极矣，然苟不如此，其人必不能肥。何独于三教而疑之？

　　迂腐的儒学者一听到这个"广"字，就一定会嫌学问太庞杂，他不知道庞杂也有分别啊，例如天理掺杂有人的欲望，王道中含杂有霸道之术，米粟杂有秕糠，这一定是不行的。至于儒佛道三教所说的道理，都对身心有益。太山不嫌细小的土石，才能成其大；沧海不择涓涓细流，才能汇聚其深邃。怎么能够说它杂呢？一家之中，有食有衣，有财有宝，有奴婢田园，可以说杂乱极了，但如果不这样，家里就一定不能富裕。再如肚子里所吃的东西，有饭有粥，有汤有菜，有酱有醋，有油有盐，可以说是杂乱极了，但如果不这样，人就不能胖。为什么独独怀疑广泛推行三教呢？

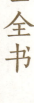

下附征事　毁教现果（《魏书》）

原 文

　　北魏司徒崔浩，博闻强记，才智过人，太武帝甚宠任之，而独不信佛，劝帝毁教灭僧。见妻郭氏诵经，怒而焚之。崔颐、崔模，其弟也，深信三宝，见佛像，虽粪壤中必拜。浩笑而斥之。后浩以国书事，触怒太武，囚之槛车，送于城南，拷掠极其惨酷，更使卫士数十人，深溺其上，哀声嗷嗷，闻于道路。自古宰执戮辱，未有如浩者。崔氏之族，无少长，皆弃市。唯模与颐，以志向不合，独得免焉。

译 文

　　北魏司徒崔浩，见闻广博，记忆力强，才智过人，太武帝非常宠信他，但他就是不信佛，劝武帝毁教灭僧。看见自己的妻子诵经，就大怒，并把经书烧毁。崔颐、崔模是他的弟弟，虔诚信仰三宝，即便是看见在粪土中的佛像也一定礼拜。崔浩讥笑并斥责他们。后来因为国书事件，崔浩触怒了太武帝，被关押到囚车里，送往城南，遭受极其残酷的严刑拷打，派几十名卫士，把屎尿泼在他身上，哀叫不断，声闻旷野。自古以来被处以极刑的人，没有像崔浩这样凄惨的。崔氏一族人都因他而牵累，无论老幼，都抛尸于街市。只有崔模和崔颐因为与崔浩志向不同，才得以免祸。

原文

（按）太武灭法之后，有沙门昙始者，振锡诣阙，帝遣斩之，无伤。帝怒，抽佩刀自斩之，亦不伤，投之虎槛，虎皆怖伏。乃复以天师寇谦之，至其所，虎遂咆哮欲噬。帝始惊悟，延之殿上，再拜悔罪，许以复教（见《北山》）。嗟乎！三教圣人，无非欲化人为善耳，岂愿各立门庭，絜长较短哉？秦始皇惑李斯之计，焚书坑儒，卒之身死沙丘，李斯赤族。汉之桓灵，唐之昭宣，惑于宦官嬖幸，尽诛天下名士，而助者杀身，主者亡国（俱见《资治通鉴》）。魏太武帝惑于崔浩，毁寺焚经，不四三年，崔浩赤族，魏太武父子，皆不得死（出《魏书》）。周武帝惑于卫元嵩而灭法，不四五年，元嵩贬死，武帝忽遇恶疾，遍体糜烂，年三十六而崩，末路丑恶，所不忍言（出《周书》）。唐武宗信赵归真、李德裕，毁天下佛寺，不一年，归真被诛，德裕窜死，武宗三十二而夭，身无继嗣（出《唐书》）。五季之君，莫贤于周世宗，然不知佛法，遂至毁像铸钱，故不六年，社稷殒灭（出《通鉴》）。究竟秦废儒后，未及三十年而儒教复兴。汉唐禁锢后，未及数年而士林渐盛。魏废教后，七年而即复。周废教后，六年而即复。唐废教后，不一年而即复。岂非仰口唾天，反污其面乎！李斯、崔浩最为灭儒、灭释之首,故其受现报尤为惨酷。宋徽宗虽改天下寺院为道观,然未至灭法,故身虽被辱,而国祚复延。此皆前事之彰灼可考者。伏愿普天之下,皆仰体广行三教之意,儒者为儒,释者为释,道者为道,戮力同心,共襄治化,彼此无相诋毁,是则天下生灵之厚幸已!

译文

　　太武帝灭法以后,有位叫昙始的僧人,挂锡上殿,太武帝命人杀他,却伤害不了。太武帝大怒,抽出佩刀亲自来砍,也不能伤害他,将他投进虎牢,连虎都恐惧畏缩。再派天师寇谦之去虎牢,虎就咆哮如雷想要吃他。太武帝这时才有醒悟,恭请僧人来到殿上,再三礼拜,忏悔罪障,答应恢复圣教。唉! 三教圣人无非是想要引人为善,哪里愿意后人各立门户,比长论短呢? 秦始皇被李斯所迷惑,错听了他的计,焚书坑儒,最后身死野外,李斯全族被杀。汉朝的桓灵,唐朝的昭宣,被宦官宠妾所迷惑,宠信他们,杀尽天下名士,最后辅臣被杀身,皇帝就亡了国。魏太武帝被崔浩所迷惑,毁寺焚经,没过三四年,崔浩就全族被杀,魏太武父子也都不得善终。周武帝被卫元嵩所迷惑,但灭法没有四五年,卫元嵩就被贬而死,武帝忽然得了恶病,全身糜烂,三十六岁就死了,后世堕落恶道,所受痛苦就说不尽了。唐武宗宠信赵归真、李德裕,毁坏全国的佛寺,不到一年,赵归真就被杀,李德裕就流放而死,唐武宗三十三岁就早亡了,后世没有子嗣。五代的君主,才能没有能超过周世宗的,但周世宗不知佛法,就导致毁坏佛像,铸造钱币,所以不到一年就丧失了江山。再回过头来看一看:秦废儒后,不到三十年儒教就复兴。汉唐中间废教,没过几年圣教就又兴旺起来了。魏废教后,七年就恢复了。周废教后,六年就恢复了。唐废教后,不到一年就恢复了。那些废教的人,不正是对天吐痰,反而玷污了自己的脸吗! 李斯、崔浩是灭儒灭佛的首犯,所以他们的现世受报也最残酷。宋徽宗虽然改天下寺院为道观,但还没有灭法,所以他虽然身被侮辱,但帝位还是得以延续。这些史迹清清楚楚，有据可查。但愿普天下的人都广泛地尽力奉行三教的精神，儒者认真履行儒教，释者认真履行释教，道者认真履行道教，同心协力，一起引人向善，不要互相诋毁，大家都能和平共处，那真是天下人民的幸福啊！

文昌帝君阴骘文广义节录

文昌帝君阴骘文广义节录

下卷

印造经文

原文

（发明）虽有嘉肴，弗食不知其美；虽有至道，弗学不知其善。天下最易失者人身，至难闻者佛法。如来不出世，则天上人间皆如长夜。不特庸流局于所见，即儒者亦囿于所闻。仰首观天，以为止此日月，而不知有微尘之刹土。以为厥初生民，始于盘古，不知旷劫以来，阅历无边劫数。天帝天仙，以为至尊无对矣，不知轮回六道。尚等凡夫，身死之后，以为形灭神消矣，不知一点灵光，生生不昧。父母眷属，身殁之后，遂谓无可如何，岂知得此法门，纵经千生万劫，自有酬偿之道。善士坎坷，恶人得志，即谓天道难凭，岂知宿业所招，纤毫未爽。大矣哉！如来之教典，真所谓渡海之慈航，幽途之宝炬，婴儿之乳母，而凶岁之稻粱也。宜阿难结集之时，梵王帝释，皆执持幡盖，四大天王皆捧持高座之四足也，岂世间之书籍，可仿佛其万一乎？印之造之，其容已乎？

译文

（发明）虽然有美妙无比的菜肴，但不去吃就不知道它的味道；虽然有至高无上的真理，但不去学习就不知道它的好处。世上最容易失去的就是人们的身体，最难听到的就是佛法的道理。如果如来不出现在我们这个世界，那么天上和人间都像漫漫长夜。不只是凡夫见识短浅，即便是读书人也见闻有限。抬头看天，以为天上就只有太阳和月亮，不知道还有无穷无尽的大千世界。以为追溯人类的起源，就是从盘古开始，不知道自无量劫以来，自己已经轮回了数不清的岁月。天帝天仙自以为地位至高无上了，不知道自己曾经也轮回六道。普通的凡夫俗子，以为人死了以后，就什么也没有了，不知道神识是永远也不会消失的。父母眷属认为人死后就恩爱分离，所以也毫无办法了，哪里知道只要学得了佛法，即使经过千生万劫，也自会有酬报的日子。好人一生坎坷，恶人春风得意，就说天道不公，难以作为依据，哪里知道因果三世相连，善恶报应一定没有丝毫差错。多么伟大啊！如来的圣典，就像以舟航度人的慈悲心，幽冥道途中的蜡烛，哺乳婴孩的乳母，饥荒年份的谷物。难怪阿难汇集经典的时候，梵王和帝释都拿着彩旗和高盖来作供养，四大天王捧着高座四足来给如来做护法。佛教圣典，难道是那些世间的普通书籍可比的吗？后世印刷经书，是延续众生慧命的行为，怎么能够停止呢？

原文

世尊于无量劫前，为求佛法，亡身舍命。有时为求一句一偈，或捐王位，或弃妻子，无所不至。夫固以甘露法门，不能常有于世耳！世俗不知，往往轻视佛法，岂知二三千年后，欲求片纸只字，而不可得乎？《法灭尽经》云："法欲灭时，比丘所服袈裟，自然变白。"况三藏教典乎？（《楞严经》最先去，《弥陀经》最后去。）自此以后，当过八百八十万六千余年（前八百四十万六千余年，在第九小劫内算；后四十万年，当在第十小劫内算），而后弥勒菩萨从兜率天宫，下生成佛，此间方有佛法（贤劫中第五佛）。第十一、十二、十三、十四，共四小劫，皆无有佛。（人寿一减一增，为一小劫，每一小劫，计一千六百八十万年）至第十五小劫，狮子佛出世后，相继成佛者，共有九百九十三尊，可称最盛。而十六、十七、十八、十九，四小劫又无有佛。迨二十小劫，楼至如来出世后（即韦驮菩萨），而后千佛之数方满，娑婆世界亦坏矣。自是以后，复经六十小劫（二十小劫世界坏，二十小劫世界空，又二十小劫，未来星宿劫之世界复成），方有日光如来出世（此未来星宿劫第一尊佛）。夫以佛法之难遇如此，吾辈幸生其际，岂可入宝山而空手乎！

安士全书

一八〇

【译 文】

　　世尊在无量劫前，为求佛法，舍生入死。有时为求一句偈，或捐王位，或丢妻子，只要能求得佛法，一切都可以舍弃。本来像甘露一样滋润心地的大法，世间怎么能经常遇到！但世人不知道佛法难期难遇，往往轻视佛教圣典。他哪里知道再过两三千年，想要再看到一片纸一个字，已经不可能了。《法灭尽经》说："佛法将要消失的时候，比丘所穿的袈裟，自然变白。"怎么还谈得上有三藏圣典呢（《楞严经》最先消失，《弥陀经》最后离开）？从此以后，要过八百八十万六千多年，弥勒菩萨从兜率宫下生成佛，才会再有佛法（贤劫中第五佛）。第十一、十二、十三、十四，共四个小劫，都没有佛（人寿一减一增作一个小劫，每一个小劫有一千六百八十万年）。到第十五小劫时，狮子佛出世后，相继成佛的就有九百九十三尊，可说是最兴盛的时期。到第十六、十七、十八、十九，共四个小劫，又没有佛。等到第二十小劫，楼至如来出世后（即韦驮菩萨），就满了一千佛的数目，到这个时候，娑婆世界就坏了。从此以后，再过六十小劫（二十小劫世界坏，二十小劫世界空，又过二十小劫，未来新的星球形成），才有日光如来出世（这是未来星球出现的第一尊佛）。佛法是这样的难期难遇，我们有幸生活在释迦牟尼佛出世后的时代，恩遇三藏圣典，怎么能进了宝山却空手回来呢！

　　北俱卢洲，寿皆千岁，思衣得衣，思食得食，目不见愁忧之状，耳不闻争夺之声，较之唐虞三代时，犹胜百千倍。自世俗观之，以为非常之盛世矣，然犹列于八难之中者，以其但享痴福（宿生所修止于痴福），不信三宝，不知出世之法耳（韦驮菩萨不能感化此洲，故仅曰三洲感应）！吾是以读"人其人、火其书"之句，而不胜怜悯云。

　　北俱卢洲的人，寿命都有上千岁，想穿什么衣服就能得到什么样的衣服，想吃什么就能得到什么，看不见忧愁苦闷的人们，听不见争夺吵闹的声音，和我们历史上唐虞三代相比，还胜过成百上千倍。从世俗的眼光来看，一定认为不是一般的盛世，但以佛法来看，还排列在八难之中。因为他们只能享受痴福（由前世所修痴福而来），不信三宝，不知道有出世的大法啊（韦驮菩萨不能感化这一个洲的人，所以叫作三洲感应）！因此，当我读到有人焚毁经书的句子，就不禁对他生出无限的同情和怜悯。

创建寺院

　　（发明）佛法僧三宝，谓之福田。而所以庄严供养者，则惟寺与院而已。无寺院，则无佛像经文，僧尼四众，一应礼拜烧香，受持读诵之福，皆无由种矣。然则创之修之者，厥功愿不大乎！

　　《正法念处经》云："若有众生，见塔寺僧坊，涂饰修补，复教他人，修治故塔。命终生天，其身鲜白，入珊瑚林，共诸天女，五欲自娱。业尽为人，其身鲜白。"又《法灭尽经》云："将来劫火起时，曾作伽蓝之地，不为火焚。"

佛言："假使有人，费金百千，造成一寺，有一持戒比丘，曾住其中，受用其宿。纵令此寺，随为水火所坏，已为不虚施主之恩。"况寺院告成，因之广造福德乎！

（发明）佛法僧三宝，叫作众生的福田。但要庄严供养，广种福田，就只有到寺院里去。没有寺院，就没有佛像经文，四众弟子就无法烧香礼拜，念佛诵经，三宝福田就无法种了。因此，创建修理寺院的功劳和愿力不也是太伟大了吗？

《正法念处经》说："如果有众生，看见塔寺僧房，涂饰修补，又教别人修理旧塔。他命终后，就会转生天上，身体洁白，住进珊瑚宝林，与许多美丽的天女，一起娱乐。天福享尽后，又转生为人，身体仍然洁白。"《法灭尽经》说："将来劫火烧起的时候，曾经用作寺院的地方，是不会被烧掉的。"

佛说："假使有人，花费了成百上千的钱财，建成了一座寺院，有一位手持戒尺的比丘曾经住了进去，接受众生的供养。那么，即使这个寺院被水火损坏，也不会磨灭施主的福德。"何况寺院建成后，已为众生广种福田啊！

下附征事 舍宅为寺（《金汤编》）

宋范仲淹，字希文，广修众善，笃信佛法。凡所莅守之地，必造寺度僧，兴崇三宝。与琅琊觉禅师、荐福古禅师，最厚。初读书长白山，于寺中得窖金，覆之不取。及贵，语僧出金修寺。又尝宣抚河东，得故经一卷，名十六罗汉因果颂，公为之序，授沙门慧哲流通。晚年所居宅，改为天平寺，延浮山远禅师居之（苏州府学亦其所舍）。仁宗朝，累官枢密、参知政事，追封楚国公，谥文正，子孙簪缨不绝。

　　（按）家舍田园，不过暂时逆旅，乐得以之修福。晋镇西将军谢尚，因父鲲之梦而免难，永和四年，舍宅为庄严寺（出《建康录》）。中书令王坦之，舍其园为安乐寺（见《搜神记》）。刺史陶范，于太元初，舍宅为西林寺（出《晋书》）。李子约，岁饥设粥，全活数万，后舍其屋宇为佛寺（见《法喜志》）。王摩诘，以丧母，表请辋川之地为佛寺。白乐天，王介甫，亦皆以所居施为梵刹（各见本传）。较之后世刻剥他财，经营大厦，甘为不肖子孙拆毁，不舍分文修福者，不啻神龙之与蜒蜓矣！

译文

　　宋朝范仲淹，字希文，做了很多好事，虔诚地信仰佛法，凡是他到过的地方，一定会修建寺庙，度人出家，大力兴隆敬奉三宝。范公和琅琊觉禅师、荐福古禅师关系最好。曾经在长白山读书的时候，他从寺庙中发现了一个地窖里全是金子，又把它覆盖起来，没有拿走。做了官后，他就告诉寺里的僧人，把金子拿出来修缮寺庙。他在河东任宣抚时，发现古经一卷，经名叫作《十六罗汉因果颂》，范公就为它作序，嘱托沙门慧哲流通。晚年时，他把自己的住宅改为天平寺，迎请浮山远禅来居住（苏州府学也是他捐赠的）。宋仁宗时，升官为枢密，一直到参知政事，追封为楚国公，死后谥尊号文正，子孙历代为官，门庭兴旺。

　　【按】屋宅田园，只不过是生命轮转中的一个暂时驿站，不如用来布施修福。晋镇西将军谢尚，因为父亲的梦而免难，就在永和四年捐出住宅作庄严寺。中书令王坦之，捐出自己的住宅作安乐寺。刺史陶范，在太元初年，捐出住宅作西林寺。李子约，在饥荒年岁，设粥布施，救活了数万人，后又捐出住宅作佛寺。王摩诘因为丧母而上奏回家，请求在辋川修建佛寺。白乐天、王介甫，都把自己的住宅捐出作佛寺。他们比起后世那些剥削他人血汗，建起高楼大厦，又被不肖子孙拆毁的，真是神龙和壁虎的差别啊！

或持斋而戒杀

原文

　　（发明）劝人戒杀，犹或相信；若言持斋，未有不以为迂矣！不知天下唯有食肉之人，所以有杀生之人；亦唯其有杀生之人，所以有食肉之人。二者相为勾引。世人只缘习见习闻，所以不知不觉。假令每日天将晓时，各得神通天眼，亲见无量无边屠户，手执利刀，将一切猪羊牛犬，捆缚在地，加以极刑。尔时，一切物类，大声疾呼，魂飞魄战，号天而天不赐梯，掉地而地不借孔。瞬息之间，尖刀尽断其喉；瞬息之间，尖刀尽入其腹；瞬息之间，热血尽从刀缝喷出；瞬息之间，沸汤尽从刀缝注入。由是，注目，则如热钉烙眼；注背，则如沸铁浇身；注舌，则如烊铜灌口；注腹则如滚锡缠腰。此时，一切物类，因痛极而紧闭其目，因痛极而渐低其声，因痛极而百骸俱为伸缩，因痛极而五脏尽若牵抽。俄而，阎浮世界，万万生灵，头足异处，骨肉星罗。积其尸，可以过高山之顶；收其血，可以赤江水之流；览其状，惨于城郭之新屠；听其声，迅于雷霆之震烈。如此所造无量凶恶，其端皆为吾等食肉所致。然则食肉之招报，亦不小矣。万一此种物类，宿世曾为吾之六亲，将若之何？曾为吾之眷属，将若之何？不然，未来世中，或为吾之六亲眷属，将若之何？更不然，吾之他生后世，同于此种

安士全书

一八四

物类，或六亲眷属之他生后世，同于此种物类，又若之何？谚云：一日持斋，天下杀生无我分。若一日不持斋，则天下杀生有我分矣。可不惧哉？

译文

（发明）劝人戒杀，还能去做；如果说要吃斋，就没有不认为迂腐的了。不知道天下因为有吃肉的人，所以就有杀生的人；又因为有杀生的人，所以才有吃肉的人。吃肉和杀生是互相紧密联系在一起的。因为世人习惯了这些事情，所以就不知不觉了。假使每天天将快亮的时候，我们都得了天眼通，亲见无量无边屠户，手拿利刀，把一切猪羊牛狗等牲畜，捆缚在地，加以杀戮。这时，所有牲畜都大声喊叫，魂飞魄散，叫天天不应，叫地地不灵。一瞬间，尖刀就砍断了它的喉咙；一瞬间，尖刀就刺入了它的肚子；一瞬间，汨汨热血就从刀缝里喷出来；一瞬间，开水就从刀缝里灌进去。于是，滚水淋到眼睛，就好像热钉灼烙它们的眼睛；淋到背上，就好像铁水浇注在它们身上；进入嘴里，就好像烊铜灌入它们口中；进入肚子，就好像滚锡缠在它们腰上。这时，一切物类都因为痛到了极点而紧紧闭住它的眼睛，因为痛到了极点而渐渐叫不出声音，因为痛到了极点而表现出全身伸缩，因为痛到了极点而看到五脏都在抽搐。一下子，我们这个世界亿万生灵，就这样头足分开，骨肉离散。堆积它们的尸体，可以高过高山的顶峰；收集它们的鲜血，可以红遍一江之水；看这种情形，比新遭战火屠戮的城池更加悲惨；听那种叫声，比晴空响雷更加惊心。之所以造下这么大的杀业，追究根源都因为我们吃肉的缘故。因此，吃肉所感得的恶报，今后一定不小。万一这些生灵，前世就是我们的六亲，该怎么办？如果曾经就是我们的眷属，该怎么办？或者，在来世中成为我们的六亲眷属，又该怎么办？再或者，我们自己在来世中成为这种物类，还该怎么办？谚语说：一天吃斋，天下杀生就没有我的份。如果一天不吃斋，那么天下杀生就有我的份了。这样的因果报应，我们还不感到害怕吗？

　　据经典所云,将来过六千年后,人寿十岁时,有刀兵灾至。一切众生,自相杀害,地所生草,利如锋刃,触之即死。过七日七夜,其患方除。佛言,从饥馑、刀兵死者,皆入恶道;从疾疫死者,多生天上。何以故? 以有疾病时,但相慰问,无有毒害屠杀,及相争相夺之心故。

　　《婆沙论》云:"若一日一夜持不杀戒,当于来世中,决不遇刀兵灾。"

译 文

　　经典上说,将来再经历六千年后,人的平均寿命十岁时,就会有刀兵灾祸来临。一切众生都互相残杀,地上长的草,都如利刀,一碰就死。过了七天七夜,祸患才停。佛告诉我们,在饥饿和刀兵灾祸死的人,都会堕落到恶道里面去;在疾疫灾祸死的人,多会生到天上去。为什么呢? 因为有疾病的时候,就能互相慰问,没有毒害屠杀和互相争夺的想法。

　　《婆沙论》说:"如果一天一夜持不杀戒,那么这个人在来世中,一定不会遇到刀兵灾祸。"

下附征事　怨亲颠倒（《法句喻经》）

原 文

　　舍卫国有婆罗门,富而悭贪,每逢食时,坚闭其户。一日烹鸡作馔,夫妇同食,中间夹坐一小儿,数取鸡肉纳小儿口中。佛知此人,凤福应度,乃化作沙门,现其人前。婆罗门见而怒曰:"道人无耻,何为至此?"沙门曰:"卿自愚痴,杀父婆母,供养怨家,如何反谓道人无耻?"婆罗门问故,沙门曰:"案上鸡者,是卿前世之父，以悭贪故，常堕鸡中。此小儿者，往作罗刹，宿生常被其害，以卿夙业未尽，又欲来相害耳。今此妻者，乃卿前世之母，以恩爱深固，还作汝妻。此种轮转，愚人不知，惟有道人，了了皆见。"佛于是即现威神，令识宿命。婆罗门忏悔受戒，佛为说法，得须陀洹道。

译文

　　舍卫国有一个婆罗门，富裕但吝啬贪心，每当吃饭的时候，就紧闭门户。有一天杀鸡做食，夫妇同吃，中间坐着小儿子，他们多次夹肉送进小儿子嘴里。佛知道这个人已经到了该超度的时候，就变成一位沙门，出现在婆罗门面前。婆罗门看见后大怒说："无耻的道人，怎么走到我这里来了？"沙门说："您才愚痴啊，杀死自己的父亲而娶自己的母亲，供养抱怨你的人，怎么还说道人我无耻呢？"婆罗门问其中缘由，沙门说："桌子上摆的鸡，是您前世的父亲，因为吝啬贪心的缘故，就常常堕落到鸡里面去。这个小孩，以前是一个罗刹，前世常常害您，因为前业未尽，所以现在又来投生到今世来害您。您的妻子，是您前世的母亲，因为恩爱深厚，所以今世又来做您的妻子。这种轮回，俗人不知，只有道人能够清楚地看出来。"佛于是显现出神威之力，使他看到自己的前世。婆罗门于是甘心忏悔受戒，佛为他说法导化，使他终获得须陀洹果。

善人则亲近之，助德行于身心；

恶人则远避之，杜灾殃于眉睫

原文

　　（发明）善人恶人，分明吉凶二路。言乎气味，判若薰莸；言乎品类，势同枭凤。故曰："近朱则赤，近墨则黑。"自然之理也。

善人所修者德行，亲之近之，便有熏陶渐染之功；恶人所酿者灾殃，远之避之，自无朋比牵连之祸。自天子以至庶人，未有不以亲贤远奸，为第一要务。良由观感赞助之力，默移人之性情者居多耳。

善人非必时时行善，然动静云为，较只恶自远矣。恶人非必事事为恶，然语默作止，较之善自远矣。且如吾欲作一善事，济一贫人，放一生命，善人见之，**必多方赞成，以为此举必不容已**；恶人见之，**必无数阻抑，以为此事极其迂阔。言之者既已谆谆，听之者能无跃跃？吾知随之转移者多矣！**

译文

（发明）善人和恶人，分出吉凶两条道路。用气味来比喻，善人就好像薰草的香味，恶人就好像莸草的臭味；用品种来比喻，善人就好像是美丽的凤凰，恶人就好像是凶残的枭鸟。所以说："近朱者赤，近墨者黑。"这是很自然的道理。善人修德行善，亲近他们，就会受到他们好的熏陶，走向解脱向善的道路；恶人行恶酿灾，远避他们，就不会有祸害的牵连，走向堕落的道路。从天子到百姓，没有不把亲贤远奸作为头等大事的。因为这会在很大程度上受到环境的影响，不同的环境就会对人有不同的影响，很多人就因为不能亲近贤能的人，远离奸佞小人，因此就走上了与自己本性不同的道路。

善人并不一定要时时行善，但无论他们是实践行动还是心静无为，都自然会离恶越来越远了；恶人并不一定要事事为恶，但语言沉默举止娴静，离善就会很远了。例如我要做一件好事，救济一个穷人，释放一个生命，善人看见后，就一定从各个方面表示赞成，认为这一举措是不能停止的；恶人看见后，就一定从各个方面设置障碍，认为这件事情非常迂腐。说话的人既然恳切，听话的人怎能不动心？我看见很多人因此就转移了。

安士全书

原文

孟母教子，必欲三迁，恶其习也。圣人尚尔，何况庸人？岂惟人类，即异类亦然。昔华氏国有一白象，能灭怨敌，人若犯罪，彼国令象踏死。其后象厩为火所烧，移象近寺。象闻比丘诵《法句经》，至"为善生天，为恶入渊"之句，象忽悚立，若有觉悟。后付罪人，但以鼻嗅舌舐，不忍踏杀。王知其故，移象至屠肆之处，象见屠杀，恶心复炽。然则见闻所系，顾不重哉？

译文

孟母教育孟子，必须要三次搬家，怕孟子沾染了当地的恶习。圣人尚且都是这样，何况普通人？不仅人类是这样，其他动物也是这样。从前华氏国有一只白象，能够消灭怨敌，如果人犯了罪，这个国家就用象踏死。后来象的住所被大火烧毁，把象转移到了接近一个寺庙的地方。象听比丘念诵《法句经》，听到"为善生天，为恶入渊"的句子，忽然恐惧地站着不动，好像有所觉悟。后来再把罪人拉到象近前，象只用鼻子嗅嗅、用舌头舐舐，不再忍心踏死他。国王知道了缘故后，就把象转移到屠宰处，象每天看见屠杀，恶心就又恢复了。因此，周围的影响，我们能不重视吗？

原文

见善人，不独自己当亲近，即教其子弟亦得亲近；岂惟教其子弟亲近，凡系一切亲戚知交，可以与之一谈者，皆当教其亲近。见恶人，不独自己当远避，即教其子弟亦当远避；又岂惟教其子弟远避，凡系一切亲戚知交，苟能进以忠言，皆当教其远避。何则？善恶两途，不容并立。人若不近君子，必近小人。由善入恶甚易，改恶从善甚难。每见里巷小民，群居终日，言不及义。有以酗酒撒泼，而致破家身亡者；有以好勇斗狠，而致破家亡身者；更有溺于赌博，耽于声色，而致破家亡身者。此中招灾酿祸，举目皆是。原其弊，始于二三知己，一时高兴，转相效学而然，初不料其祸之遂至于此也。假令以亲近匪类之心，亲近善类；以结交匪类之财，结交善类；则其进德修业，转祸为福，正未有艾！夫何计不出此？乃以父母妻子甚爱之身家，不思慎于保守，徒供匪类之丧败，良可痛惜！则与其悔之于后，不若慎之于始也。

译文

　　看见善人，不仅自己应当亲近，还应教育子弟也要亲近；不仅应教育子弟要亲近，还要告诉一切亲戚朋友，凡是能够与自己谈得上话的人，都应当教育他们亲近。看见恶人，不仅自己应当远避，还应教育子弟也要远避；不仅应教育子弟要远避，还要告诉一切亲戚朋友，凡是能够向他们进以忠言的人，都应当教育他们远避。为什么呢？善与恶是两条不同的道路，它们之间是不能相容共存的。人如果不接近君子，就必定会接近小人。从善入恶很容易，改恶从善却很难。每当看见村落城镇聚居在一起的人，无所事事，从来不谈及有道义的事。有的人酗酒撒泼，以致家破人亡；有的人好勇斗狠，以致家破人亡；更多的人陷入赌博，沉迷声色，以致家破人亡。因此招来灾害，酿成大祸，随处都是。追究这些弊病的根源，开始是两三个知己，一时高兴，互相模仿学习，当初也没有预料到会引出这么样的大祸。假使用亲近土匪的心，亲近好人；用结交土匪的钱财，结交好人；那么人就会进德修业，转祸为福，今后的好处真是无穷无尽啊！为什么不这样去做呢？父母妻子都很爱惜的身家，不去好好保护，反而成为土匪的帮凶，搞得家破人亡，一败涂地，实在让人可惜了啊！与其到最后才知道后悔，还不如在开始时就慎重防备呢。

安士全书

执贽十往（见本传）

宋马伸，字时中，弱冠登第。崇宁中，禁元祐学术，其党为诸路学使，专纠其事，程门宿学老儒，皆惧而解散。时伸自吏部，求官西京法曹，锐然往依。先生恐其累彼也，却之。伸执贽十往，礼益恭，且曰："使伸得闻道，即死何憾？况未必死乎！"自此出入三年，凡公暇，虽风雨必赴。同僚或以非语之中之，公悍然不顾，多所进益。

（按）是时群议惶惑，同人惧其及祸，伸遂欲弃官往投。人皆闻而壮之，以为有志于学，其为德业之助何如！

宋朝马伸，字时中，二十岁的年纪就考试及第了。宋崇宁年间，禁止元祐学术的传播，一些党派人士担任各路的学使，专门查禁这件事，程氏门中一些博学的老儒学者，都因害怕而解散了。当时马伸从吏部到西京，担任法曹，毅然前往老儒学者那里依附请教。这些老先生恐怕拖累他，就拒绝他来。马伸备好礼物，前后拜访十次，而且一次比一次恭敬，并且说："只要能够听到启发人智慧的大道理，即使死了也没有遗憾，何况还并不一定会死啊！"从此出入三年，只要马公有一点儿空闲时间，就不期而至、风雨无阻。同事们有的说他的闲话，马伸却坚决不动心，因此在道德修养上得到了很大帮助。

【按】当时议论纷纷，扰乱人心，朋友们都担心他会惹出大祸，马伸就准备弃官前往投奔。人们听到他这样做都很受鼓舞，认为只有立志不断学习，才能在道德进程中有所助益！

党恶杀身（昆山共知）

　　昆山甫里镇马继，自恃拳棒，结拜兄弟数人，日事杯酒。邻近有贾人，家本饶裕，二子误入其党。一日，马见客人钟聪，在镇收钱数百千，欲劫之，邀其党同行，二子不知其故。舟过莲花墩，尾客船，数人从后钩住，尽劫其钱。钟客登岸号呼，近岸乡民，四起逐之。适遇捕盗船到，协力擒拿，无一免者。马继等先后死狱中，止存陈贵、顾祖、朱二，于康熙十一年七月，枭斩半山桥上。贾人二子，有口难辩，竟陷大辟。

　　昆山甫里镇有个名叫马继的人，凭借自己的拳棒功夫，与好多人结拜为兄弟，每天喝酒闹事。邻近有一个商人，家里本来比较宽裕，两个儿子交友不慎，误入团伙。有一天，马继看见客人钟聪，在镇上收了很多钱，计划抢劫，邀集同伙一同实行，商人的两个儿子虽然不知道去做什么事，但也还是去了。乘船过了莲花墩，追上了客船，几个人从后面把船钩住，将钱财抢劫一空。钟聪上岸大喊岸边的乡民抓贼，靠岸的乡民从四面八方跑过来追赶抢劫犯。这个时候正好碰上捕盗船，于是就齐心协力，把这一团伙全部抓住，没有一人漏网。马继等人先后死在狱中，只剩下陈贵、顾祖、朱二，在康熙十一年七月受斩于半山桥上。商人的两个儿子，虽然不知道是去抢劫，但也加入了团伙，有口难辩，也被问斩。

见先哲于羹墙

（发明）先哲者，谓往古圣贤；见之云者，谓心慕身行，如或见之也；"羹"、"墙"二字，勿泥，当与"参前倚衡"一例看。

圣贤道理，随处发现流行，活泼泼地；倘若执著行迹，稍存意、必、固、我，是犹叶公但知画龙，而不知有真龙矣。余昔年偶见一人，手执《中庸》，因与论《中庸》大义，且告之曰："《中庸》本无形相，若指定三十三章者以为真《中庸》，孔颜之道，尚未梦见。"其人大怒曰："君是禅学，非吾儒道。"遂将《中庸》反掷于案上。余曰："子诚小人矣。"其人问故，余曰："仲尼不常曰'君子中庸，小人反中庸'乎？今子反《中庸》于桌子上矣！"其人曰："小人反中庸，岂反置手内所执者乎？"余笑曰："然则吾所谓无相之中庸者，固如此也。"其人默然有省。

译 文

（发明）先哲，就是指古代圣贤；见到他们的意思，就是说只要心里仰慕、身体力行，那么就如同是见到了；"羹""墙"两字，不要拘泥，请参看前面"参前倚衡"的例子。

关于圣贤的道理，要在现实生活中随处发现并实践，生动活泼；如果执着于表面迹象，

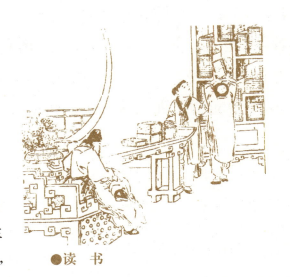

●读书

文昌帝君阴骘文广义节录

被语言文字所控制，自以为是，那就犹如叶公好龙，只爱画上的龙，却不知道有真龙。我曾经偶然遇见一个人，手拿着《中庸》，就与他谈论《中庸》的大义，告诉他说："《中庸》本来没有具体的形象，如果指定三十三章就是真正的《中庸》，那么孔子、颜回的大道，就还没有梦见。"这个人大怒说："你是禅学，不懂我们儒家的道理。"于是就把《中庸》反抛在桌子上。我说："你真算得上是一个小人！"这个人问是什么缘故，我说："孔子不常说'君子中庸，小人反中庸'吗？现在你不就是把中庸反抛在桌子上了吗？"这个人说："小人反中庸，难道就是反手抛出所拿的《中庸》吗？"我笑着说："我所说无相中庸的道理，就在于此。"这个人沉默不语，似乎有所觉悟。

原文

一日有人举"尽信书，不如无书"之说，余曰："此语却未敢便道，孟夫子说得是。"此友拂然，余微笑，其人良久，始恍然曰："君可谓善读《孟子》者矣，我几为君所卖！"

尧、舜、禹、汤、文、武、周、孔、颜、曾往矣，要其遗文固在也。闲尝神游千古，网罗百家之言以读之，反复沉思，参以先儒议论。若其言与吾合，则密咏恬吟，悠然神往；间有一二言欲合而必不可者，则笔之于书，质诸至圣先师，俾存其说于天壤。故三十年来，曾有《质孔说》一编，以自娱玩。非敢谓如见先哲也，以期发明圣学，不负先哲之训已耳。爰摘数条，以公同志。

译文

有一天朋友谈及"尽信书，不如无书"的说法，我对他说："这句话不能轻易给它下结论，但孟子说得对。"这个朋友不明白是什么意思，我微笑不语，过了很长一段时间，他恍然大悟说："您真是善读《孟子》的人了，我几乎被您卖了！"

尧、舜、禹、商汤、文王、武王、周公、孔子、颜回、曾子都过去了，但他们留下的书籍还存留于世。我闲时曾经神游千古，搜集百家的言论来阅读，反复思考其中的道理，又参考先儒的议论。如果言论与我的心相呼应，就慢慢朗诵，心态平和安详，神往那种非凡的境界；偶尔有一两句言论想要融合但却做不到，就把它记录下来，向至圣的先师们质疑，也使他们的学说永存于世。所以三十年来，写有《质孔说》一本，自己反复咀嚼体味。不敢说我自己就如同见到了先哲，只是希望阐明圣人的学说，不辜负先哲的谆谆告诫。现摘录几条，向有共同志趣的人公布。

文昌帝君阴骘文广义节录

万善先贤集

卷一　因果劝（上）

劝阅是集者（此篇是戒杀之纲领）

原文

仁列五常首，慈居万德先。皇哉三教论，异口若同宣。人人爱寿命，物物贪生全。鸡见庖人执，惊飞集案前。豕闻屠价售，两泪涌如泉。方寸原了了，只为口难言。蓦受刀砧苦，肠断命犹牵。白刃千翻割，红炉百沸煎。炮烙加彼体，甘肥佐我筵。此事若无罪，勿畏苍苍天。古来生杀报，往复如轳旋。吾昔弱冠时，目击生哀怜。搜罗今昔事，将盈数万言。誓拔三途苦，此志久愈坚。落笔伤心处，一字一鸣咽。绣板贫无力，劝募亦辛艰。崎岖三四载，今日方流传。奉劝贤达者，留神阅是编。

译文

仁位列五常之首，慈位居一切德行的前列。儒释道三教的教义真伟大啊，好像是金口玉言。人人都想长寿，所有的事物贪念生和活的滋味。鸡见到厨师走过来，会在屋前惊飞不止。猪见到屠户走过来，两眼就会泪如泉涌。它们心里很清楚，只因为有口难言。忽然遭受到被刀杀死的苦痛，肠虽然断了却还没有断气。用刀子千翻宰割，用红锅反复沸煎。这些牲畜身受千刀万剐，血肉成为人餐桌上的美食。这种事的罪孽深重，我们头上有苍天，这一切都难逃他的法眼。自古以来杀生都会有恶报，轮转反复地报复在前世、今生、来世上。在我年轻时，就目睹杀生时这些牲畜的深深哀怜。搜罗现在和以前发生的这样的事，将会有数万句话要说。发誓要跳出今生来的苦难，历经许久而意志更坚定。落笔时遇到伤心处，每写一个字就要呜咽悲泣。书籍的印刷也贫乏无力，劝募别人行善是多么辛苦艰难啊。我艰苦崎岖了三四年，今天才在世间流传。奉劝那些懂得知识，博学的读书人，一定要留神阅读一下这篇文章。

下附征事　冥主遵行（见《感应篇广疏》）

原　文

　　钱塘郑圭，病，梦已故孝廉陆庸成来访，仪从盛于平时。问授何职，曰："冥曹观政。"因出二书以赠，一《孝义图》，一《放生录》。郑曰："此《放生录》，莲池大师所刻也。公在冥府，何以得之？"陆云："冥主遇世间嘉言善行，随敕记录，且颁布遵行，惟恐人之不信也。君能奉行，病将痊矣。"寤而随觅二书玩之，即坚持杀戒，病果痊安。

　　（按）道二，仁与不仁而已矣。戒杀，仁也。戒杀书，与人共广其仁者也。独善者，其仁小。兼善者，其仁大。莲大师，儒家麟凤，敝屣科名，后舍俗出家，为法门砥柱，所以祈雨而甘霖速沛，居山而猛虎潜踪。则知戒杀一书，天且不违，况于人乎？况于鬼神乎？

　　钱塘县人郑圭，自己在生病，有一天梦见已经死去的孝廉陆庸成来访，而且他的气派远超过在世的时候。钱圭问他在阴间担任什么职务，陆回答说："在阴间任观政官。"然后拿出两本书赠送给郑圭，这两本书一本是《孝义图》，一本是《放生录》。郑圭说："这本《放生录》，是莲池大师刻印的。您在阴间，是怎么得到的？"陆庸成说："冥界的主宰遇到现世上的嘉言善行，随时命令记录官记录下来，并且在阴间颁布遵行，只是担心阳间的人们不相信啊。如果您能够奉行这些善言善德，病马上就会痊愈了。"郑圭醒来后就找到两本书仔细玩味，从此坚持杀戒，病果然就痊愈了。

　　【按】为人处世，只有仁与不仁这两条路。戒杀就是仁。戒杀书，就是劝人共同来推广仁爱啊。一个人戒杀，他所体现的仁就小。劝大家一起戒杀，所体现的仁就大。莲池大师是儒家的杰出代表人物，看破名利，舍俗出家，成为佛门的中流砥柱，所以能向上天祈雨，大地马上就会洒满甘霖，居住深山，猛虎就会隐蔽踪迹。于是我们就能知道莲池大师的戒杀一书，上天都不敢违背，何况于人呢？又何况于鬼神呢？

劝养亲者（以下言居家不宜杀生）

　　人子养亲，其道各别。全乎下养者为小孝，全乎次养者为中孝，全乎上养者为大孝，惟全乎最上养者为大孝之大孝。何则？下养者，惟知口腹之奉，酒食甘旨，不致有无余之叹，是亦世所难能，谓之小孝。次养者，体亲之志，父母所爱亦爱，所敬亦敬，使亲心安乐，是名中孝。上养者，谕亲于道，善则赞成，过则几谏，使父母圣德在躬，是名大孝。至于最上养者，更有进焉。

常念父母之恩，同于覆载（覆载，指天地），父母之寿，易于推迁。当用何法可报亲恩？何法可延亲寿？何法可使父母出离生死？何法可使父母罪障消除？何法可使父母得入圣流，究竟成佛？譬如刀兵劫至，负亲而逃。遁入山中，得毋亦有寇至乎？遁入水中，得毋亦有寇至乎？遁入旷野，得毋亦有寇至乎？辗转熟思，必置父母于万全之地。是名最上养，亦名无上养，亦名超出一切世间养。岂非大孝之大孝乎！若杀物养亲，使物类抱冤来世，父母偿债多生，不啻以漏脯（漏脯，因屋漏沾水而有毒的干肉）救亲饥，鸩酒止亲渴矣，何逆重之，而可托言孝耶？或曰：士人功成名遂，光祖扬宗，可谓孝乎？答曰：功成名遂，固足取也。若以此济其善，固为荣亲。倘以此济其恶，不反为辱亲耶？桧、嵩之父，亦宰相亲也，假令起于今日，人必恶之疾之矣。故知孝子荣亲，莫如积德，功名进而焉者耳。

<u>译　文</u>

　　儿辈赡养亲人，办法各有不同。下养为小孝，次养为中孝，上养为大孝，最上养为大孝之大孝。为什么呢？下养只知道满足吃喝，使父母各种吃的喝的补品，都不致有所缺乏，这已经是人世间的儿女们对父母难以做到了，所以这种养叫作小孝。次养就是能体谅父母亲人的心意，爱父母之所爱，敬父母之所敬，使亲人心里安乐，这种养就叫作中孝。上养就能劝告亲人明了大道之理，善就赞成，过就规劝，使父母用高尚的道德滋润身心，这才是大孝。至于最上养就更上一层楼，常常想念父母的恩情，等同于天地，父母的寿命，与日随减，应当用什么办法可以报答亲恩，什么办法可以延长亲寿，什么办法可以使父母出离生死，什么办法可以使父母罪障消除，什么办法可以使父母进入圣人之流，最终成佛。譬如战火将至，保护亲人逃跑。躲入山中，总是担心敌人来了吗。逃入水中，

总是担心敌人来了吗。逃入旷野，总是担心敌人来了吗。辗转不安，一定要把父母放到最安全的地方。这就是最上养，也叫作无上养，或者叫作超出一切世间养。难道不是大孝中的大孝吗？如果杀掉生物供养双亲，使被杀掉的物类抱冤来世，父母就会用多个来世来偿还今生所犯下的罪孽，这不正像是用腐肉来救济双亲的饥饿，用毒酒来给双亲止渴吗？多么大逆不道啊！怎么能说是孝呢？有人说：读书人功成名遂，光宗耀祖，可以叫作孝吗？我的回答是：功成名就，当然不错。如果依靠它去做好事，当然可以为亲人增光；如果依靠它去做坏事，不反而侮辱亲人吗？樊哙、严嵩的父亲，是宰相的至亲啊。假使今天再来，人们一定会厌恶他痛恨他了。因此，就应当知道孝子尽孝，为亲人增光，莫如积德，功名是次要的啊！

下附征事　饾饤余业（出《观感录》）

　　常熟顾顺之，寓无锡，素茹斋。康熙庚戌二月朔，瞑七昼夜苏，曰："见道人约往听经，至其处，前法堂讲《金刚经》，后法堂讲《报恩经》。讲毕云：'茹斋者坚心念佛，食肉者务戒杀生，一可超度父母，二可消己罪业。'少顷，忽见母在血池中哭，螺蛳、蚯蚓绕身。道人云：'汝今生之母已度，此过去母也，因其好食肥鸭，故群类绕身耳。须念往生咒度之。'遂觉。"（饾饤，堆叠食品。）

　　（按）世俗称孝，止于一世。佛门尽孝，广利多生，所以为大。

常熟人顾顺之，家住在无锡，一向吃素。康熙庚戌二月初一开始，昏睡七昼夜才苏醒。醒后说："有个道人约我去听经。来到听经的地方，前法堂讲《金刚经》，后法堂讲《报恩经》。讲经完毕后说：'吃素的人要坚心念佛，食肉的人要戒杀放生。这样做，一可超度自己的父母，二可消除自己的罪业。'不一会儿，忽然看见母亲在血池中哭泣，螺蛳、蚯蚓缠绕身体。道人说：'你今生的母亲已经超度，这是你过去世的亲母。因为她贪食肥鸭，所以得了这个报应，必须念往生咒超度她。'于是就醒过来了。"

【按】世俗所说的尽孝，只有一世，佛门中说的尽孝，广利多生，所以是最大的孝。

劝爱子者

儿童所造杀业，由于父兄不禁，则习以为常。始仅以昆虫蝼蚁为不足惜，继即以屠牛杀犬为不必戒。恻隐既失，隳节败名，覆宗绝祀，靡不由之。故知总角（幼年）之时，习善则善，习恶则恶，不可一日失教也。普劝为父兄者，毋以物命微而不救护，毋以儿童幼而弗防闲（闲，防范）。使子弟见闻无非善行，虽至不仁之质，犹将化之，况本善者乎？不然，幼时失教，后虽悔之，弗可及已。

儿童杀生，由于父母兄弟不加以严格禁止，就认为是习以为常的事。起初只是认为昆虫蝼蚁不足怜惜，接着就认为屠牛杀狗也不必阻拦。如果人的恻隐之心已经丧失，今后就会道德败坏、声名扫地，甚至于会祸及子孙，令整个族人受难。因此，就应该知道一点，人还在很小的时候，学善就善，学恶就恶，人在儿童的时候一天也不能失去对他的教育啊！普劝天下做父母兄弟的人，不要认为物命微小而不救护，不要认为儿童还小就不加防范。要使后辈见闻都是善行。即使已经养成不仁的品质，也还要诱导教育，何况品质本来就很好的呢！否则的话，从小失教，长大后再后悔，就已经来不及了。

劝节日杀生者

原文

良辰美景，人逢之而色喜，物遇之而心伤者也。何则？人于此时，欢呼畅饮；物于此时，魄震魂飞。人于此时，骨肉团圞；物于此时，母离子散。人于此时，饰衣服，贺新禧，珍羞草芥；物于此时，血淋漓，肠寸断，肝脑沙尘。故节日杀生，第一残忍者所为也。试于操刀之顷，蓦地回光一照，虽嘉肴在御，当必黯然神伤矣。《梵网经》有"不敬好时戒"，盖为此耳。

译文

良辰美景，每个人遇到了就会面露欣喜之色，但是万物遇到此时却很伤心。为什么呢？人在此时，欢呼畅饮；物在此时，魂飞魄散。人在此时，骨肉团圆；物在此时，母离子散。人在此时，穿新衣，贺新禧，山珍海味，杯盘狼藉；物在此时，血淋漓，肠寸断，肝脑涂地，惨不忍睹。因此在节日杀生，是最残忍的事情。试于操刀的瞬间，蓦地回光返照，虽然佳肴在前，也必定黯然神伤了。《梵网经》有良辰吉日对杀生之戒极大的不尊敬，说的就是这样的事啊！

劝祀先者（以下言享祀不宜杀生）

万善先贤集

原文

　　祭祀祖先，不过尽报本之思而已。至祖宗来格（降临）与否，未可知也。何则？祖宗修人天之福，必生人天受乐。造三途之业，必在三途受苦。然享乐者少，受苦者多。故孝子慈孙，每遇节日忌日，但当虔诚斋戒，念佛持经，回向西方清净佛土，使祖先出轮回苦，是为真实报恩。至杀生以供鼎俎，徒增死者业障耳，遇明眼人，不胜悲悯。

译文

　　我们祭祀祖先，不过只是想尽不忘本的想法罢了。至于祖宗是否来了，并未可知。为什么呢？祖宗修人天之福，必生人天受乐；造三途之业，必在三途受苦。总的来说，享乐的少，受苦的多。因此，孝子慈孙每遇节日忌日，只能虔诚斋戒念佛诵经，回向西方清净佛土，使祖先摆脱轮回痛苦，这才是真实报恩。至于杀生祭祀，只不过增加死者的业障罢了，明眼人看到这样的事，就会对他们的做法感到悲悯。

劝祷祀神祇者

原文

　　世俗认造罪为烧香，以逆天为修福者，莫如祷赛（赛，祭祀酬神）。祷赛中最可恨者，莫如代人保福。盖寿夭生死，皆宿世因，业果既定，不可复逃。譬如官吏奉旨摄人，徇役岂因口腹之故，代其上击登闻，挽回圣旨乎？所以堂中献神，室内气绝者，举目皆是。而沿习成风,皆口腹小人误之也。小人见人疾病,辄敛金杀物,以媚邪神。主人愚痴,不知病者阴受其祸,反以为德,不亦重可怜乎? 普劝世人,凡遇有疾者,宜劝其作善消灾,诵经礼忏。如病势危剧,必劝其专心念佛,求愿往生,是为无边功德。慎勿听巫卜妄言,使病人以苦入苦也。

译文

　　世俗烧香造罪,把违背天理认作是修福,莫过于祷神还愿。祷神中最可恨的,莫过于代替别人保受福禄。因为寿夭生死,都来自前世种下的因果,既然生死的业果都已确定,人不可再逃脱。譬如官吏奉旨抓人,难道就会因为口腹之故,而代犯人击鼓上诉,挽回圣旨吗? 所以在厅堂中祭神,室内的人已经气绝身亡,到处都有。这种做法沿习成风,都是贪图口腹之欲的小人所引起的啊! 这些小人见人有病,就收受钱财杀害生灵,讨好邪神。主人很愚笨痴呆,不知道得病的人已经酿下祸患,反以为积下功德。这样的人不也太可怜了吗? 普劝世间的人,凡遇到有病的人,应当劝他行善消灾,诵经礼忏。如果病势危剧,一定要劝他专心念佛,发愿往生。这才有无边功德啊! 千万不要听信巫卜妄言,使病人陷入更痛苦的境地。

关公护法(见道书《关帝经注》)

原文

　　关公讳羽,字云长,后汉人也。没后奉玉帝敕,司掌文衡及人间善恶簿籍,历代皆有徽号。归依佛门,发度人愿。明初,曾降笔一显宦家,劝人修善,且云:"吾已归观音大士,与韦驮尊天,同护正法,祀吾者勿以荤酒。"由是远近播传,寺庙中皆塑尊像,显应不一。

（按）余阅道家书籍，见有《文昌忏》三卷，系帝君降笔。其言纯用佛书，虽不及《梁忏》之圆融广大，然其归信三宝，殆不亚于关公也。因叹二帝现掌文衡，一应科场士子，皆经其黜陟，出天门，入地府，威权如此赫濯，然且倾心归向，则佛法之广大，不待辩而可知矣。孟子以伯夷、太公为天下父，曰："天下之父归之，其子焉往？"余于二帝亦云。

译 文

关公名讳为羽，字云长，后汉人。死后奉玉帝之命，执掌文昌府，主管人间功名、禄位等事，以及人间善恶簿籍，历代对关公都有封号。他皈依佛门，发愿救济世人。明初，关公曾降笔到一显宦人家，劝人修善，说："我已归依观音大士，与韦驮尊天，同护正法，祭祀我的人不要再用荤酒。"因此，远近流传，寺庙中都塑关公尊像，彰显他的很多事迹。

【按】我阅读道家书籍，看见其中有《文昌忏》三卷，是关帝君降笔所书。语言纯用佛书，虽然不及《梁皇宝忏》那样圆融广大，但他归信三宝，却不逊于关公。所以我感叹，二位帝君现在掌管文昌府，一切人间功名、禄位都由二帝取舍定决。他们出天门，入地府，威权如此显赫，尚且倾心皈依佛门，那么佛法的广大，不待分辩就可以知道了！孟子认为伯夷、太公是天下人的父亲，说："天下人的父亲都归依了文王，他们的儿子还能跑到哪里去呢？"我认为关公、文昌二位帝君也是这样。

劝宴客者（以下言宾燕不宜杀生）

原 文

世人皆恶吃亏，而人人做吃亏之事。世人皆畏堕落，而在在种堕落之因。有人于此，父母无故而詈之曰："尔乃犬豕，尔乃异类。"彼必愀然不乐，愠父母之辱己矣。夫犬豕异类之名，既恶之惟恐不至，则犬豕异类之实，宜绝之惟恐不深。独至宴客，辄炰鳖烹鱼，屠鸡割凫，惧以三途之苦报而不悟。岂非但恶虚名，不畏实祸耶？《楞严经》云：以人食羊，羊死为人，人死为羊。食余众生，亦复如是。死死生生，互来相啖，恶业俱生，穷未来际。佛无诳语，何敢不信？故知割鸡者得鸡报，屠犬者得犬报，理所必然。呜呼！向虽父母詈我而不受，今为他人口腹为之。向虽父母詈我而不受，今为一时欢笑为之。是亦不可以已乎？

译文

　　世人都厌恶吃亏，但人人却都做让自己吃亏的事；世人都害怕堕落，但处处却种下堕落的因。有的人就是这样，为人子女，却遭到自己父母无故的骂："你是猪狗，你是畜生。"一定会神情大变，闷闷不乐，痛恨父母侮辱自己了。连猪狗异类的名字都生怕落到自己身上，那么成为猪狗异类的事实则就是最恐惧的事了。单是到宴请宾客时就杀鳖烹鱼，屠鸡杀凫，使自己堕落到三途苦报而不觉悟，难道不是只厌恶虚名，不害怕事实吗？《楞严经》说："因为人吃羊，人死后就变为羊，羊死后就变为人，这样生生世世，互相吞杀。吃其他的众生，也是这样。恶业永远延续，再也没有结束的日期。"佛不说假话，怎能不相信呢？因此，就应当知道，杀鸡的人，得变鸡的报应；杀狗的人，得变狗的报应，这理所当然。可悲啊！以前连父母骂我是畜生都不接受，今天却为了满足他人口腹之欲而成为事实；以前连父母骂我是畜生都不能接受，今天因贪一时欢笑，逞口腹之快而成为事实。这实在是太愚蠢了！

安士全书

万善先贤集

卷二 因果劝（下）

劝求功名者（以下言求福不宜杀生）

原文

海内操觚（操觚，撰写文章）之士，夙而兴，夜而寐，继晷焚膏者，曰为求功名也。父诏子，师勉弟，惟日不足者，曰为求功名也。然而少年之士，每有早掇巍科。博古之儒，往往怀才不售（不售，科举考试未中）。非荣枯得失，操之者天耶？既操之天，则合天而天佑之，违天而天弃之，必然之理也。戒杀一端，文人每视为缓图，以为此特佛氏之教耳。噫！岂佛氏好生，吾儒独好杀乎？昔程明道，主上元县簿，见乡多胶竿以取鸟者，命尽折其竿，然后下令禁止（出《宋史》）。而吕原明，得程氏正传，然累世奉佛，戒杀放生。为郡守时，署中多蓄笋干、鳆鱼干，以代水陆生命（见《圣学宗传》）。彼诚见好生恶死，天心所在，不可违耳。人能以天地之心为心，则福禄随之矣。

译文

世上读书作文的人，都是早起晚睡，废寝忘食，一心只为求取功名。

父亲告诫儿子，老师勉励学生，让他们抓紧一分一秒，一心只为求取功名。可是，那些年纪轻轻的少年，常常金榜题名。而博古通今的老儒，往往怀才不遇。这样看来，荣枯得失难道不是由上天主宰吗？既然由天主宰，那么合乎上天的心意而上天必定护佑他，违背上天的心意必定遭到上天的鄙弃。戒杀这件事，文人常常认为可以慢慢来，认为这件事只不过是佛法的教义罢了。可悲可叹啊！难道只有佛家好生，我们读书人单单好杀吗？在历史上，程明道在任上元县簿时，看见乡人多用胶竿取鸟，就命令把所有的胶竿全部折断，然后下令禁止打鸟的事（出自《宋史》）。吕原明得到程氏正传，但他家多世奉佛戒杀放生。任郡守时，他的官署中贮存很多笋干、鳆鱼干，以代替水陆生命（见圣学宗传）。他们确实认识到了好生恶死是上天的心意所在，不可违背。人能以天地之心为心，那么福禄就会跟随他了。

下附征事　帝君示梦（见《护生编》）

原文

　　明末，蜀士刘道贞，客至。将割一鸡，忽不见。客坐良久。欲杀一鸭，忽又不见。索之，见同匿暗处。鸭以首推鸡出，鸡亦如之，相持甚力而无声。刘悟，作《戒杀文》劝世。辛酉七月，其友梦至文昌殿。帝君揭一纸示之，曰："此刘生《戒杀文》也，今科中矣。"寤而语刘，刘不信。榜发，果符其言。

　　（按）禽兽与人，形体虽异，知觉实同。观彼被执之时，惊走哀鸣，逾垣登屋。与人类当王难被擒之时，父母彷徨莫措，妻孥攀援无从，异乎不异？观彼临刑之际，割一鸡，则众鸡惊啼，屠一豕，则群豕不食。与人类当劫掠屠城之际，见父母血肉淋漓，妻孥节节支解，异乎不异？观彼宰割之候，或五脏已刳，而口犹吐气，或咽喉既断，而眼未朦胧。与人类当临欲命终之候，痛苦欠伸，点头熟视，异乎不异？即鸡鸭之私相推诿，世人当痛心而镂骨矣！

【译文】

明朝末年，四川读书人刘道贞家里来了客人。准备杀一只鸡待客，结果鸡忽然不见了。客人因此坐了很久。他又想去杀一只鸭，结果鸭也忽然不见了。四下一找，看见鸡鸭一起躲在暗处。鸭用头向外推鸡，鸡也用头向外推鸭，相持不下且默不作声。刘道贞很受感动，就写了一篇《戒杀文》劝世。辛酉七月，他的朋友梦见到文昌殿，帝君揭开一张纸给他看说："这是刘生的《戒杀文》，他能考中了。"醒来后告诉刘道贞，后者不相信。等到发榜后，果然应验了朋友所说的话。

【按】禽兽和人类，虽然体形不同，但知觉实际上是相同的。看那些禽兽被捕捉的时候，惊走哀鸣，跳墙爬崖。与我们人类被捕杀时，父母彷徨苦闷，不知所措，妻子走投无路，寻死无门，相同还是不同呢？看那些禽兽被杀害的时候，宰杀一只鸡，别的鸡就会哀啼，屠杀一只猪，别的猪就不吃东西。这与我们人类当被劫掠屠杀的时候，看见自己的父母血肉模糊，妻儿身首异处，这种痛楚和悲伤是相同还是不同呢？看那些禽兽将要被宰杀的时候，有的五脏已被剖开，但口里还在吐气，有的咽喉被截断，但眼睛还没完全闭上。这与人类临终时，痛苦万分的情形，是否一样呢？在看到了鸡和鸭相互推诿的事情后，我们就应该对杀生的残酷体会得更铭心刻骨了！

劝求子者

【原文】

富家无子，挥金纳妾者有之，重价市药者有之。然求之愈切，得之愈艰，何哉？盖三界中定业，苟非大善，不能挽回。古来无子之人，往往因一念觉悟，勇猛修德，因而连生贵子者，指不胜屈也。

求之不得其道，而徒怨天尤人，致慨宗祧之失守，亦惑之甚矣。

译文

有个富贵人家无子嗣，家主人不惜重金娶妻纳妾、治病求医。可是求子的心情越急切，得子的希望越渺茫，为什么呢？因为三界中业果早已注定，除非行大善积大德，否则无法挽回。自古以来没有儿子的热门，都常常因为自己的一念之间而幡然觉悟，因此迅速进德修业，所以接连生养子嗣继承香火，这种例子很多，不胜枚举。想要儿子却不得正确方法，只是怨天尤人，以至于自己无后而断绝祖宗香火，也太昏惑了啊。

下附征事　放生得子（见《广仁录》）

原文

元朝一富商求子，闻太岳真人召仙判事有验，因往叩之。判云："汝前生杀业多，使物类不能保有子孙，故得斯报。今放满八百万生灵，方可赎罪。若误伤一虫，须放百灵以准之。挽回造化，是为第一。"商即立誓戒杀，捐资放生。未几，得一子，以孝廉出仕焉。

（按）《华严经》云：杀业之报，能令众生堕于三途。若生人中，得二种果报，一者多病，二者短命。富商杀业甚多，而报不过无子者，想既受三途之正报，而后受无子之余报，未可知也。否则或宿世福力尚厚，先受无子之华报（在正报到来之前所受的业报），而后受三途之果报，亦未可知也。今能赎前过恶，回心向善，自应免祸获福矣。

译文

元朝时有一个富商求子，听闻太岳真人可以召唤来神仙判事，非常灵验，就前往拜见。神告诉他："你生前杀业太多，使物类绝种，故此得了这样的果报。现今放满八百万生灵，才能赎罪。如果误伤一只虫子，就必须再多放生一百个生命才行。如果想挽回命运，这是最重要的事。"商人立即发誓戒杀捐资放生。不久，就得到了一个儿子，后来以孝廉出仕当官了。

【按】《法华经》中说："杀业的报应，能使众生堕落到地狱、畜生、饿鬼三恶道之中，如果还有余福能生在人中，就会得到短命或者多病两种果报。"富商前世杀业过重，但现在报应只不过是无子而已，可以推测他已经受到了三恶道的果报，现在再受无子的余报。否则，就是宿世福力深厚，先受无子的华报，再受三途的果报。今天能忏悔过去的恶业，回心向善，自然应当免祸获福了。

劝求寿者（以下言疾病不宜杀生）

人既乐生恶死，当知趋吉避凶。吾与物类同禀天地之气，吾爱天所生，天亦爱吾生。吾愿物不死，物亦愿吾不死。今人自少至壮，自壮至老，无适而非杀。方其甫离母腹，即称庆而杀生。未几弥月矣，复杀生。未几周岁矣，又杀生。长而就塾，以膳师而杀生。继而议婚，因纳吉而杀生，请期而杀生，成婚而杀生。况子复生子，子之子复周岁、复就塾、复议婚，辗转无非杀生也。有女者，女出阁而杀生。信邪者，祀神故而杀生。好客者，宴宾故而杀生。多病者、贪味者，为口腹而杀生。加之步履杀，树艺杀，随喜杀，赞叹杀。积之一生，将为吾毙者，不下百千万数。以是求长寿，可得乎？普劝世人，欲冀延年，先持杀戒。杀戒既持，延年可必矣。

人既然贪生怕死，就应当懂得趋吉避凶。我与天地万物同禀天地之气，我爱天所生的万物，天也愿意让我快乐而生。我希望万物都能永生不死，万

万善先贤集

二一一

物也希望我长生不死。今世的人从少年到壮年，从壮年到老年，无时不在杀生。当人刚离开母亲的肚腹时，就要为了称庆祝而杀生。没有多久满月了，又要杀生。没有多久满周岁了，又杀生。长大读书，因为招待老师而杀生。接着议婚，因纳吉而杀生，请期订婚杀生，举办婚礼杀生。儿子又生儿子，儿子的儿子又满周岁，再读书，再议婚，辗转都要杀生。有女的人家，女儿出嫁而杀生。信邪的人，祀神灵而杀生。好客的人，宴宾客而杀生。多病的人，贪口味的人，为口腹而杀生。加上因走路而杀生，因种树而杀生，因随喜而杀生，因赞叹而杀生，这样积累一生，被我杀的生命不会小于百千万数。如此来求长寿，可以吗？普劝世人，想要延年益寿，就要先持杀戒，杀戒既持，也就必可求得长寿了。

下附征事　救蚁延生（见《经律异相》）

原文

一比丘得六神通，与沙弥同处，定中见其七日当死，因遣省亲，谕以八日再来，盖欲其死于家也。至八日，沙弥果来。比丘复入定察之，乃知沙弥于归路时，见流水将入蚁穴，急脱袈裟拥住。以是因缘，寿至八十，后成罗汉。

（按）经云："人不杀，得长寿报。"观于沙弥而益信。

译文

一位比丘修行得了六神通的称号，有一位沙弥随侍左右，比丘入定看见沙弥七日后会丧命，就叫他回家探亲，告诉他八天后再回来，想要他死在自己家里。到第八天，沙弥又来了。比丘再入定观察，才知道沙弥在回家路上，看见流水将进入蚁窝，急忙脱下袈裟挡住。因为这一善事，享寿到八十岁，后来又修成阿罗汉。

【按】经文上说，人不杀生就会得到长寿的善报。从沙弥这件事情来看就应当更加相信了。

劝持斋（此篇是戒杀之究竟）

原文

　　刀兵之难，在于人道，约数十年一见，或数年一见。至于畜生道，则无日不见者。普天之下，一遇鸡鸣，即有无量狠心屠户，手执利刀，将一切群兽，奋然就缚。尔时群类，自知难到，大声跳踯，动地惊天，救援不至，各各被人面罗刹裂腹刺心，抽肠拔肺。哀声未断，又投沸汤，受大苦恼。片刻之间，阎浮世界几万万生灵，头足异处，骨肉星罗。积其尸，可以过高山之顶。收其血，可以赤江水之流。览其状，惨于城郭之新屠。听其声，迅于雷霆之震烈。如是所造无量恶业，其端皆为吾等食肉所致。则食肉之罪，招报亦不轻矣！世人动云："吾未尝作恶，何必持斋？"呜呼！岂知君辈偃息在床之时，即有素不相识之人，先为君辈造过恶业乎？又况身体发肤，受之父母，不可以异类血肉，供其滋养。曾见医书云："孕妇食蟹，多遭横产。"又云："男子食雄犬，势可以壮阳。"夫蟹性横行，食其味者，即得横行之性，所以横产。犬性最淫，食其味者，即得淫欲之性，故能壮阳。蟹与犬如是，则一切鸟兽鱼鳖亦必如是。今人自少至老，所食水陆之味，不可胜数。积而久之，则周身之血肉骨髓，大可寒心。故知持斋一事，诚为清净高风。未持杀戒者，不敢即以此相强。既持杀戒者，安得不以此相勉哉！

刀兵的灾难，在于人为而得，大约数十年遇见一次，或者数年遇见一次。至于畜生遭到屠宰，则几乎天天遇见。普天之下，早晨公鸡一叫，就有无数狠心的屠户，手拿利刃，把一切动物捆缚起来。此时这些牲畜，自知大难已到，就嚎叫跳跃，做出惊天动地般的挣扎。只可惜救援不到，一个个被宰杀，裂腹刺心，抽肠拔肺，哀鸣声不绝，又被投入沸汤中，受尽大苦恼。片刻之间，阎罗浮游荡世界，几万万生灵，身首异处，骨肉遍地。积累它们的尸体，可以超过高山之顶。收集它们的鲜血，可以红遍一江之水。看到这种情形，比战火屠城更加悲惨；听见那种叫声，比晴空响雷更加惊心。造下这么大的杀业，追究根源都因为我们吃肉的缘故。因此，吃肉所感得的恶报，今后一定不小了。世人动不动就说："我未曾作恶，何必持斋？"可悲啊！难道你患病卧床之时，即有素不相识的人，先为你造过恶业吗？又何况身体发肤，受之父母，不可以用异类血肉来滋养己身。曾见医书说："孕妇食蟹，多遭横产。"又说："男子食雄犬，可以壮阳。"因为蟹本性横行，贪吃的人，就会得到它横行的品性，所以横产。犬本性最淫，食味的人，就会获得淫欲的品性，故而能壮阳。蟹与犬如此，则一切鸟兽鱼鳖也同样如此。今天的世人从小到大，所吃的水陆之味，不可胜数。日积月累，则全身的血肉骨髓大可寒心。故知持斋这件事，确是清净高风。未持杀戒的，不敢马上就以此勉强；已经持杀戒的，怎能不以此相互勉励呢？

下附征事　持斋免溺（出《观感录》）

　　康熙二年，有渔舟泊小孤山下，夜闻山神命鬼卒曰："明日有两盐船来，可取之。"至晨，果有两船至。风波顿作，几没数次，久之得免。是夕渔舟仍泊故所，闻山神责鬼使违命。鬼曰："余往收时，一舟后有观音大士，一舟前有三官大士，故不敢近耳。"次日，渔人追问盐舟。盐舟人不信，思之，忽悟曰："有一操舵者，持观音斋。一拦头者，持三官斋也。"

译文

康熙二年，有一条渔船停泊于小孤山下，夜闻山神命鬼卒说："明天有两条盐船来，当沉没捉拿。"到第二天早晨，果然有两条船到，风波顿作，沉没数次，过了好久才脱离危险。这天晚上，渔船仍旧停在原处，又听到山神责问鬼使违反命令，鬼说："我正要拿下时，一船后有观音大士，一船前有三官大士，故不敢接近。"第二天，渔人追问盐船，盐船人不信，一思索，忽然醒悟说："有一操舵的人持观音斋，有一个拦头的人持三官斋。"

万善先贤集

卷三　辨惑篇

释生物养人之疑（凡六辨）

原文

问：惟天地万物父母，惟人万物之灵。天生异类，本为养人，禁之宰杀，逆天甚矣。

答：既知天地为万物之父母，奈何不知万物为天地之赤子？赤子之中，强凌弱，贵欺贱，父母亦大不乐矣。倘因食其肉，遂谓天所以养我。则虎豹蚊虻，亦食人类血肉，将天之生人，又为蚊虻虎豹耶？

问：然则天何不禁人之杀？

答：天固禁之，故累示杀报。其不能人人禁者，亦犹不能禁虎豹蚊虻耳。

问：审如是，则鸟兽鱼鳖，皆可不生，今何充满于世？

答：此等皆自业所致，若归其故于天，天亦不公甚矣。倘云得天地之戾气，所以为物，试问何以独得戾气？

问：天下物类甚多，人人戒杀，则蕃息日盛，将来竟成禽兽世

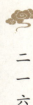

界,奈何?

答:蚯蚓虫蛇,人所不食者也,岂见充满于天下?况世间禽兽之多,正因杀禽兽者多耳,冤冤相报,互为畜生,则成禽兽世界。若人人戒杀,则物类业报渐销,必人天增盛矣。楚不捕蛙,而蛙反少。蜀不食蟹,而蟹自稀。非明验乎?且子杀犹未戒,遂虑物类之多。与耕田未下种,先忧天下之胀满者,何异?

问:天既恶杀,当使血肉之味,尽变为恶臭难堪。则普天之下,自然戒杀,不亦善乎?

答:禽兽血肉,原系恶臭难堪。世人食之,见为美者,其故有二:一物类业报所致,二人类业报所致。物类之报,未当解脱,其身自然变成美味,引诱世人宰割。人类之报,未当解脱,其舌自然贪爱肥甘,多方借其重债。若彼此业习俱尽,自无饮血茹毛之事。譬如有人,前世为猫,念念捕鼠。前世为鹤,念念吞蛇。若转世为人后,不复思此二物。可见一种形骸,一种嗜好。嗜好不同,从形骸起。形骸不同,从业缘起。业缘不同,又从心起。天不能化其心之善,安能变其味之恶?

问:杀生为业者,仰事俯育皆赖此,劝之改业,绝其生路矣。爱物不爱人,吾不取也。

答:杀生为业,犹漏脯救饥,虽暂得衣食,而千万劫受苦,未有了期也。正惟爱之,故劝改业。反谓绝其生路,则细人之见矣。

万善先贤集

二一七

> 译文
>
> 问:天地养育了万物,而人是万物之灵。那些飞禽走兽,本来就是供人食用的,现在禁止宰杀,要人吃素,这不是违背天意吗?

答：既然你明白天地生育了万物，是万物的父母，那么万物就是天地的孩子，不应该互相残害，恃强凌弱，自以为高贵而欺侮卑下的物种，这样会使父母伤心不愉快。如果你因为吃了众生的肉，就说天地是用这些生命来养育我，那么以此推论，老虎、豹子吃人，蚊子、水蛭叮吸人血，就应该说天地之所以生人，就是为了喂养蚊虫、水蛭和虎豹了。

问：既然如此，上天为何不禁止人杀生呢？

答：上天本来就是不让人杀生的，因此我们才经常看到世人杀生所受的恶报，这就是上天有意让人见到并催人警醒的。至于不可能禁止所有的人杀生，正如无法禁止老虎、豹子吃人，禁止蚊子、水蛭叮吸人血一样。

问：既然如此，飞禽走兽及水中鱼鳖的生物就都可以不出生，为什么它们偏偏又遍布这个世界呢？

答：它们是因为本身业力的关系才生为异类的。如果将原因归之于天，那天就极不公平了。如果说它们是得了天地的戾气才生为异类，请问为什么它们单单只得戾气呢？

问：世上飞禽走兽的种类很多，如果人人戒杀，它们就会繁殖越多，那将来岂不成了一个禽兽世界？

答：蚯蚓虫蛇，人是不吃的，但是并未看见满世界都是蚯蚓虫蛇。世界上畜生多，正是因为杀害畜生的人多，冤冤相报。今生杀畜生，来世变畜生还债，这个世界就真成了禽兽的世界了！如果能人人戒杀，则人人不受来世变畜生的果报，那么将来生人天界的就多，而沦为畜生的就少。楚国人不捕食青蛙，青蛙反而少了。蜀国人不吃螃蟹，螃蟹反倒难得见到，这不就是证明吗？你今天还没有戒杀，就先担心畜生会多起来，这不是与田里还没播下种子，就担心天下人吃胀肚子一样荒唐可笑吗？

问：上天既然痛恨杀生，就应该使畜生的血肉恶臭难闻，这样人们不自然就戒杀了吗？

答：畜生的血肉本就恶臭难闻，但人们吃起来觉得味美，这有两个原因：第一是这些畜生的业报所致，业报未尽，所以血肉自然变为美味，引诱人们宰割；第二是人类自身的业报，所以舌头贪爱美味，使业债越积越多，如果业习除尽，自然不会再贪吃众生血肉，以为美味了。正像有人，前世为猫，念念都是捕鼠。前世为鹤，时时想吞蛇。而一旦转生为人，就不再想捕鼠吞蛇了。可见有某种形体，就有某种嗜好。嗜好不同，是由于形体不同。形体不同，是由于业力因缘不同。业缘不同，是由于用心不同，或善或恶。上天尚且不能改变用心的善恶，又怎能改变血肉的恶臭难闻呢？

问：屠夫和猎户这些以杀生为业的人，就靠此养家糊口，你劝他们不杀生，不是断了他们的生路吗？爱物不爱人，我以为是不可取的。

答：以杀生为业，虽然暂时得到了衣食，但却千万劫遭受业报，无有出期。我正是因为爱护他们，才劝他们另谋生计，而你反说我断了他们的生路，这真是小人之见。

释荤血祷神之疑（凡六辨）

原文

问：祷神者，或求生子延寿，或求功名财货，舍牷牲（纯色的牲畜），无以明敬，若何？

答：天地神明，好生恶杀。使物类无子以求子，减寿以求寿，丧命以求名利，无论天理不容，自心亦不忍矣。求子得子，后自不绝也。求寿得寿，命自不尽也。求名利得名利，运自当亨也。不宁惟是，甚有本宜得子，反因杀生而绝后，未可知也。本当延寿，反因杀生而减算，未可知也。本有名利，反因杀生而折福，未可知也。未也，此犹现生业报也。至轮转三途，迭相酬报，更无穷期也。徇一时世俗之情，受万劫难偿之苦，其此之谓欤！

问：假使父母有疾，医药既无片效，又不问卜求神，将束手待其毙耶？

答：大限既尽，天地且莫奈之何，何况鬼神。杀生拜祭，徒增业障耳。若爱亲出于迫切，生死不能了然，则用蔬肴酌献，可也。听小人邪说，必欲用荤，不可也。

问：凡持斋者，祭可用素。若出自食肉之家，慢神甚矣。

答：鹊独吞一腐鼠，凤凰决不起而夺之。

问：血食鬼神，后堕地狱，信有之乎？

答：岂惟鬼神，纵生非想非非想天，福尽还受其报。昔摩耶夫人问地藏菩萨言："云何名为无间地狱？"菩萨答言："不问女人男子，或龙或神，或天或鬼，悉同受之，故称无间。"（出《地藏菩萨经》）神福既尽，轮转三途，理固然也。

问：均是神也，或血食，或不血食，何故？

答：宿世正直，故为神明。就正直中，瞋心重者，必堕血食。慈心胜者，不堕血食。又因宿世布施作善，故为神明。若不知三宝，但修世间善事，则福胜于慧，必堕血食。若深信因果，于佛事门中布施，则慧胜于福，不堕血食。

问：人寿修短，若鬼神不能为主，宜乎祷之无验。而世有患病之人，百药不效，迨去问卜求神，其疾顿除者。则修短之数，鬼神操之明矣。安得不群然奉之？

答：前此之病，鬼神所致。后此之寿，非鬼神所延也。寿若未尽，不祷亦愈。命欲终时，祷亦无效。不过血食邪鬼，观衅而动，乘机索食耳。愚者但见适逢其会，遂深信不疑。见祷后病愈者，必曰此祷神所致也。见祷后随死者，又曰此不及早求神，故至此耳。呜呼！此等之人，吾决其世世为牷牲矣。

《譬喻经》云：鬼神知人寿命罪福，不能生人杀人，不能使人富贵贫贱。但欲使人作恶犯杀，因人衰耗而挠乱之，得设祠祀耳。

译文

问：向神灵祈求让他们保佑自己生子，或者追求功名富贵，不献上纯色的牲畜，又怎么能表达自己对神灵的敬意呢？

答：天地万物的神明，都喜好放生而厌恶杀生，如果你屠宰畜类的子女以求得子，以减损畜类的寿命来追求长寿，以牺牲畜类来求得功名利禄，不但天理难容，而且自己的良心也应有所不忍。这样做，不仅得不到你所求的，还可能适得其反。命中本来有子，说不定反而会因杀生而绝后，原本可以长寿，反而因杀生而短命，命中本来有名利，反而因杀生而折了福。这还只是今生的报应，更可怕的是因杀生而堕入三恶道，与今世结的这些仇家冤冤相报，那就再没有出头之日了。因为一时顺应世俗人情而将来遭到这样万劫难出的恶报，那才真正令人叹惜。

问：如果父母得了重病，求医问药都没有效果，不算卦求神，难道就眼睁睁地看着父母病死吗？

答：如果是人的寿命已尽，那么老天也救不了，更何况鬼神。你杀生而向鬼神祈祷，这又增加业债了。如果真是亲情难舍，又不知道是否还有救，可适当地用些蔬菜水果敬献神灵，不要听那些愚昧无知的人的话而牺牲猪羊鸡犬的生命。

问：如果你家里本来是吃素的，用素菜祭鬼神是可以的，但如果自己吃肉，那用素菜祭鬼神就不恭敬了。

答：当喜鹊吞食一只老鼠腐烂的尸体时，凤凰是决不会与它争夺的。

问：享用牲畜血肉祭品的鬼神，将来会堕入地狱，这是真的吗？

答：不但享用牲畜血肉祭品的鬼神将来会堕入地狱，就是非想、非非想天的上天神人，等到福报享尽后，也还要再受恶报的。以往摩耶夫人问地藏菩萨，什么是无间地狱，菩萨回答说，无论男女，或龙或神，或天或鬼，都在这个地狱中受报，因此称为无间地狱。（出自《地藏菩萨本愿经》）神灵的福报都用尽了，根据业债轮回的三恶道，这是理所当然的。

问：同样都是神，有的享用血食，有的却不享用血食，这是为什么呢？

答：前世为人慷慨正直，因此现世转为神灵。虽然前世正直，但有的人嗔心太重，因此今世虽为神灵而嗜好享用血食。也有的是因为前世喜好布施，做善事，因此现世才转为神灵，但如果前世没有接触佛法，不知道三宝是什么，只修世间的善法，那么就只会福禄多而慧根少，必定堕入嗜血食这一类的神灵中。如果原来就深信因果报应，亲近佛法，并经常做佛事回向布施，那就会令慧根多于福禄，也就一定不堕嗜好血食这类的神灵了。

问：人的寿命长短，如果连鬼神都做不了主，那么祈祷就不会应验。但是世界上有些生病的人，百药无效，一去向鬼神问卜求神，病马上就好了，这就证明人的寿命长短掌握在鬼神手中。人们为什么不纷纷敬奉鬼神呢？

答：祈求鬼神而疾病痊愈，这就说明这个病是由鬼神引起的。但病好之后享有的寿命，就不是鬼神所给予的了。如果人寿未尽，即使不求鬼神，病也会好。如果人寿已尽，即使祈求鬼神，病也好不了。病由鬼神而起，不过是那些嗜血食的邪鬼们见机而行，乘机赚些食物罢了。愚昧无知的人却因为一祭鬼神病就好了，便深信这是鬼神的功劳。见祈祷后不久病人死了，又说没有及早求神，以致病死。这种人，我相信他们将来会永世为畜生。

《譬喻经》说，鬼神能知晓人的寿命长短及罪业福报，但鬼神并不能增长也不能减省人的寿命，不能主宰人的富贵贫贱，但却能令人作恶杀生。鬼神在人身体衰弱，精神萎顿时扰乱人，不过是为了赚取些血食祭祀罢了。

释古圣教杀之疑（凡六辨）

问：伏羲氏制网罟，以佃（打猎）以渔，然则伏羲非与？

答：捕鱼网鸟，村夫童子皆能之，何待伏羲教诏？盖洪荒之世，鸟兽繁殖，不为之防，人将大困，伏羲教民御之，或未可知。否则或佃渔之事，兴于伏羲之世，亦未可知。若谓其教人杀生，吾恐渔舟无赖，皆为伏羲功臣，而解网纵禽，馈鱼使畜，反开罪不浅矣。尸子曰："伏羲之世，天下多兽，故教人以猎。"

问：伏羲之事，余既知之。但西伯（周文王）养老，定母鸡、母彘之数，又何为？

答：古圣之政，有当因者，有当革者。如结绳变书契，巢窟变宫室，正不嫌于判古也（判，区别）。往昔以子弟为尸（尸，代表受祭者的活人），使父兄叩拜趋承于下，何等颠倒？今唯设虚位，何等相安。则知不畜鸡彘，未始非善体文王意也。况五鸡二彘之说，不过谓岐周家给户足耳。笾豆之事，则有司存（指祭祀时各项礼仪的细节由主管官吏负责。笾豆，古代盛放祭品的器皿），圣人岂察及鸡豚耶？文王罔攸兼于庶言庶狱庶慎，岂鸟兽孳尾（交配繁殖），而必核其数耶？【文王善于任用贤才治国理政，不干预政令的发布（庶言）、狱讼（庶狱）及日常民事物用（庶慎）等各项具体事务，见《尚书·立政》。】夫物之不齐，物之情也，又岂能截然五之二之耶？以理断之，未必有其事也。不然，文王泽及枯骨，枯骨无知者也，无知者泽犹及之，有知者反欲杀之，所见出于童稚之下矣。故曰：尽信书，则不如无书。

问：孔子戒杀，不过不纲、不射宿耳，未尝废钓弋也。并欲戒之，将仲尼不足法与？（《论语·述而篇》："子钓而不纲，弋不射宿。"钓，钓鱼。纲，网上的大绳，指撒网捕鱼。弋，带有绳子的箭。宿，归巢歇宿的鸟。）

答：尔亦知钓弋之微意乎？钓者，所以引其不纲。弋者，所以化其射宿。后人谓因养与祭而为之，亦浅乎窥圣矣。且试问后世所以尊夫子者，为其长于钓弋乎？抑为其道德莫加乎？若重其钓弋，则渔夫、猎叟，贤于孔子者多矣。若因其道德莫加，敢问君之道德，已能及孔子否？倘谓道德不能及孔子，先以钓弋法孔子，是犹学颜子，而但学其短命，学曾皙，而但学其嗜羊枣矣。噫！折巾效郭（东汉名儒郭林宗，一次遇雨，头巾的一角陷下。当时的人们仿效他，故意折巾一角，称为"林宗巾"），易名慕蔺（汉代司马相如，因为仰慕战国时的蔺相如而更名为相如），不足以为郭、蔺。以吾之不可，学柳下惠之可，始可以为鲁之男子，君其未之知耶？【鲁国有男子独处于室，邻有独居的寡妇。一夜，暴风雨毁坏邻妇房屋，邻妇到鲁男子的房中避雨，男子闭门不纳。妇问为何不学柳下惠？答："柳下惠之可，吾固不可。吾将以吾之不可，学柳下惠之可。"（见《孔子家语》）】

问：君子贵人贱畜。以贵杀贱，理所宜然。等而视之，迂腐甚矣。

答：论圣贤大道，则天地万物，本吾一体。如人手足，虽分贵贱，不可以手断足。若止较眼前高下，则灶间奴婢亦知呵骂畜生，何待君子说贵说贱。

问：天地万物，本吾一体，于何见之？

答：不观子思之言乎？子思谓：尽其性，则能尽人性；尽人性，则能尽物性。细玩几个"则"字，其理自晓。不然，致中何以天地位，致和何以万物育乎？

安士全书

二二四

问：伏羲氏教会人们织网，捕鱼打猎，难道伏羲氏做得不对吗？

答：捕鱼网鸟，村夫童子都会做，又何必伏羲氏来教呢？这也许洪荒肆虐的世界，鸟兽凶猛地繁殖，倘若不加提防，人将无法生存。伏羲教会人们防御，或许尚未可知。否则，或许是佃渔之事，在伏羲生活的年代兴起，也未可知。如果说他教人杀生，那么渔舟和无赖，都是伏羲的功臣。而解开罗网放生，反而开罪不浅了。尸子说：伏羲生活的时代，天下兽类太多，所以教人打猎。

问：关于伏羲教人捕猎的事情，我已经知道了。但西伯养老，确定母鸡和母猪的数量，这又是为什么呢？

答：古代圣贤所施行的政治，有的应当继承，有的应当革除。例如，结绳变书契，巢穴和洞窟变宫室，这些正是人们希望改变的。从前让后辈弟子代表受祭的先人，使父兄叩拜趋承于其下，这是何等颠倒？如今只设虚位，这是多么合乎情理的事情。因此就知道不养鸡和猪，是善于体会文王的心意而得出的结果。何况五只鸡两只猪的说法，不过是说文王治理的岐周家家户户富足罢了。"笾豆之事，则有司存。"难道圣人还会去关心鸡和猪的数目吗？文王不去兼管孝令、狱讼、勒戒之事，难道连鸟兽交配繁殖，也一定要去核准数目吗？动物多少不等，是常情，又哪能截然分为五或二呢？如果按照理性推断，一定没有这样的事发生。不然，文王的恩泽布施给死人，死人已没有了知觉，死人没有知觉，对他们的恩泽尚且还会施及，对有知觉的反而要杀害，那么他的见识比小孩都不如了。所以说："尽信书，则不如无书。"

问：孔子戒杀生，不过"不纲不射宿"而已，未曾真正废除钓竿和射箭，现在要一并戒除，难道仲尼也不值得后世效法吗？

答：你知道孔子"钓"和"射"的深层含义吗？之所以做"钓"的样子就是引导大家不要大肆捕鱼，做"射"的样子就是引导大家不要大肆打猎。后人说因饲养与祭祀而杀生，也太小看圣人了。试问，后世之所以尊敬夫子，是因为他擅长于钓弋吗？还是因为他的道德无以复加呢？倘若尊重他钓弋的本事，那么渔夫和猎人，就超过孔子的很多。倘若因为他的道德高尚，请问您的道德已经能赶上孔子吗？如果道德赶不上孔子，先以钓弋效法孔子，这就好像学颜子，但只学到他短命，学曾皙，却只学他嗜羊枣。如果戴上头巾模仿郭氏，改名换姓来模仿蔺氏，那样也仍旧不是郭蔺二人。学习柳下惠的思想，才可以成为鲁国的大丈夫。

问：君子把人视作最尊贵的，把牲畜视作低贱的。凭借尊贵的身份杀死低贱的身份，这理所当然，但如果把它们平等对待，是否太迂腐了？

答：圣贤的大道都说，天地万物，与我本为一体。例如，长在人身上的手足，虽然有贵贱之分，但却不可以用手断足。如果只把眼前高下作为尊贵，那么厨灶间的奴婢，也知道骂畜生，为什么还要等待君子区分贵贱？

问：天地万物，与我本为一体，在什么地方说过呢？

答：难道没有看过子思的言论吗？子思说：尽其性情，则能尽人性；尽人性也就能尽物性。细细体味几个"则"字，其中所蕴含的道理自然就明白了。不然，致中怎么会有天地之位，致和怎么会养育万物呢？

万善先贤集

卷四　谨微录

禁约部

原文

累世行慈修德，今朝偶尔邀荣。仁民爱物本相通，莫负当前光宠。但谓禁屠便是，其中诡弊无穷。从来衙役惯欺公，明者多遭戏弄。

译文

多世以来一直积德行善，如今偶尔有富贵荣华供来享用。对民的仁爱和对万物的怜爱原本相通，千万不要辜负眼前的好时光。禁止屠杀刻不容缓，识破诡计排除弊端。明眼人遭到戏弄，从来贪官都伎俩繁多。

家政部

原文

浊世慈祥门第，天宫福祉加临。曾闻一善敌灾星，何况恩施多命。祖父坚持杀戒，子孙方有观型。莫将细物视为轻，试就刍荛一听。

在人世间的时候本就是慈祥门第，福禄满门，人间喜事常常降临。曾经听说行一善就能抵御灾星，更何况恩泽布施很多人的性命。先祖和先父都严格谨慎地秉承着戒杀的律条，为后世子孙树立典范和模型。不要将细小的事物看得太轻，尝试静下心来读那些草野间人们的意见。

庆贺部

原　文

　　人类欣逢吉事，众生对泣哀鸣。微躯定是享嘉宾，一夜千翻凛凛。谁料业缘会遇，怨家次第相寻。披毛戴角口无声，俯首牵来就刃。

译　文

　　人逢喜事精神爽，众生相对泪千行。它们想到在这良辰吉日，你一定会宴请宾朋来家做客，要杀鸡宰羊，用它们的肉来款待宾客，而这些即将要丧命的牲畜，吓得一夜惊恐，辗转未眠。谁料业缘到来时，仇家和怨家次第来相探看寻。那些披毛戴角的牲畜不会说话，只能俯首牵来接受杀戮。

忏悔部

原　文

　　堪骇娑婆浊世，凡夫颠倒昏迷。恶缘日炽善缘微，愁杀眼光落地。今世因循不悔，他生欲忏无期。怨仇迭报不差移，曾见谁人逃避？

　　生在这个污浊的人世间真是件令人感到可怕的事情，凡夫俗子们都会为之颠倒昏迷。恶缘逐渐增多而善缘微少，愁杀的眼光让你无地自容。今生执迷不悟，来生就会欲忏无期。怨仇报应终究会不差分厘的来临，你曾经见过谁才能逃避呢？

发心部

　　杳杳十方国土，无非性量包涵。众生未度我之愆，手握乾坤八面。要与人天大众，多生多劫周旋。发心二字广无边，佛佛于中显现。

　　十方国土漫无边际，无非是我心性宽广，一心包涵。众生都没有猜度我的罪行，其实我只是手握乾坤，掌控八方而已。我一定要与人和天这些大众，与多生多劫为伴。发心二字的含义广阔无边，佛祖和佛法常会在其中显现。

欲海回狂集

卷一　法戒录

总劝（共二则，一法一戒）

原文

　　盖闻业海茫茫，难断无如色欲。尘寰扰扰，易犯唯有邪淫。拔山盖世之英雄，坐此亡身丧国。绣口锦心之才士，因兹败节堕名。今昔同揆（其道相同），贤愚共辙。况乃嚣风日炽，古道沦亡。轻狂小子，固耽红粉之场。慧业文人，亦效青衫之湿（白居易《琵琶行》有"江州司马青衫湿"句，此喻对风尘女子的慕恋）。言窒欲，而欲念愈滋。听戒淫，而淫机倍旺。遇娇姿于道左，目注千番。逢丽色于闺帘，肠回百折。总是心为形役，识被情牵。残容俗妪，偶然簪草簪花，随作西施之想。陋质村鬟，设或带香带麝，顿忘东妇之形。岂知天地难容，神人震怒。或毁他节行，而妻女酬偿。或污彼声名，而子孙受报。绝嗣之坟墓，无非刻薄狂生。妓女之祖宗，尽是贪花浪子。当富则玉楼削籍，应贵则金榜除名。笞杖徒流大辟，生遭五等之诛。地狱、饿鬼、畜生，没受三途之罪。从前恩爱，到此成空。昔日雄心，而今何在？普劝青年烈士，黄卷名流，发觉悟之心，破色魔之障。芙蓉白面，须知带肉骷髅。美貌红妆，不过蒙衣漏厕。纵对如玉如花之貌，皆存若姊若母之心。未犯淫邪者，宜防失足。曾行恶事者，务劝回头。更祈展转流通，迭相化导。必使在在齐归觉路，人人共出迷津。若视劝戒为迂谈，请观冒公之后报。倘以风流为佳话，再鉴金氏之前车。

译文

在茫茫的业海中，最难断的莫过于色欲。在滚滚的红尘中，最容易犯的唯有邪淫。拔山盖世的英雄，在此导致亡身丧国。衣冠楚楚的才子，也会因此败节损名。古今相同，贤愚共犯。更何况世风日下，人心不古。那些轻狂的小子，往往沉迷于红粉场中。那些慧业的文人，常常仿效司马青衫的眼泪。一旦谈到止欲，而欲念更加强烈。一旦听到戒淫，而淫心反倒倍增。看到道旁的娇姿，便失态得目不转睛；看到闺帘内的丽色，内心辗转难眠。总是心智被外形所蒙蔽，神识受到虚情的牵连。那些庸脂俗粉，偶尔插花戴银，就以西施自视；那些陋质的村女，间或涂脂抹粉，便顿时扬扬得意，忘却东妇之形。哪里知道天地难容，惹得神人震怒。有的人毁坏他人的节行，而会有其妻女酬偿。有的人损害他人的声名，而会有其子孙受到报应。那些绝后的人的坟墓，全都是风流之辈。而其中妓女的祖宗，全都是贪花浪子。他们本应命当富贵却反遭堕落，本应扬名却名落孙山。情节轻一些的则受牢禁，情节重一些则难免极刑。死后堕落三恶途中，地狱饿鬼畜生。从前的恩爱，到此全部成空。昔日的雄心，而今又在何处？所以我们普劝那些青年烈士，以及黄卷名流，兴起觉悟之心，破除色魔之障。面对芙蓉白面，须知都是些带肉骷髅。而那些美貌红妆，不过是些蒙衣漏厕。即使面对如花似玉之貌，也只存若姊若母之心。尚未触犯淫邪的人，应当防止失足；那些曾经做过恶事的人，务必要劝其回头。更希望辗转流通，互相劝化引导。必定要在齐归觉路，人人共出迷津。如果视劝戒为迂谈，那请看冒公的报应；倘若以风流为佳话，再蹈金氏的覆辙。

冒嵩少（出《冒宪副纪事》）

原文

如皋冒嵩少，讳起宗，己未下第归，注《太上感应篇》，于"见他色美"下，尤致意焉。时助写者，其西宾罗宪岳。后罗归南昌，崇祯戊辰正月，梦一道妆老翁，左右二少年侍，老翁手持一册，呼左立者诵。罗窃听之，即"见他色美"注语也。诵毕，老翁曰："该中。"复呼右立者咏诗，即咏曰："贪将折桂广寒宫，那信三千色是空。看破世间迷眼相，榜花一到满城红。"罗醒，决冒公必中，即以是兆寄其子。及榜发，果登第，后官至宪副。

译文

如皋的冒嵩少，讳起宗，己未落榜回家，为《太上感应篇》做注解。写到"见他色美"这一句，特别留心深刻阐发。当时帮助他写作的，是西宾的罗宪岳。后来罗宪岳回到南昌，在崇祯戊辰正月，梦见一位道貌岸然的老翁，左右站着两位少年侍奉。老翁手里拿着一本册子，喊站在左边的人读诵，罗宪岳偷偷一听，原来是"见他色美"的注解语。读诵完毕后，老翁说："该考中！"又喊右边站立的人咏诗，即咏道："贪将折桂广寒宫，那信三千色是空。看破世间迷眼相，榜花一到满城红。"罗宪岳醒来后，便判定冒公必会考中，就把这个预兆写信告诉他的儿子。等到发榜的时候，果然如此，并且后来官至宪副。

金圣叹（姑苏盛传）

江南金圣叹者，名喟，博学好奇，才思颖敏，自谓世人无出其右。多著淫书，以发其英华。所评《西厢》《水浒》等，极秽亵处，往往撮拾佛经，人服其才，遍传天下。又著《法华百问》，以己见妄测深经，误天下耳目。顺治辛丑，忽因他事系狱，竟论弃市（弃市，在闹市执行死刑并暴尸街头）。

（原本作荆某，讳之也。今则久远矣，特为订正。）

译 文

江南才子金圣叹，名喟，博学好奇，才思聪敏，自称当世无人能超过自己。所著多为淫书，以发挥其才华，博取声名。所评《西厢》《水浒》等书，在那些极秽亵处，往往引用佛经。人们佩服他的才华，他也因此名扬天下。后来他又著《法华百问》，又以自己的见解妄测佛经奥义，混淆视听。顺治辛丑年，忽然因他事入狱，惨遭杀头弃市。

劝有官君子（附吏役，共五则，四法一戒）

原 文

均是人也，或劳心，或劳力，或安富尊荣，或食贫守困。岂天道之不齐哉？抑亦自有以致之也。《诗》曰："永言配命，自求多福。"《易》曰："积善之家，必有余庆。"今世富贵之人，大抵宿生修福之士。子孙享荣华之报，皆是祖父有厚泽之遗。理所固然。但享福之时，又须修福。譬如耕田，年年收获，即当年年下种。若自逞威权之赫，纵心花柳之场，岂非得人爵而弃天爵乎？所难者，顺境常乐，乐则忘善，忘善则淫心生耳。此处若能蓦地回光，便是福基深厚。

同样都是人，有人劳心，有人劳力，有人安富尊荣，有人食贫守困。是天道不齐呢？还是自作自受呢？《诗经》说："永言配命，自求多福。"《易经》说："积善之家，必有余庆。"今世富贵之人，大都是宿生修福之士。子孙享荣华之报，都是祖父有厚泽之遗。因此便是理所当然。但在享福的时候，又必须要修福。譬如耕田，年年收获，就需要年年下种。倘若倚靠自己威权显赫，成天寻花问柳，难道不是得了人爵却丢了天爵吗？顺境自然常乐，乐则容易忘善，一旦忘善则淫心生起了啊！在这里如果能蓦地回光返照，突然猛醒，便是福基深厚了。

王克敬（《不可不可录》）

王克敬，为两浙盐运使。时温州解盐犯，以一妇人至。王大怒曰："岂有逮妇人，行千百里外，与吏卒杂处者？污教甚矣！自今以后，凡系妇人，永不许逮。"

（按）官长拘人，往往逮及妇女，此最损德事也。盖妇人愧耻之心，百倍于男子。无论诃辱窘迫，致彼轻生。即使婉容询究，而一经见官，彼且胆落魂飞，为终身之玷。嗟乎！自妻与他妻，不过贵贱稍殊耳。假令己之妻女，跪于堂下，官府赫赫临之，万目耽耽视之，此时何以为情乎？若王公者，可以高大其门矣（喻子孙显达）。

　　王克敬，为两浙盐运使。有一次从温州押来一批盐犯，当中有一个妇女被同时押来。王可敬生气地说："怎么能有逮捕妇人，让其远行千里之外，并且与押送人员混杂在一起的呢？从今以后，永远不要再逮捕妇女。"

　　【按】官府抓人的时候，往往会逮及妇女，这是最损阴德的事。因为妇女惭愧羞耻的心，超过男人百倍。无论受何种侮辱，都容易引起她轻生。即使婉转温柔地探询追究，只要一经见官，她就会胆落魂飞，视为自己终身的耻辱。自己的妻子与别人的妻子，不过是贵贱稍微不同罢了。假使自己的妻女，跪在堂下，官员赫然俯视着她们，围观人们都注视着她们，你此时又将作何感想呢？能像王克敬这样处理问题的，是可以指望其后世子孙显达的。

劝求功名者（共八则，四法二戒二法戒）

原 文

　　美色人之所欲也，科第亦人之所欲也。二者若能兼致，何异腰缠十万，更跨扬州之鹤乎？无如世间最易惑人者，莫过于欲。而与功名为水火者，亦莫过于欲。古今来慧业才人，为爱水大河之所漂没者，何可胜道？彼或作或辍，平日无志于科名，则亦已矣。向使雪夜寒窗，残灯独坐，劬劳之父母，瞻玉兔而神伤，重义之佳人，听金鸡而泪堕。一旦朱衣摈斥，黄榜除名，香闺之属望徒虚，罔极之深恩未报，此际何以为情乎？男儿欲遂青云志，须信人间红粉空。

译 文

　　美色是每个人都想得到的，功名也是每个人都想得到的。二者如果都能得到，那就无异于腰缠十万贯，骑鹤下扬州了？然而事实正相反，世间最容易迷惑人的，莫过于色欲。而与功名水火不相容的，也恰恰是色欲。古往今来的文人才子，被爱河大水所淹没的，不计其数。举止平庸，无志于功名，那就罢了。如果有志于功名，就会寒窗苦读，残灯独坐。一生辛劳的父母，夜望明月，想到儿子功名未就，就不禁伤心悲痛。看重情义的佳人，晓听金鸡，想起情郎前途未卜，就不禁愁苦流泪。此时，如果不专心致志，被情所牵，就会荒废功课。等到走上考场，金榜无名，情人的厚望到此成空，父母的大恩无法报答。此时还有什么脸面呢？男儿要遂青云之志，必须信人间红粉空。

刘尧举（《广仁录》）

原文

龙舒刘尧举，僦（僦，租赁）舟应试，调舟人女，舟子防之密。既入试，舟人以重扃棘闱（古时科举考场重门关闭，棘枝插墙，防范严密），必无虑，入市良久。而试题皆尧举私课，出院甚早，遂与之通。刘父母梦黄衣人持榜至，报刘首荐，适欲视榜，忽一人掣去，曰："刘某近作欺心事，殿一举矣（科举考试因劣等而被取消下届应试资格，称为殿举）。"觉言其梦而忧。俄拆卷，刘以杂犯见黜，主司皆叹惜其文。既归，父母以梦诘之，匿不敢言。次举乃获荐，然竟以不第终。

（按）舟次仓猝之欢，竟以一省元博之，何如彼其愚也！

译文

龙舒的刘尧举，租了一条船去应试，却调戏船夫的女儿，船夫发觉后严密防备。刘尧举上岸入试后，船夫就用大锁锁门，料想必定没有顾虑，于是放心上街去了，很久没回来。本次考试都是刘尧举学习过的功课，所以很快就做完了，一出考场，就乘机与船女私通。刘尧举的父母梦见黄衣人持榜前来，报刘尧举是第一名，正要看榜时，忽然被一人夺走，说道："刘某最近做了亏心事，要削去第一名。"刘父刘母醒来后说起这个梦感到忧虑。等到拆卷后，刘尧举因杂犯而被除名，主考人员都叹惜他的文章。回来后，父母用梦中的话来责问他，刘尧举躲避不敢实说。竟然最终以不及第而终其一生。

【按】乘船时的仓促之欢，竟用第一名来换取，真太愚蠢了！

南昌兄弟（《感应篇广疏》）

原　文

南昌有兄弟二人，系双生，容貌音声，父母亦难猝辨，至各以衣色别之。及长，同时婚娶，同时入泮，以及荣枯得失，无不皆同。一日应试，同寓一舍，有邻女挑其兄，兄拒之，并戒其弟。弟佯应，竟伪称兄而往，且约中后来娶。及榜发，兄获售（售，科举考试得中），而弟名竟黜。女以貌同莫辨，犹谓中式者，即所私之人也，大喜，助其行赍。及来春，兄复登第。女闻之，私治行装，意必来荣娶，望之杳然，遂怨恨死。其后兄享高寿，子孙荣盛。弟早夭无嗣。

（按）命相吉凶，皆宿世之心所造。宿生若行善事，则在胎自具贵相，出胎自值良时。宿生若造恶业，则二者俱反。此命相所以不可不信也。然命相有定，心则无定。祸福之机，乃心所造，非命相所造，是命相不可尽信也。观南昌兄弟，可以悟已。

译　文

南昌有两兄弟，是双胞胎，容貌音声都很像，即使连他们的父母都很难马上分辨出来，只能让他们各穿不同的衣色来区别。长大后，兄弟俩同时婚娶，同时入泮，以及所有的荣枯得失，都无不相同。有一天去应试，他们同宿一舍，有个邻家的女子来引诱哥哥，哥哥拒绝了，并告诫弟弟小心。弟弟表面上假装答应，私下里却伪装成哥哥前往赴约，并在赴约中说以后必来迎娶。等到发榜，哥哥应试取得成功，而弟弟却榜上无名。那个女人因为兄弟俩面貌相同而不能分辨，以为考中的，就是自己私恋之人，并且为之大喜，送给他们路费。第二年，哥哥又去考取，女人听说后，就私自准备行装，料想情郎必来荣娶，然而天天盼望，却杳无音信，因此怨恨而死。此后，哥哥安享高寿，子孙荣盛。弟弟则早夭，无后。

命相的吉凶，都是宿世之心所造就的。宿生如果行了善事，就会在胎的时候自具贵相，出胎后自值良时。宿生如果造恶业，那么二者就全都相反，所以命相不可不信。但命相有定，心则无定，而祸福之机，由心所造，并非命相所造，因此命相不可尽信。看看南昌两兄弟，就可以觉悟了。

劝不和其室者

（附女人，共六则，二法四戒）

原文

琴瑟不调，非男子之过，即女人之失，大抵曲直参半者多。决无各尽其道，而交相怨尤者也。然而当今之天下，乃男子之天下，非女人之天下，则家之不齐，当归咎男子。语云："人生莫作妇人身，百般苦乐由他人。"彼其离亲别爱，生死随人，举目言笑，唯有一夫耳。饥不独食，寒不独衣，有足不能出户，有口无处声冤，舍其身而身我，舍其父母而父母我，一遇客外之商、游学之士，孤房独宿，形影相怜，岂易受哉？我乃钟情花柳，造业无穷。桑濮之地，一身独受其欢。天谴之来，举室尽遭其祸。铁石为心，亦当堕泪矣。而或身当富贵，便广置姬妾，薄视糟糠。恐惧惟汝，安乐弃余，抑何不恕之甚也！普劝世人，宁甘淡泊，莫羡多情。纵遇红颜，且思结发。莫教他年转女身，阁中含恨泪淋淋。

译 文

　　夫妻不和，如果不是男子的过错，就是女人的过失，大抵都各有不对的地方，决无各尽其道，反而互相埋怨的道理。然而当今的天下，乃是男子的天下，而不是女人的天下，那么家庭不和，就应当归咎于男子。有言道："人生莫作妇人身，百般苦乐由他人。"她离亲别爱，生死由人，举目言笑，唯有一夫而已。饥饿时不能独食，寒冷时不能独衣，有脚却不能出户，有嘴却无处伸冤，抛开自己不管而一心只考虑丈夫，抛开自己的父母不去孝敬而只孝敬丈夫的父母。一遇客商、游学者来家，就孤房独宿，形影相怜，这难道容易忍受吗？可我还不顾夫妻恩爱，在外寻花问柳，造业无穷。桑濮之地，一身独受其欢，一旦天谴来到，全家都会遭到祸端。此情此景，就算铁石心肠，也会感动流泪啊。一旦身受富贵，就会广置姬妾，厌弃糟糠。患难时依赖她，安乐时抛弃她，也太不讲恕道了啊！普劝世人，宁愿甘享淡泊，不要羡慕多情，纵然遇到红颜知己，也不要忘记结发贤妻。莫教他年转女身，阁中含恨泪淋淋。

贾御史（《懿行录》）

原 文

　　明贾御史某，幼聘魏处士女。逾年而女瞽，处士将返币焉，御史急娶之。魏孺人（孺人，古时对妇人的尊称）日请御史置妾，御史不可。时御史有兄为户部，纳宠京师。孺人请益力，御史复不可。生子衡，弱冠登第，官至刑部主事。

（按）古今来娶瞽女者，唐有孙泰，宋有周世南、刘廷式、周恭叔、张汉英数人耳（详唐、宋史），此外不多见也。贾公行履，古人所难，而魏夫人能克配其贤，更足景仰。

译文

明朝的贾御史，幼年时聘下了魏处士的女儿，后来其女瞎了眼睛，魏处士将要退回聘金，御史却急忙娶回。魏孺人每天都请御史娶妾，御史却不答应。当时御史有哥哥在户部，在京师得宠，孺人更加强求御史娶妾，御史仍旧不答应。后来御史生下儿子贾衡，贾衡年纪轻轻就考中，官至刑部主事。

古往今来迎娶瞎女的，唐代有孙泰，宋代有周世南、刘廷式、周恭叔、张汉英数人而已（详见唐宋史），此外并不多见。而上述贾公之事，确实是一般人很难做到的。再加上魏夫人贤惠之礼，也足以和其相配，这更令人景仰。

婆罗门妇（详《杂譬喻经》）

原文

佛世有婆罗门，其妻无子，妾生一男，夫甚爱之。妻怀忌妒，佯为怜惜，私取小针刺儿囟上，没入于顶，举家不知，儿遂哭死。妾悲悼几绝，后微知之，问一僧曰："欲求心中所愿，当修何功德？"僧曰："受八关斋，所求如意。"妾遂受八戒，七日命终。转生即为其女，容貌端正，一岁而死。妻哭之哀，过于妾之哭子。复生一女，倍胜于前，未几又死。如是七返。最后一女，生十四岁，垂嫁而死。昼夜悲恼，不能饮食，停尸棺中，不忍盖之，日视其尸，颜色益好，经二十余日。有一罗汉，化作沙门，诣门求见，直言示之。妻始觉悟，旋复视尸，臭不可近。遂求沙门授戒。明日欲往寺中，忽有毒蛇当道。沙门知其为妾，代之忏悔，解其怨结。蛇后命过，便生人中。

（按）薄行之夫，前既详言之矣。妒悍之妇，其恶岂可恕哉？《正法念处经》云："女人之性，心多忌妒。以是因缘，女人死后，多堕饿鬼中。"故略举内典一条，以为炯戒。

译 文

佛世有一个婆罗门，他的正妻无子，小妾生下一男孩，婆罗门很疼爱。妻子心怀忌妒，外表却假装怜惜，暗中偷偷取小针去刺婴儿的囟上，小针全部刺入后，全家人都不知道，儿子就哭死了，小妾悲痛欲绝。后来她悄悄地知道了这件事，问一位僧人："要实现心中的愿望，应当修什么功德？"僧人说："受八关斋，所求就能如意。"于是小妾就受了八戒。七日后命终，转生投胎为正妻的女儿，容貌端正，到了一岁就死了。正妻伤心痛哭，悲哀之情超过小妾哭自己的儿子。后来正妻又生了一个女儿，长得比前一个女儿更好，没有多久又死了，如此反复七次。最后一个女儿，长到十四岁，已近婚嫁时却又死了，其正妻昼夜悲恸，不能饮食。尸体停在棺中，一直不忍心盖上，她每天看着尸体，觉得颜色很好，经过二十多天，出现了一位罗汉，化作沙门，前往求见，把事情的原委说出，正妻才觉悟，再去看尸体，臭不可近。于是就求沙门予以授戒。第二天正妻正前往寺中求戒，忽然有毒蛇挡道。沙门知道蛇是小妾所变，就代替她忏悔，解除她们之间的怨结。蛇死后，便投生人道中。

【按】那些道德败坏之夫，前面已经说得很详细了。那些忌妒凶悍的妇人，她的恶业难道就可以宽恕吗！《正法念处经》说："女人的本性，心多忌妒。正因为如此，女人死后，多会堕入饿鬼中。"因此略举一条佛典，以为警戒。

劝求嗣者（共五则，皆法）

　　子息一端，人知操之自我，而不知主之者天也。人知主之者天，而不知操之者我也。何谓主之者天？世有姬妾满室，儿孙绝响，孑然一妇，子女盈前者，比比皆是。更有多方滋补而无效，而未沾药饵者先得矣。百计尝试而无功，而暂共袅裯者偏遇矣。此天也，非人也。何谓操之自我？盖斩焉无后者，非今生所造之因，即前世所招之果。岂有明明上天，于我独行其刻乎？然作恶既已招殃，则修善自应获福。譬如虎项之铃，自系者还从自解。亦如寒潭之内，积水可以成冰，化冰还能为水。此人也，非天也。善求子者，往往于不求中得之，于方便中得之，于慈悲平等中得之。现见前人获是报，何不依他样子修？

　　子息这件事，人只知道由我操纵，却不知是由上天主宰。或者人只知道由上天主宰，却不知道由我操纵。什么叫作由上天主宰？世间有人姬妾满室，但却没有一个儿孙，有的妇人孑然一身，却子女满堂，这种情形比比皆是。更有人多方滋补求子而无效，而不沾补药的人却已经先得子嗣了。有些人百计尝试而无功，而那些私奔暂寝的人却偏偏怀胎。这是天意，并非人力所能为。什么叫作由我操纵呢？因为无后的人，不是今生所造之因，就是前世所招之果。难道明明上天，却独独对我苛刻吗？既然作恶已经招殃，那么修善自然应当获福。譬如虎项之铃，自系者还须自解。又如寒潭之内，积水可以成冰，化冰还能为水。这些都是人力所为，不是靠天啊！善于求子的人，往往会于不求中得之，于方便中得之，于慈悲平等中得之。现在见前人获得了此报，如何不去依赖他的样子修行呢？

劝求寿者（共三则，一法一戒一法戒）

人之有精液也，如树之有脂也，灯之有膏也，滋之则茂，竭之则枯。《解脱要门》云："修行之人，若数十年欲心不动，则精髓凝结，渐成舍利。"《道书》曰："欲念不生，则精气发于三焦，荣华百脉。"苏子曰："伤生之事非一，而好色者必死。"无如世人，淫欲关头，至老不悟。当淫火动时，便起欲念。欲念起时，精气益耗。精气既耗，淫火愈动。互相引发，死亡立至。更有服饵热药，助火导淫，煎灼五脏，其祸尤惨。至于亏损阴德，削夺寿算，更不必言矣。有志长年者，岂可蹈此覆辙哉？

人的身体有精液，就如同树木有脂，灯有油一样，保养得好则精力旺盛，一旦耗尽则生命枯竭。《解脱要门》说："修行的人，若数十年欲心不动，则精髓凝结，渐成舍利。"《道书》说："欲念不生，则精气发于三焦，荣华百脉。"《苏子》说："伤生之事非一，而好色者必死。"可惜世间的人，只想着淫欲关头，以致到老也不能领悟。当淫火萌动时，便生起欲念。当欲念起时，便耗费精气。精气耗费后，淫火就会越发萌动。两者互相引发，立刻就会死亡。还有服用春药的人，助火导淫，令五脏煎灼，其下场更加惨烈。至于那些亏损阴德，削夺寿年的事情，就更不必说了。那些有志于求长寿的人，怎么可以重蹈覆辙呢？

欲海回狂集

二四三

劝商农工贾（附豪仆，共六则，皆戒）

商农工贾，当自念曰：吾等或靠经营，或靠手艺，披星戴月，冒暑冲寒，不过欲少积锱铢耳。人有妻女，我亦有妻女。人有姊妹，我亦有姊妹。他人若起恶念，我必切齿衔仇。我若稍有邪心，彼亦摩牙抱恨。现见某某为奸淫事，疾病死亡，官非破败，甚至鬻女卖男，弃家荡产。只为一念之差，以致如此。吾今早自觉悟，便当断此邪心。见女之老者当作母想，长者当作姊想，少者当作妹想，幼者当作女想。不谈闺阃之事，不看淫邪之书。兼之步步积阴功，时时行方便。则福寿自然日增，子孙自然荣茂。世间便宜，孰过于此？

译　文

身为农工商贾，都应当自己想一想：我们或者靠经营，或者靠手艺，整天披星戴月，冒暑挨冻，都不过是想要积累一点儿钱罢了。人家有妻女，我也有妻女。人家有姊妹，我也有姊妹。他人如果起了恶念，我必定切齿记仇。我如果稍有邪心，他人也会磨牙抱恨。现见某某做了奸淫的事，导致疾病死亡，抄家破败，甚至卖女卖儿，倾家荡产，只因一念之差，就导致如此。我今早自当觉悟，就要断绝这种邪心。看见年老的女人要当作母亲来想，看见年纪大的女人要当作姊来想，看见年纪小的女人要当作妹妹来想，看见年幼的女人要当作女儿来想。不谈论女人的事，不看淫邪的书。再加上步步积阴功，时时行方便，那样福寿自然日增，子孙自然荣茂。世间的种种便宜，都不能与此相比。

劝亲狎妓童者

妓女之流毒,甚矣哉!竭人精气,耗人货财,离人夫妇。朴者亲之而淫荡,智者恋之而昏迷。迎新送旧,藏垢纳污。此亦天下之至秽者也,而俗士甘之,奇已!至于龙阳(指狎昵男宠),尤属多事。幸得为男矣,无可被污矣,乃于无可污之处,而必求其污之之道,岂非自寻烦恼耶?不知何人作俑,其习至今存也。洁白之士,宜并戒之。

妓女所造成的流毒,太厉害了!竭人精气,耗人资财,离人夫妇。质朴的人一旦接近就会淫荡,聪明的人一旦迷恋就会愚痴。迎新送旧,藏垢纳污。这本是天下最污秽的人,但俗人却紧追不舍,这实在太奇怪了。至于那些男宠,更属多事。幸而为男子,原本能洁身自保,但竟然有人从无可污之处,而必求可污之道,难道不是在自寻烦恼吗!不知道是什么人作俑,让这样的陋习流传至今。洁身自好的人,要一并警戒。

劝悔过(共三则,各兼法戒)

邪淫之事,世人犯者甚多。虽一时不见恶报,然冥冥之中,有默消其福者,有阴夺其算者,有削去其科名者,有死于蛇虎、刀兵、官非、水旱者。更有自身暂脱,而报于子孙,今世未偿,而酬于来世者。譬如密罗之雀,处处无逃,亦如漏器之鱼,渐渐就死。今人举足动步,皆临暗厕深坑,恬不知畏,一旦业报到来,手脚忙乱,如落汤螃蟹,嗟何及哉?普劝世人,早自觉知,生大恐怖,发大羞惭,起大勇猛,于佛菩萨前,一一忏悔。则罪从心起,还从心灭,积德既久,自可挽回。若欲超出三界,又当发菩萨誓愿,愿未来世,度尽一切众生,所有淫业罪报,尽行救拔,使彼莲华化生,不由胎狱。则不惟恶业消除,抑且获福无量。故《涅槃经》云:"譬如氀华(氀华,棉花),虽有千斤,终不能敌真金一两。如恒河中,投一升盐,水无咸味。"屠刀放下,还同不坏之身。水底回头,便立菩提之岸。火急进步,时不待人。若智若愚,皆当自勉。

译文

那些邪淫的事,世上有很多人都触犯了。虽然一时间不见会有恶报,但冥冥之中,或者渐渐地消除他的福报,或者悄悄地夺去他的寿年,或者将其科考除名,或者令其死于蛇虎、刀兵、国法、水旱等。还有人自身暂脱,而报应于后来子孙,今世未偿的话,就酬于来世。譬如密罗之雀,处处无逃;又如漏器中的鱼,慢慢地死去。今人哪怕是举足迈步,也都面临着暗厕深坑,但他们却无动于衷,无所忌惮。一旦业报到来,手脚忙乱,犹如落汤螃蟹,后悔已经来不及了!因此普劝世人,务必早自觉悟,生大恐怖、发大羞惭、起大勇猛。在佛菩萨前,一一忏悔,那么罪从心起,也从心灭,积德久了,自然可以挽回。如果要超出三界,又当发菩萨誓愿,愿未来世度尽一切众生,所有淫业罪报,都要尽行救拔,使其莲花化生,不经胎狱,那么不但恶业消除,而且会获福无量。因此《涅槃经》说:"譬如氀花,虽有千斤,终不能敌真金一两,如恒河中投一升盐,水无咸味。屠刀放下,还同不坏之身;水底回头,便立菩提之岸。"所以当勤精进,时不待人,无论贤愚,全都应当自勉。

项梦原（《知非集》）

北直项梦原，原名德棻。梦已中辛卯乡科，以污两少婢削去，遂誓戒邪淫，力行善事。刻《金刚经》，岁施之。后梦至一所，见黄纸第八名为项姓，中一字模糊，下为"原"字，因易名"梦原"。壬子乡试，中二十九名。己未会试，中第二名。心甚疑之。及殿试，二甲第五，方悟合鼎甲之数（科举制度，殿试录取分三甲，其中一甲取三名，即状元、榜眼、探花，合称三鼎甲），恰是第八，而榜纸实黄也。后官至副宪。

（按）戒淫，善矣。并流通内典，善之善者也。奚但灭罪哉？

北直的项梦原，名德棻，梦见自己考中了辛卯的乡科，却因为淫污了两个少年女婢而被削去。从此他便发誓戒邪淫，力行善事。他刻《金刚经》以作布施。后来梦到了一个处所，看到黄纸上的第八名为项姓，中间一字模糊，下一个则为"原"字。醒来后就改名为"梦原"。后来在壬子乡试中考中第二十九名，己未会试中考中第二名，心中很疑惑。等到了殿试，中了二甲第五，方才悟到合鼎甲之数恰好是第八，而榜纸恰好为黄。后来官至副宪。

【按】戒淫已经是善了，又流通佛典，就是善上加善了，难道只是灭罪吗？

劝发心出世（引经十则，八法二戒）

原　文

昔世尊在祇园精舍，有四比丘，共论世间何者最苦。一言淫欲，一言饥渴，一言瞋恚，一言惊怖，共诤不止。佛言："汝等所论，未究苦义。天下之苦，莫过有身。饥渴、瞋恚、色欲、怨仇，皆因有身。身者，众苦之本，祸患之源。"（出《法句经》）即如淫欲一事，有女人之身，即爱男子。有男子之身，即爱女人。败名丧节，损福削寿，靡不由之。纵或矢贞守操，现享富贵，而享富贵时，必造恶业，一日行凶，万劫受报，所得不偿所失。即或享福之时，又修善业，直至生天，而天福一尽，复入轮回。所以经云："转轮圣王，王四大天下，飞行自在，福尽还作牛领中虫。"则知业缘福报，总归堕落之因。地狱天宫，尽是轮回之处。若不发出世之心，趣菩提之路，而徒屑屑焉今日修善，明日改恶，转轮于三途八难，非所望于血性男子也。虽然，曲高者，和自寡，此言可为知者道。

译　文

从前世尊在祇园精舍的时候，身边有四位比丘，在一起讨论世间什么最苦，一位说淫欲，一位说饥渴，一位说瞋恚，一位说惊怖，并且为之争论不休。佛说："你们的争论，都没有看到苦的本质。天下最苦的，莫过于有身，而饥渴瞋恚色欲怨仇，都是因为有身。身是众苦之本，祸患之源。"（出自《法句经》）即使如淫欲这件事，正是因为有女人之身，即爱男子。正因为有男子之身，即爱女人。败名丧节，损福削寿，全都从此身而来。即使矢志坚守贞操，现享富贵，而享富贵时，必造恶业，一日行凶，万劫受报，所以得不偿失。即使享福之时，又修善业，直至生天，而天福一旦享尽，便会再入轮回。所以经文中说："转轮圣王，统治四大天下，飞行自在，福尽还作牛领中虫。"由此得知业缘福报，总归于堕落的原因；而地狱天宫，则尽是轮回之所。如果不发出世之心，走菩提之路，得过且过，今日修善，明日改恶，转轮于三途八难，就不是男子汉大丈夫。曲高和自寡，相信这句话则可以为知音。

佛破女欲（《摩邓女经》）

原文

佛告摩邓女（又作摩登伽女，曾以幻术迷惑阿难）："汝爱阿难何等？"女言："我爱阿难眼，爱阿难鼻，爱阿难口，爱阿难耳，爱阿难行步。"佛言："眼中但有泪，鼻中但有涕，口中但有唾，耳中但有垢，身中但有屎尿，臭处不净。其夫妻者，便有恶露。恶露中便生儿子。已有儿子，便有死亡。已有死亡，便有哭泣。于是身中，有何所益？"

译文

佛告诉摩邓女："你爱阿难什么地方？"女说："我爱阿难的眼睛，爱阿难的鼻子，爱阿难的口，爱阿难的耳朵，爱阿难的行步。"佛说："眼睛中只有泪、鼻子中只有涕、口中只有唾液、耳朵中只有耳垢、身体中只有屎尿，而臭处则不净。一旦成了夫妻，便会产生恶露，而恶露中便会生儿子，已有了儿子后，便会有死亡，已有了死亡后，便会有哭泣。在这样的身中，有什么可爱的呢？"

沙弥守戒（《贤愚因缘经》）

原文

佛世安陀国有优婆塞，供养一比丘、一沙弥，日日馈膳。一日举家出门，独存十六岁幼女，容貌无双，偶忘馈膳。食时既至，比丘遣沙弥自取。女闻叩门，知为沙弥，喜而延入，倍现淫态，谓沙弥言："吾家财宝，其数无量，若遂我愿，当为汝妇。"沙弥自念："我有何罪，遇此恶缘？宁丧身命，终不破戒。若欲逃去，彼必牵住，路人见之，反取污辱。"乃方便告云："汝可闭门，我入一房，暂停须臾，当即如愿。"女出闭门。沙弥入室，见一剃刀，心甚欢喜，乃脱衣服，合掌跪向拘尸那城，佛涅槃处，涕泣发愿："我今不破佛菩萨戒，及和尚戒，自舍身命。愿我世世生生，出家修道，究竟成佛。"遂自刎死，流血滂沱。其女见之，欲心顿息，大生悔恨，自断其发。父适归家，叩门不启，使人逾入，见女如是，骇问其由。女默不答，心自思惟："若以实对，甚可羞惭。若言沙弥辱我，必堕地狱，受苦无极。"展转熟思，即以实告。父因入房，合掌作礼。国王闻之，礼拜赞叹。见闻者，皆发菩提之心。

译文

佛世的安陀国有一位优婆塞，他供养了一位比丘、一个沙弥，天天送食。一天全家出门，单独留下了一个十六岁少女，容貌秀丽无双，少女偶忘送食，等到食时已到，比丘便派沙弥自己来取。少女听到敲门声，知道是沙弥，欢喜地将他引入，并且淫态倍现，她对沙弥说："我家的财宝，不计其数。如果你能顺从我的意愿，我就做你的妻子。"沙弥心想："我犯下了什么罪，遇到这种恶缘？宁肯丧命，我也不能破戒。但如果要逃走，她必会牵系住我，被路人看见，反而自取侮辱。"于是就想出一个办法，告诉少女说："你可以先关门，我进入一个房中暂时休息一会儿，就当即如你所愿。"女便出去关上门，沙弥进入室内，见到一把剃刀，心生欢喜，就脱下衣服，合掌向拘尸那城跪拜，在佛涅槃处，涕泣发愿道："我今天不破佛菩萨戒及和尚戒，宁愿自舍身命，愿我世世生生，出家修道，最终成佛。"说完就自刎而死，流血滂沱。少女一见，欲心顿息，大生悔恨，便自断其发。少女的父亲回家，敲门见无人开门。于是便派人爬进去，见到少女如此情状，震惊地寻问缘由。少女默不作声，心中思想："如果讲实话，就太可羞愧。如果说沙弥欺辱我，那必定堕入地狱，受苦无尽。"辗转思量后，就告以实情。父亲就入房，合掌作礼。国王听到这件事，礼拜赞叹。所有眼见和听说的人也都感发菩提之心。

业识化虫（《法句喻经》）

原 文

佛世有清信士，供养三宝。临终之时，其妻在傍，悲伤痛苦。夫闻哀恋，即时命终，魂神不去，在妇鼻内，化作一虫。时有道人，见妇哀哭，善言劝谕。其妇尔时，涕泪交出，虫便堕地。妇见而惭，欲以脚蹈。道人急告曰："止止，莫杀，是汝夫君！"妇曰："吾夫奉经持戒，精进难及，何缘为此？"道人曰："因汝恩爱，临终哭泣，动其恋慕，故堕虫身。"道人为虫说法，虫闻忏悔，命终生天。

（按）临命终时，最为要紧。一念偶错，前功尽弃，慎之。

译 文

佛世有一位清信士，一直在供养三宝。在临终之时，他的妻在旁边，十分悲伤痛苦，他听到后非常哀恋，即时去世，但神识却徘徊不去，竟然在妻子的鼻子内，化作一条虫。这时有位道人，见这位妇人哀哭，便善言劝慰。妇人这时候，涕泪交出，虫便落地，妇人看见后而心生惭愧，想要脚踩。道人急告说："停！停！不要杀死，它是你的夫君！"妇人说："我的丈夫奉经持戒，精进难比，为何会这样？"道人说："因为你夫妻恩爱，临终时的哭泣，令他动了其恋慕之心，因此堕为虫身。"道人为虫说法，虫听后忏悔，命终而升天。

【按】临命终时，是最要紧的。偶有一念差错，就前功尽弃。一定要谨慎啊。

欲海回狂集

卷二 受持篇

居官门

（共计十科，七十有五条，多属治国平天下之事）

原文

万恶之首，实唯邪淫。况居高位，式化（式化，以自身为榜样教化民众）匪轻。作君股肱，纳诲宜勤。为民父母，训俗须殷。敢竭刍荛，献之公庭。扩而充之，存乎其人。

译文

世间的万恶之首，唯有邪淫。何况那些身居高位的人，必须要以身作则。若是朝中大臣，就要勤加劝诲。为民父母之官，时时教诫百姓。敢作陋文，献于公庭。扩充流传，净化人心。

原文

翼赞皇猷第一

辅君以清心寡欲；时陈福善祸淫之理。

不进淫书；不献美女。

常言少置妃嫔。

疏请禁天下编辑淫书；裁节梨园教坊（戏班及教习场所）；流通三教典籍。

（八条，初成主德，次尽臣道，次福及宫中，末恩流海内。）

鼓励风俗第二

增修节义传；赠义夫、节妇匾额，仍不许置酒高会；刊行善书；严丧中娶妻生子律。

禁畜娼优；禁编造淫书；禁卖小说；禁写春画；禁造泥美人；禁货淫药及淫具；禁赌博；禁掠卖男女；禁赛会迎神（赛会，用鼓乐等迎神游街）；男女无故不入尼院；妇女不艳游。

妾不衣帛；婢无膏沐；税沽酒。

（十八条，初尚礼教，次禁嚣靡，末崇节俭。）

约束军士第三

严禁奸淫虏掠。

不许混入尼庵。

（二条，初通禁，次特禁。）

不轻准呈状第四

离人夫妇；株连尼媪。

奸情无实；童年男女。

（四条，初存厚，次原情。）

勿逮妇人第五

非关大逆；事在赦前；有夫男者。

适欲遣嫁；新婚之女；临产之妇。

我将远出；我方醉怒。

（八条，初论事，次谅情，末审己。）

勿轻逮妇人第六

良时令节；酷暑严寒；事尚可迟。

路远经宿。

可以调和；势家所讼；未经三思。

现在出家；多年守寡；良家之女；有孕之妇；新遭火盗。

（十二条，初揆时，次度地，次量事，末观人。）

谨防物议第七

不以美女幼童结权贵；不纵幕宾及子弟、亲戚、仆从游妓馆；不于任所纳妾联姻。

不赏花玩月；不受助淫药饵；不纳舞女歌童；不赴优觞妓席。

（七条，初恐失名节，次恐损威望。）

用刑仁术第八

生员犯奸，教官扑责；僧道违律，易服施刑。

妇人有罪，着衣行杖；重罪女犯，另置一牢。

（四条，初贵贱有等，次男女有别。）

毋置妾第九

有子；年老；姬媵满前；已造淫业。

家有悍妻；有俊仆；多方求子不效。

自身显达，妻在故乡。

（八条，初论理，次量势，末度情。以下通士庶。）

不敢作妾第十

同姓女；儒家女；尼孀女。

祖、父之婢。

（四条，初以在外者言，次以在家者言。）

辅佐皇上第一

辅君以清心寡欲，时述福善祸淫之理。不进淫书，不献美女。常说少置妃嫔；上疏请禁天下编辑淫书。裁减梨园教坊，流通三教典籍。（共八条，初成就主上的恩德，次尽臣子之道，次能福及宫中，末能恩流四海）。

鼓励风俗第二

增修节义传记；赠义夫、节妇匾额，不许置酒聚会；刊行善书；严禁丧中娶妻生子。禁止私养娼优，禁止编造淫书，禁止贩卖小说，禁止写春宫画，禁止制造泥美人，禁止买淫药及淫具，禁止赌博，禁止拐卖男女，禁止赛会迎神，男女无故不进入尼院，妇女不艳妆出游，妾不穿漂亮衣服，婢无化妆品，重税卖酒。（共十八条。初崇尚礼教，次禁止奢侈，末推广节俭。）

约束军士第三

严禁奸淫掳掠。不许混入尼庵。（共二条。初通禁，次特禁。）

不轻准呈状第四

离婚夫妇，株连尼孀。奸情无实，童年男女。（共四条。初存厚，次原情。）

勿逮妇人第五

非关大逆，事大赦前，有夫之妇。正要出嫁，新婚之女，临产之妇。我将远出，我正醉怒。（共八条，初论事，次谅情，末审己。）

勿轻逮妇人第六

良时令节，酷暑严寒，事尚可迟。路远经宿。可以调和，有权有势的家庭所控告的，未经三思。现在出家，多年守寡，良家之女，有孕之妇，新遭火盗。（共十二条。初思量时间，次度量地域，再而能衡量事物，最终能观视他人。）

谨防物议第七

不用美女幼童结交权贵，不纵容幕宾及子弟、亲戚、仆从游妓馆，不在就任之所纳妾联姻。不赏花玩月，不受助淫药，不纳舞女歌童，不去戏班酒肆妓院。（共七条。初恐失名节，次恐损威望。）

用刑仁术第八

学生犯奸，教官用刑；僧道违律，换衣施刑。妇人有罪，穿衣行杖；重罪女犯，另置一牢。（共四条。初贵贱有等，次男女有别。）

毋置妾第九

有子，年老，姬媵满前，已造淫业。家有悍妻，有俊仆，多方求子不效。自身显达，妻在故乡。（共八条。初论理，次量势，最终能度情。以下通士庶。）

不敢作妾第十

同姓女子，儒家女子，尼媪女子，祖、父的婢女均不可。（共四条。初以在外者言，次以在家者言。）

居家门

（共十科，一百条，多属齐家之事。）

原 文

具此须眉，号曰丈夫。一家之中，瞻我仰我。苟失其正，万事俱左。天恶淫人，如弃涕唾。邪淫之报，更仆难数。说之伤心，闻之凄楚。聊陈管见，不辞口苦。遵此居家，芳流千古。

译 文

那些须眉丈夫，就是所谓的一家之主。如果家主自身不正，万事都可能出错。上天厌恶淫乱的人，如同厌弃涕唾一般。邪淫会遭报应，数不胜数。说的人为之伤心，闻的人为之凄楚。如此陈述管见，不辞口苦。遵循这些居家教导，才会芳流千古。

杜邪第一

妓女不许入门；梨园不许入门；赌博挟妓者不许入门。

师巫不许入门；药婆不许入门；货淫具者不许入门。

（六条，初绝能淫之辈，次断导淫之缘。）

远嫌第二

同胞兄弟，不入寝室；嫂叔相见，笑不露齿；男女五岁不同卧，十岁不同食；不互穿小衣；出嫁姊妹，不至其卧房；从堂姊妹嫂叔，不私见；服外姊妹不相见；抱幼妹、侄女，不裸形，不鸣口。

女子无故不见姑夫；妻之姊妹不相见；婿至外家，不进内室；妾之兄弟，不见主母。

养媳虽幼，勿使共食；非至戚，内外不通问；非大礼，内外不通问。

（十五条，初同姓，次异姓，末同异姓。）

肃闺第三

家中不闻悍妇声；妇女不艳妆，不佩香囊；不观灯看戏；不窥门；少饮酒；无秽语；相敬如宾；笑不露齿；暑不袒裼；男子暑月下体重衣，女人三衣；衣服不晒外，不薰香；名刺书简，妻女不代笔；妾不近僮仆。

奴不裸形；婢不入市。

（十五条，初妻妾，次仆婢。）

家教第四

对子女，夫妇不戏。

男子过十岁，不近婢；往亲友家，勿使入内；行路教以正视；不许多饮酒；不许观灯、看戏、游春；不许习博弈、樗蒱、斗牌、掷骰；勿近狂徒；勿从毁谤三宝之师；使早修不净等观；使常知福善祸淫。

幼女勿使僮仆抱；六岁以上，不出门庭；不许饮酒；不许览山歌小说；勿学诗画琴棋；常使持经念佛；教以四德三从。

（十八条，初端其本，次训子，末训女。）

冠婚第五

未冠不先婚；赘婿及养媳，未婚各不相见；洞房无戏谑声。

子已冠，父节欲；子已婚，父绝欲。

（五条，初夫道，次父道。）

丧祭第六

三年之丧，不娶妻妾；夫妇不同寝；期之丧，夫妇仅同寝。

父母忌日，不同寝；将忌三日，仅同寝。

（五条，初丧略，次祭略。）

宴会第七

不尚声乐；不酣歌狂饮；妾婢不侑觞（侑觞，陪酒）。

孀妇非至戚，不邀饮，不留宿；女亲在家，卧室宜远徙；亲戚所随婢媵，卧榻不离其主母；少年女仆邀远客，必使其夫同往。

（七条，初男，次女。）

远虑第八

家主常早起晚睡，门户谨严；不与（参与）迎神赛会。

子女谨朴者婚嫁宜迟，流动者婚嫁宜早；太幼勿联姻，勿过信媒妁；勿轻以女为养媳；有二子者丧偶勿娶，一子者宜娶妾，恐凌虐原配子女故；少年孀妇有志者守，无力者嫁。

不畜美貌乳母；不彰艳妾名；奴婢不令同处食，同室卧；不畜艳婢；不畜俊僮。

不藏戏文小说；不藏美女图像；不藏乐器。

（十五条，初防意外事，次婚嫁等事，次妾媵等事，末器玩等事。）

世讳第九

父子同居防聚麀；兄弟同居防乱宗。

亲戚同居防乱姓；室女通外防闺丑。

（四条，初防伦纪之坏，次防德名之损。）

御下第十

宽待奴仆，常作子想，于诸媵婢，常作女想。

妻不在家，婢媵不卧寝室；脱靴帽、换衣服，勿用婢；洗男子溺器，不用婢；奴仆早婚配；新婚者不远遣；婢媵父母备价来赎，速还其券；家生女，听仆遣嫁；奴婢通奸，宜远逐之，勿酷毒拷掠；骂奴婢，不及其父母妻室，彼若骂他人，亦严禁之。

（十条，初总言存心之厚，次备列家政之宽。）

译文

绝邪第一

妓女不许入门，梨园不许入门，赌博携妓的人不许入门，师巫不许入门，药婆不许入门，卖淫具的人不许入门。（共六条。初杜绝能淫之辈，次断绝导淫之缘。）

避嫌第二

同胞兄弟，不入寝室；嫂叔相见，笑不露齿；男女五岁不同卧，十岁不同食；不互穿小衣；出嫁姊妹，不至其卧房；从堂姊妹嫂叔，不单独见；服外姊妹不相见；抱幼妹、侄女，不裸体，不吻嘴；女子无故不见姑夫；妻之姊妹不相见；婿至外家，不进内室；妾之兄弟，不见主母。养媳虽幼，勿使共食；非至戚，内外不通问；非大礼，内外不通问。（共十五条。初同姓，次异姓，末同异姓。）

肃闺第三

家中听不到恶妇的声音；妇女不浓妆艳服，不佩带香袋、洒香水；不观灯看戏；不偷看人家；少饮酒；无污言秽语；相敬如宾；笑不露齿；热不露体；男女暑月下体穿长裤，女人三衣。衣服不晒在外边，不熏香。名帖书信，妻女不代笔；妾不亲近僮仆。奴仆不露体；婢女不上街。（共十五条。初妻妾，次仆婢。）

家教第四

不与下辈耍笑，夫妇之间要互相尊重。男子十岁以后，不再亲近婢女；到亲友家，教他不要入内房；走路目不斜视；不许多饮酒；不许观灯、看戏、游春；不许打牌赌博、接近恶人；不许随从毁谤三宝的老师；早修不净等观；经常讲解福善祸淫的道理。幼女勿使僮仆抱；六岁以上，不出家门；不许饮酒；不许唱山歌、看小说；莫学诗、画、琴、棋；常教育持经念佛；教以四德三从。（共十八条。初端其本，次训子，末训女。）

成婚第五

未成年不早婚；入赘女婿及童养媳，未婚各不相见；洞房无嬉戏吵闹声。子成年，父节欲；子已婚，父绝欲。（共五条。初夫道，次父道。）

丧祭第六

三年丧期，不娶妻妾；丧期夫妇不同寝；丧期后三年，夫妇仅同寝而无欲。父母忌日，不同寝；忌日后三天，仅同寝而无欲。（共五条。初丧略，次祭略。）

宴会第七

不要沉迷声色歌舞；不酣歌狂饮；妾婢不要劝酒敬杯。寡妇非至戚，不邀请饮酒，不留宿；女亲戚在家，主人卧室宜远；亲戚随身婢媵，睡床

欲海回狂集

不离主母；少年女仆被邀到远地做客，一定要让她的丈夫同往。（共七条。初男，次女。）

远虑第八

家主常早起晚睡，门户严谨；不参与迎神赛会。子女谨朴者，婚嫁宜迟，流动者，婚嫁宜早；太幼勿联姻，不要过分相信媒人的话；不要轻易以女为童养媳；有二子者丧偶勿娶，一子者宜娶妾，恐凌虐原配子女故；少年寡妇有志者守，无力者嫁。不养美貌奶妈；不宣扬艳妾名；奴婢不使同处食、同室卧；不养艳婢；不养俊僮。不收藏戏文小说、美女图像、乐器。（共十五条。初防意外事，次婚嫁等事，次妾媵等事，末器玩等事。）

世忌第九

父子同居防止败乱人伦，兄弟同居防止混乱宗室。亲戚同居防止混乱姓氏，室女通外防止闺中出现丑事。（共四条。初防伦纪之坏，次防德名之损。）

待下第十

宽待奴仆，常作子想；对各媵婢，常作女想。妻不在家，婢媵不卧寝室；脱靴帽、换衣服，勿用婢；洗男子溺器，不用婢；奴仆及时婚配；新婚者不派遣出远门；婢媵父母备价来赎，速还卖契；家中生女，听从仆女出嫁；奴婢通奸宜远逐，不要严刑毒打；骂奴婢，不要牵连他的父母妻室；奴仆若骂他人，也要严禁。

（共十条。初总言称心之厚，次备到政宽，严于律己，宽以待人。）

广戒门

（共十科，一百二十条，多属修身正心之事）

原　文

诸恶莫作，众善奉行。阿难此语，苦口叮咛。载于《阿含》，《增益》之经（即《增一阿含经》）。吾述广戒，本此善心。莫谓人微，

安士全书

其言亦轻。凡百君子,洗耳来听。

诸恶请不要做,众善要去奉行。阿难这些肺腑之语,苦口常常去叮咛。这些详载于《阿含》《增益》等大经。我之所以述此广戒门,便是本于菩提心。千万不要说因为他非名人,他的话不必信。凡是修心的真君子,都要洗耳恭听。

原 文

守身第一

不敢以父母之遗体陨节败名,令人不齿;不敢以父母之遗体少年斫丧,多病早夭。

不敢以父母之遗体显犯王法,身投宪网。

不敢以父母之遗体上干天谴,福禄俱消;不敢以父母之遗体造绝嗣因,斩焉无后。

(五条,初以名寿言,次以国法言,末以果报言。)

摄心第二

务绝爱心;贪心;骄心;侈肆心;逸乐心;妒忌心;怙恶心;迷恋心;随逐心;退惰心。

常发慈心;悲心;恕心;智慧心;厌恶心;羞愧心;恐惧心;忏悔心;坚固心;出世心。

(二十条,初去妄,次存诚。)

言语第三

与女人言,不现情欲相,不谈夫妻胎产事;不传闺门语;不破人婚姻;不代人作伐;不介绍买婢妾;不以秽语骂仇家;不出风流绮语。

乍见游女，不以告人；不言某处剧戏；不说女人贞淫好丑；不论服饰妍媸；不言某家有贤女、长女、美女；不问某家妇有孕与否；不赞叹淫书；常言善恶必有报应；常言死后神明不灭。

（十六条，初自积阴功，次断人邪念。）

文艺第四

多阅内典；少撰诗赋。

见诗书所载节妇，常起敬心；所载美女，不起染心；于苟且事，不起随喜心；贺祖父、伯叔、兄弟、姊妹毕姻诗文，不低回涵咏。

常善著书；不评阅传奇事；著节妇传，不称其貌；不翻贞节事案；不流通妇女诗文；纂修史册，遇导淫之事，痛加删削，诽谤僧尼者尤甚。

（十二条，初预养善心，次防微杜渐，末志存利益。）

出外第五

不往茶轩酒肆；不赴娼优席；不游春；不观审录奸情事。

不宿孀妇家；访友不默入中堂；不窥内室；不抱他家女孩；不与婢妇言笑。

见妇人不有意整容；不揣度是何人妻女，嫁否、孕否、贤否；见妇人衣服簪珥，不念是何人物；对他家亡妇像，不注目视，不念其妍媸；见人类、异类行欲，心不随喜。

与男子同被，不解下衣；不同浴同厕。

（十六条，初慎所往，次绝嫌疑，次清念虑，末修容止。）

相与第六

毁谤三宝者勿友；编撰淫书者勿友；谈论闺门者勿友；亲狎妓童者勿友；好酒赌博者勿友。

常劝人归依三宝；流通善书；深信因果；持不二色戒；修不净观法。

（十条，初择交，次忠告。）

时令忌第七

佛降生日；成道日；天地交会；国忌；三光之下；雷电风雨；六斋十斋日；三元五腊日；八王日；大寒大暑。

父母诞忌；夫妇诞日。

（十二条，初公戒，次私戒。）

胎产忌第八

孕妇不绝房事，子殇于痘；劳形者子女患惊；劳神者子女患淫；服热药者子女患疮，常多血症；起居轻佻，子女形体不正；孕妇饮酒，子女淫佚；精气损耗，子女怯弱。

产后行欲，夫妇痨伤。

（八条，初胎前，次产后。）

妻妾忌第九

非地；非道；怀娠；产未四月；抱儿；乳儿；病；其父母诞忌。

作他女想；父母之媳想。

（十条，初身孽，次意孽。）

杂录第十

见妇人，目不逆送，不出秽语；不同妇女乘凉；不往观迎亲者；不惧内；不虐内；小溺不视下；不故意出精。

欲海回狂集

拭去市井中所粘助淫方；过尼嬬墙下，不小溺；遥见妇女，不小溺；暗不裸形。

（十一条，初绝鄙薄态，次存长厚心。）

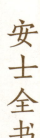

译文

守身第一

不敢以父母的生身损节败名，令人不齿；不敢以父母的生身少年摧残，多病早夭；不敢以父母赋予的生身触犯王法，身投法网；不敢以父母的生身触犯上天的本心，福禄全消；不敢以父母所生身造绝后世的因缘，断绝子嗣。（共五条。最初以名寿言，进而以国法言，最后以果报言。）

观心第二

务必杜绝爱心、贪心、骄心、奢侈心、逸乐心、妒忌心、怙恶心、迷恋心、随逐心、退惰心。

常发慈心、悲心、宽恕心、智慧心、厌恶心、羞愧心、恐惧心、忏悔心、坚固心、出世心。（共二十条。起初去除妄想，进而心存虔诚。）

言语第三

与女人说话，不现好色之相，不谈夫妻胎产之事；不传闺门语；不破人婚姻；不替人做媒；不介绍买婢妾；不用秽语骂仇家；不出风流绮语。初见外游之女，不告诉别人；不说某处演戏；不说女人贞淫好丑；不谈论服饰好丑；不说某家有贤女、长女、美女；不问某家妇有孕与否；不赞叹淫书；常说善恶必有报应；常说死后神明不灭。（共十六条。初自己积累阴德，次切断别人的邪念。）

文艺第四

多读佛典，少写诗文。见诗书所载节妇，常起敬心；所载美女，不起染心；对于男欢女爱等事，不起随喜心；祝贺祖父、伯叔、兄弟、姊妹完婚诗文，不反复咏叹。常著善书；不评阅传奇事；著节妇传，不赞美她的外貌；不翻贞节事案；不流通妇女绮艳诗文；编修史册，遇引人入淫之事，痛加删削，诽谤僧尼的人更要注意。（共十二条。初预养善心，次防微杜渐，最后能志存利济。）

出外第五

不去茶馆酒店；不去妓院、戏院；不游春；不观看审录奸情事。不宿寡妇家；访友不能不打招呼就进入正房堂屋；不偷看别人卧室；不抱他家女孩；不与婢妇言笑。见妇人不有意整容打扮；不猜测女人是谁的妻女，嫁否、孕否、贤否；见妇人衣服首饰，不想是何人物；对别人家亡妇像，不注目久视，不想长相是俊是丑；见人类、异类行欲，心不随喜。与男子同被，不解下衣；不同浴、同厕。（共十六条。初谨慎抉择所到之处，次杜绝嫌疑，再次能理清念想顾虑，最后能修正容貌举止。）

交友第六

毁谤三宝的人勿结友，编撰淫书的人勿结友，谈论女子的人勿结友，亲狎妓童的人勿结友，好酒赌博的人勿结友。经常劝人归依三宝，流通善书，深信因果，持不二色戒，修不净观法。（共十条。初选择朋友，次给出忠告。）

时令忌日第七

佛降生日，成道日，天地交会，国忌，三光之下，雷电风雨，六斋十斋日，三元五腊日，八王日，大寒大暑。父母诞忌，夫妇诞日。（共十二条。初公戒，次私戒。）

胎产忌第八

孕妇房事不绝，孩子就会出痘时夭折；使躯体疲劳的人，子女就会得恐惊症；使精神疲劳的人，子女就会淫欲旺；服热药的人，子女患疮，得高血病；起居轻佻，子女形体不正。孕妇饮酒，子女淫佚；精气损耗，子女怯弱。产后行欲，夫妇痨伤。（共八条。初胎前，次产后。）

妻妾忌第九

非地，非道，怀娠，产未四月，抱儿，乳儿，病，其父母诞忌。作他女想，父母之媳想。（共十条。初身孽，次意孽。）

杂录第十

见妇人，目不远送，不出秽语；不同妇女乘凉；不往观迎亲的人；不惧内；不虐内；小溺不视下；不故意出精；擦去街市中粘贴的助淫之方；经过尼

欲海回狂集

姑寡妇墙下，不小便；远见妇女不小便；在暗处不裸体。（共十一条。初绝鄙薄态，次存长厚心。）

灭罪门

（共七科，六十条，多属诚意之事）

光阴如箭，日月如流。业报一至，欲避无由。乘此康健，勇猛回头。六根不动，八苦齐休。

光阴似箭，日月如流，业报一至，便无理由逃避。趁此康健，勇猛回头。六根不动，八苦皆休。

亲近三宝第一

参究禅学；常修净土。

绍隆佛种；庄严佛像；修造殿宇。

流通经典；持诵神咒。

常参访大德高僧，四事供养；勿念僧尼过。

居官常护法。

（十条，初总归，次佛宝，次法宝，次僧宝，末总结。）

发宏誓愿第二

众生无边誓愿度。

烦恼无尽誓愿断；法门无量誓愿学。

佛道无上誓愿成。

（四条，初悲心，次智心，末圆满心。）

忏除业障第三

忏悔无始已来邪淫六亲尊长之罪；忏悔邪淫出家四众之罪；忏悔邪淫朋友妻妾之罪；忏悔邪淫奴仆婢媵之罪；忏悔邪淫歌童妓女之罪；忏悔邪淫神女仙姑之罪；忏悔邪淫天龙八部之罪；忏悔邪淫鬼魅妖狐之罪；忏悔邪淫饿鬼畜生之罪；如是一切罪垢，愿乞消灭。

又代宿世今生父母六亲忏悔，又代国王、师长忏悔，又代比丘、比丘尼、优婆塞、优婆夷忏悔，又代朋友知识忏悔，又代无量劫来债主怨家忏悔，又代地狱、饿鬼、畜生忏悔，又代刀兵、饥馑、疾疫众生忏悔，又代诸天诸仙忏悔，又代尽虚空遍法界一切苦恼有情忏悔；如是一切罪垢，愿乞消灭。

（二十条，初自忏，次代忏。）

修福利人第四

施戒淫书；取人淫书付火。

保全妇女节。

助赀嫁女；代赎良家女；收养儿；施胎产良方。

（七条，初布施智慧，次布施声名，末布施财帛。）

现在觉悟第五

见妻妾产育，受诸苦恼，当作累他想，默念佛号，愿其世世不受女身，往生佛国；见子女疾苦，及诸产育，亦当作累他想，度脱想；见婢媵怀抱儿女，亦当作累他想，度脱想。

遥想数世后子孙,代代娶妻,代代嫁女,代代产育,代代生死,亦当作累他想,度脱想。

(四条,初因见生觉,次因想生觉。)

随喜功德第六

见贞节事;见贫女、长女得嫁;见人夫妇复合;见善书。

见人离欲出家,皆当赞成,助之欢喜。

(五条,初世间功德,次出世间功德。)

罪灭之相第七

忽然不想欲事;忽然觉女身污秽;忽然厌恶娼优;忽然欲毁淫词小说。

忽然发慈悲心;忽然信因果;忽然肯布施;忽然尊信三宝;忽然自知将来必死;忽然厌恶此身,发出世之想。

(十条,初专以淫见,次不专以淫见。)

译文

亲近三宝第一

参究禅学,常修净土。弘扬佛法,庄严佛像,修造殿宇。流通经典,持诵神咒。常参访大德高僧,四事供养,不要想僧尼过失。在官期间常常护法。(十条。初总归,次佛宝,次法宝,次僧宝,末总结。)

发宏誓愿第二

众生无边誓愿度。烦恼无尽誓愿断。法门无量誓愿学。佛道无上誓愿成。(四条。初悲心,次智心,末圆满心。)

忏除业障第三

忏悔无始已来六亲尊长邪淫之罪,忏悔出家四众邪淫之罪,忏悔朋友妻妾邪淫之罪,忏悔奴仆婢媵邪淫之罪,忏悔歌童妓女邪淫之罪,忏悔神女仙姑邪淫之罪,忏悔天龙八部邪淫之罪,忏悔鬼魅妖狐邪淫之罪,忏悔饿鬼畜生邪淫之罪，如此一切罪垢，发愿乞求消灭。

又代宿世今生父母六亲忏悔，又代国王、师长忏悔，又代比丘、比丘尼、优婆塞、优婆夷忏悔，又代朋友善知识忏悔，又代无量劫来债主怨家忏悔，又代地狱、饿鬼、畜生忏悔，又代刀兵、饥馑、疾疫众生忏悔，又代诸天诸仙忏悔，又代尽虚空遍法界一切苦恼众生忏悔，如此一切罪垢，发愿乞求消灭。（二十条。初自忏，次代忏。）

修福利人第四

布施戒淫之书，搜集淫书焚毁。保全妇女贞节。资助贫家嫁女，代赎良家妇女，收养孤儿，布施胎产良方。（七条。初布施智慧，次布施声名，末布施财帛。）

现在觉悟第五

看见妻妾产育，受尽苦恼，要当作是自己牵累他想，默念佛号，愿她世世不受女身，往生佛国；看见子女产育疾苦，也是如此；看见婢媵怀抱儿女，也是如此。

遥想数世后子孙，代代娶妻，代代嫁女，代代产育，代代生死，都要当作是自己牵累他想，默念佛号，只愿他们解脱。（四条。初因见生觉，次因想生觉。）

随喜功德第六

见贞节事，见贫女、长女得嫁，见人夫妇复合，见善书。

见人离欲出家，都当赞成，心中欢喜。（五条。初世间功德，次出世间功德。）

罪灭好相第七

忽然不想淫欲事，忽然发现女身污秽，忽然厌恶娼优，忽然想要销毁淫词小说。

忽然发慈悲心，忽然信因果，忽然肯布施，忽然尊信三宝，忽然自知将来必死，忽然厌恶此身，发出出世的想法。（十条。初专以淫见，次不专以淫见。）

欲海回狂集

轮回观

识离此形躯，其名曰中阴。一入胞胎后，此相忽然隐。譬之暗中灯，灯灭还晦冥。六道十七相，智者宜观省。

识离这具形躯，名字叫作中阴，一旦进入胞胎后，此相便忽然隐去。就像黑暗中的灯，灯灭后还陷入晦冥。六道十七相，智者应当全部观省。

解脱观

修行无别法，出世为究竟。出世有多途，净土为捷径。述此观想法，言言宗大乘。托质上品莲，戒淫之事尽。

戒淫之士，清晨盥漱既毕，著清净衣，焚香顶礼三宝。向西趺坐，先想自身顶上，有梵书𑖮（即"囕"字）字，遍有赤光。初如赤珠，次如满月，变成三角火轮，从头至足，烧尽自身。并烧一城一国，遍阎浮提，及三天下，如是渐广，至十方界。纵有重罪，此字烧已，渐得消除。

次想梵书一𑖀（即"阿"字）字，生成自身，及一切众生，皆作金刚不坏之体。自身在西方极乐世界，七宝池内，千叶莲华之中，华尚未开。

次想自心如月轮，于月轮中，有一梵书𑖌（即"唵"字）字。

次想莲华忽然开敷，团圆十二由旬，阎浮檀金为茎，白银为

二七二

叶,金刚为须,甄叔迦宝为台,种种庄严,不可具说。

次想华开时,忽见阿弥陀佛,坐大宝莲华座上。其华八万四千叶,一一叶,八万四千脉。一一脉,八万四千色。一一色,八万四千光。佛身如百千万亿夜摩天阎浮檀金色,高无量由旬。眉间白毫,右旋宛转,如五须弥山。佛眼如四大海水,青白分明。身诸毛孔,演出光明。彼佛圆光,如百亿三千大千世界。

次想一大宝莲华座,在佛左边,观世音菩萨跏趺其上,身紫金色。顶上摩尼宝,以为天冠。微妙光明,以为缨络。手掌作五百亿杂莲华色,一一指端,有八万四千画,皆出种种光明。举足下足,有千辐轮相,自然化成五百亿光明台。其余身相,如佛无异,唯顶上肉髻,及无见顶相,不及世尊。

次想一大宝莲华座,在佛右边,大势至菩萨跏趺其上,身量大小,如观世音。圆光面各百二十五由旬,照二百五十由旬。菩萨天冠中,有五百宝华,普现一切佛事。常以宝手,接引念佛众生。

次想琉璃地上,黄金绳界道。楼阁千万,百宝合成,或浮虚空,或停宝地。无量乐器,皆出妙音。

次想宝树,皆七重行列,具足七宝华果。一一华果,作异宝色。琉璃色中,出金色光;玻璃色中,出红色光;玛瑙色中,出砗磲光;砗磲色中,出绿珍珠光。珊瑚、琥珀,一切众宝,以为映饰。妙真珠网,弥覆其上。

次想七宝池中,八功德水,皆妙宝所成。其宝柔软,从如意珠王生,分十四支。一一支,作七宝色,黄金为渠,渠下皆以杂色金刚为底沙。一一水中,有六十亿七宝莲华。一一莲华,团圆正等

欲海回狂集

十二由旬。

次想自身，见佛菩萨，踊跃欢喜。乘空而行，到佛菩萨所，头面顶礼。烧无价名香，散无价宝华，作无量天乐，放无量宝云，供养阿弥陀佛，并二大士。

次想自身供养之后，于佛菩萨前，作大忏悔，誓度十方一切众生。

次想极乐国土，一一宝树，一一楼阁，一一宫殿，皆有一佛二菩萨，跏趺端坐。自身化无量身，一一佛菩萨前，各各如前供养，如前忏悔、发愿。

次想自身还至从前华上，端然趺坐，一心观阿弥陀佛眉间白毫相光，湛然而住。

若妄想起时，但作莲华开想、合想，妄念自息。

若分别心起，但想一梵书 ꙮ（即"洒"字）字，即成无分别。

若执著心起，但想一梵书 ꙮ（即"含"字）字，即得空诸执著。

（观法详在《十六观经》，兹因限于卷帙，不能备举。故将《大阿弥陀经》《观经疏钞》《显密圆通》《准提》《净业》等书，参酌会通，定撮要数则。庶使初入法门者，易于修持，或未始非一心三观之少助耳。信心之士，取《十六观经》详览，使观法不背佛言，方不堕入魔境。至若观想成熟，净境现前，虽天宫之乐，犹不屑受，岂特区区防淫节欲，为下根说法而已哉。）

对于修行来说别无他法，出世为最高境界。出世有多种途径，而净土却为捷径。所讲述这种观想法，句句都宗属于大乘。托质上品莲，戒淫之

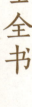

事便成尽除。

　　戒淫欲的人，清晨洗漱完毕，要穿清净衣，对着三宝焚香顶礼。向西趺坐，先想自身头顶上，有梵书（即"嚂"字）字，发出红光。红光开头如红珠，然后如满月，变成三角火轮，从头至足，烧尽自身，又烧遍一城一国，以至于遍阎浮提，而后及于三天下，如此渐烧渐广，一直到十方界。即使有重罪，此字烧完后，也会渐渐消除。

　　再想梵书一（即"阿"字）字，生成自身，及一切众生，都作金刚不坏之体。自身在西方极乐世界，七宝池内，千叶莲花之中，花还未绽开。

　　再想自心犹如月轮，于月轮中，有一梵书（即"唵"字）字。

　　再想莲花忽然开放，方圆十二由旬，阎浮檀金为茎，白银为叶，金刚为须，甄叔迦宝为台，种种庄严，不可一一细说。

　　再想花开之时，忽然看见阿弥陀佛，坐在大宝莲花座上，其花有八万四千叶，一一叶，八万四千脉；一一脉，八万四千色；一一色，八万四千光。佛身犹如百千万亿夜摩天阎浮檀金色，高无量由旬，眉间白毫，右旋宛转，如同五须弥山。佛眼如同四大海水，青白分明。身诸毛孔，放出光明，佛陀圆光，犹如百亿三千大千世界。

　　再想有一大宝莲花座，在佛左边，观世音菩萨跏趺其上。身紫金色，头顶上用摩尼宝为天冠。微妙光明，以为缨络。手掌作五百亿杂莲花色，一一指端，有八万四千画，都放出种种光明。举足下足，有千辐轮相，自然化成五百亿光明台。其余身相，如佛无异。唯顶上肉髻，及无见顶相，不及世尊。

　　再想有一大宝莲花座，在佛右边，大势至菩萨，跏趺其上。身量之大小，犹如观世音，圆光面各百二十五由旬，照二百五十由旬。菩萨天冠中，有五百宝花，普现一切佛事。常以宝手，接引念佛众生。

　　再想琉璃地上，又出现黄金绳界道，楼阁千万，百宝合成。或浮虚空，或停宝地，无量乐器，都发出妙音。

　　再想宝树都有七重行列，具足七宝花果。一一花果，作异宝色，玻璃色中，出金色光，琉璃色中，出红色光，玛瑙色中，出砗磲光，砗磲色中，出绿珍珠光。珊瑚、琥珀、一切众宝，以为映饰，妙真珠网盖满它的上面。

再想七宝池中，八功德水，都是妙宝所成。其宝柔软，从如意珠王生，分十四支。一一支，作七宝色，黄金为渠，渠下都以杂色金刚为底沙。一一水中，有六十亿七宝莲花，一一莲花，团圆正等，十二由旬。

再想到自身，见到佛菩萨，很踊跃欢喜，乘空而行。到了佛菩萨的处所，头面顶礼，烧无价名香，散无价宝花，作无量天乐，放无量宝云，供养阿弥陀佛，并二大士。

再想自身供养之后，在佛菩萨前，作大忏悔，誓度十方一切众生。

再想极乐国土，一一宝树，一一楼阁，一一宫殿，都有一佛二菩萨，跏趺端坐，自身化无量身。一一佛菩萨前，各各如前供养，如前忏悔、发愿。

再想自身回到从前花上，端然趺坐，一心观阿弥陀佛眉间白毫相光，净心归一。

若起了妄想时，但作莲花开想、合想，那样妄念便自动平息。

如果起了分别心，但想一梵书（即"洒"字）字，即成无分别。

如果起了执着心，但想一梵书（即"含"字）字，即得空相入定。

（观法详细记载在《十六观经》中，如今因为限于篇幅，不能一一列举。所以将《大阿弥陀经》《观经疏钞》《显密圆通》《准提》《净业》等书，互相会通，撮举重要的数则。让那些初学佛法者，比较容易修持，也许可以作为"一心三观"的帮助。有虔诚心的人，取来《十六观经》详细观看，使观法不背于佛言，才不会堕入魔境。等到观想成熟时，净境出现在面前，即使天宫之乐现前，也不会接受，何况区区淫欲呢？）

欲海回狂集

卷三　决疑论

统论淫业类（八问八答）

原文

问：太极生两仪，两仪生四象，而人类兴焉。则男女形体，实天地所生也。天地既生男女，又恶男女之事，是诚何故？

答：男子有室，女子有家，父母大愿也。若不待父母之命，钻穴逾墙，则又恶之贱之。父母既尔，天地亦然。

问：天地以生物为心。男女之道，生生之本也，苟其恶之，生生之理安在？

答：生物为心者，盖言慈心不害耳，非以生育之多为贵也。天道若贵生育，则鸡犬猪羊，一乳数子。鱼虾之卵，累百盈千。较之人类，岂不更合天心耶？

问：上帝既恶邪淫，当使世人皆生一类形相，壮年自然生育，则邪淫之本断矣。何为计不出此？

答：吉凶祸福之柄，虽天实司之，然不过因物付物耳，初无私意于其间也。况男女之相，皆随其宿世之心所造。天既不能强天下之男女皆出于一心，又安能强天下之男女皆出于一相哉？

问：男女之事，世人最秘，天地鬼神焉能一一知之？

答：法界与心，原非二物。自心既知，十方世界悉知，岂特天地鬼神而已乎？水清而月现，鼠腐而虫生，何不细参其理？

问：杀生者，令彼痛苦。窃盗者，令彼贫穷。其受罪报，固不待言。至于淫欲，彼此皆悦，庸何伤哉？

答：彼此则皆悦矣，试问其夫见之，亦悦乎？其父母兄弟见之，亦悦乎？天地鬼神见之，亦悦乎？则悦者，不过一人。而切齿拊膺、怒目环绕者，遍虚空也。乌得无罪？

问：然则较之杀、盗，毕竟孰重孰轻？

答：杀者，痛苦难当；淫者，恶名难受。盗者，劫其养身之财；淫者，劫其养性之宝。因既不同，果亦各异。所以犯杀、盗者，如风火之疾，速生速死。犯邪淫者，如痨瘵之症，难脱难除。未可分轻重于其间也。

问：逾东邻垣，搂其处子，犹曰我作之孽也。至于奔女，彼乃自投罗网，纳之何足为罪？

答：搂是何心？纳是何心？既可以纳，即可以搂。譬如彼有毒药，窃而食之者固死，受而食之者亦死。

问：犯良家女，其罪诚重。至于婢媵，何足为罪？

答：在彼受染之躯，则有贵贱之异。在我行欲之体，实无彼此之殊。妓女且有罪，况婢媵乎？

译文

问：从原始混沌之气中，产生了天地，有了天地后，就产生了四时，于是就诞生了人类。如此看来，男女的形体，其实是天地所创造的。既然已经创造了男女，又痛恶男女之事。这是为什么呢？

答：男子有家室，女子有归宿，这是父母最大的愿望。如果不听从父母之命，偷情相会，出走私奔，则又令父母痛恶，认为这样太低贱了。父母既然如此，天地也是这样。

问：天地之心是要使万物得以生长。男女相爱，是生命延续的根本。如果痛恶这件事，那么好生之德又在何处呢？

答：上天有好生之德，是培养慈悲心，不滥杀生命，不是以多生育为贵。天道如果看重生育的话，那么鸡犬猪羊，一次就生乳数子。鱼虾之卵，成百上千，这样和人类相比，岂不更合天心吗？

问：上帝既然痛恶邪淫，就应当使世人都生成一类形相，到了壮年就会自然生育。如此则邪淫之本也就自然断绝了。为什么不这样办呢？

答：上天虽然有主宰人类吉凶祸福的大权，那也只因天贵人贱罢了，由宿世修福所得，他并不能凭个人意志创造人类。所以男女之相，都是随其宿世之心所造成的。天既不能强迫天下的男女，都是一心，又怎么能强迫天下男女，都为一相呢？

问：男女间的私事，最为隐秘，天地鬼神又怎能一一知晓呢？

答：宇宙万物不离一心之外，自心既然知道，十方世界也都知道，仅仅是天地鬼神才知道的吗？水清而月现，鼠腐而虫生，为何不仔细参究呢？

问：杀生使你痛苦，窃盗使你贫穷。要受恶报，原本不需要言说的。至于淫欲，双方彼此都欢悦，又何必制止呢？

答：你错了，这样彼此都会成仇。试问：她的丈夫看见了，会欢悦吗？他的父母兄弟看见了，会欢悦吗？天地鬼神看见了，会欢悦吗？如此看来，欢悦的不过只是他一人。而切齿痛恨，怒目环绕的，却遍虚空啊！这怎么能无罪呢？

问：但是这与杀盗相比，毕竟谁重谁轻？

答：杀人者，痛苦难当；淫欲者，恶名难受。盗窃者，失去养身之财；淫欲者，失去养性之宝。因既不同，果也各异。所以犯杀盗，如同患上风火之疾，导致速生速死；触犯邪淫，如同痨怯之症，难以脱除。这其中难以区分谁轻谁重。

问：像那种爬越东邻之墙，搂抱人家的处女的事情，可以说是我自己造的孽。至于私奔之女，是她自投罗网，那接纳她又有何罪呢？

答：搂抱是何心？接纳是何心？既然可以接纳，那么就可以搂。譬如别人有毒药，偷窃而食，固然会死，但接受而食，也一样会死。

问：侵犯良家女，罪过确实很重。至于家中婢媵，何足为罪？

答：受淫之身，虽然有贵贱之别，而我行欲的身体，实际上没有彼此之分。与妓女发生关系尚且有罪，更何况是家中的婢媵呢？

因果析疑类（八问八答）

原文

问：大富贵人，往往多造淫业，何以不见有报？

答：宿世善缘既熟，今世虽恶，尚当先享福报，留其苦于来生。譬如凶年之谷，得之往岁。今岁之荒，来岁受苦。善亦如是。（说本《业报差别经》）

问：风流之事，偏与功名为水火，其义何居？

答：风流之事，最损彼家名节，故亦受损名之报。

问：好色之士，后世每堕女身，何以故？

答：淫者意中，念念有一美女。情之所牵，其音容笑貌，常摹美女之娇态。以故阳气渐消，不觉形随心变。

问：淫男念念想女，后世若必堕女身。则淫女念念想男，后世反可得男身矣。女何幸而男何不幸？

答：转男为女，堕落也。转女为男，超生也。同造堕落之因，决无独受超生之果。譬如两人登山，一人过于视下，忽然失足。

一人过于视上,忽然失足。视下失足者,固堕至山下矣。岂视上失足者,必堕至山顶耶?

问:子息既从欲事而生,则多欲者宜多子,何以耽于色欲者,子女偏觉寥寥?

答:其故有二:一者使尽男子之态,不应更生男子故。二者精液耗散,如鄙吝之人酿酒,米少水多故。

问:世间之法,犹言罪不及孥,官不及世。若善者克昌厥后,淫者殃及子孙。则为善人之后者,何以享自然之福?为淫人之嗣者,何以受无妄之灾?

答:宿世修善,投作善之家享福。宿世造恶,投作恶之家受祸。莲华不发荆榛之干,偃鼠岂出龙象之胎?

问:修善得贵子,理也。但其人与我有缘,方来托生。万一福之称者,缘不合;缘之合者,福不称,奈何?

答:无量劫来,欲报我仇者,不计其数。欲报我恩者,亦不计其数。善以善应,恶以恶应,不患无转移之法。

问:险恶之人,固当无后。彼持斋奉佛,发心出世者,何以往往无嗣?

答:险恶者无后,刻薄之孽报也。修行者无后,清净之福报也。世间不肖子孙,贻祖父以死不瞑目者,何可胜数?大圣大贤,犹不能顾后,况其他乎?即使世世得象贤之嗣(象贤,能效法先人之贤德),而淫杀之业,人所同有,究本寻源,孰阶之厉?所以修行人,具大智慧,求大解脱,既欲舍此凡躯,并求断此凡种,俯视尘世,瓜瓞蓏斯(比喻子孙众多),嚼蜡无味。譬如有人前世为猫,产一猫子，必欣然爱之。若转世为人后，识得此猫，是吾宿世所生，见其盗鱼捕鼠，必切齿愧恨矣。岂尚愿其猫种不绝，源源产乳哉？

译文

问：大富大贵的人往往多造淫业，为何不见他们遭报应？

答：如果宿世善缘已经成熟，今世虽然为恶，也应当先享受福报，将苦果留到来生。譬如虽然在凶年，但因为有储备粮，就可以顺利度过。倘若今年田园荒芜，那么来年就会受苦。（见《说本业报差别经》）

问：风流之事，偏偏与功名水火不容。这是什么道理？

答：风流之事，最损名节，因此受到损名之报。

问：好色的人，后世常常堕落作女身。这是为什么？

答：淫者的意念中，念念有一个美女，正因为情之所牵，所以他的音容笑貌常摹仿美女的娇态。因此，阳气渐消，不觉便形随心变。

问：既然淫男念念想女，后世常常堕落为女身。那么淫女念念想男，后世反而可变为男身了？

答：转男为女是堕落，转女为男是超生。既然同造了堕落的原因，便决无会独受超生之果。譬如两个人登山，一人只看下边，忽然失足。一人只看上边，也忽然失足。只看下边的人固然会掉到山下，难道只看上边的人，失足就会掉到山顶吗？

问：既然儿子从欲事中生，那么欲事多的人就应当多子了。为什么沉迷于色欲的人，子女偏偏稀少呢？

答：有两种原因：一是沉迷女色，已经失去了男子之态，不能再生男子；二是因为精液耗散，犹如贪吝之人，酿酒时米少水多。

问：世间之法，罪过不累及妻儿，为官不延及后辈。若好人留福后代，淫者就会降祸子孙。为什么好人的后代安享自然之福，淫人的后代遭受无妄之灾呢？

答：如果宿世修善，那么投作善之家享福；如果宿世造恶，那么投作恶之家受祸。这如同莲花不会生荆榛之中，老鼠怎能出龙象之胎？

问：修善得贵子，这是定理，但此人与我有缘，才能来托生。万一福相称，而缘不合；缘相称，而福不合，那该怎么办？

答：无量劫来时，想要报我仇的人，不计其数。想要报我恩的人，也不计其数。善以善应，恶以恶应，不怕无转移之法。

问：那些险恶之人，固然应当无后。那些持斋奉佛、发心出世的人，为何也往往无后呢？

答：险恶者无后是刻薄的孽报；修行者无后是清净的福报。世间不肖子孙，使先祖先父死不瞑目的人不可计数。大圣大贤尚且不能顾及后代，何况其他人呢？即使世世得贤嗣，而淫杀之业却是人所共有的，究本寻源，谁是祸的根源呢？所以修行之人，拥有了大智慧以求大解脱。既然想要抛弃凡俗的躯体，并想要断绝这一凡俗的根脉，俯视尘世，乃是凡夫所居之地，味如嚼蜡。譬如有人前世为猫，产下一个猫子，必定会欣然接受。如果转世为人后，识得这个猫子，知道它是我宿世所生，看见他盗鱼捕鼠，一定会为之切齿痛恨了。难道还希望自己猫种不绝，源源不断吗？

婚嫁穷源类（八问八答）

原文

问：淫既为万恶之首，则圣王治世，当有以绝之。而伏羲通媒妁，合二姓之好，何耶？

答：此正所以息天下之淫也。婚礼不设，无论天下男女，必入禽兽之为，而所生子女，亦必致弃而不育。以故开一方便之门，定为婚姻之道，使男子各妻其妻，女子各夫其夫，父母各子其子，守其一而不乱也。

问：归作合之权于媒妁，何也？

答：恐巧诈者取妍弃媸，开天下之争也。

问：设问名、纳吉、请期之礼，何也？

答：恐开后世苟合之途，故多其曲折也。

问：婚嫁之故，余既知之。男女之道，始于何日？

答：按《起世因本经》，劫初之时，众生皆从光音天下，自然化生，不由母腹。逮食地味既久，形色丑恶，便有筋脉骨髓，分男女之相，而后有淫欲之情。此男女之道所由始也。

问：儒谓不孝有三，无后为大。而佛制辞亲出俗，极言室家之为害。儒释两途，何以判然若此？

答：为善不同，同归于治。世人根器不一，有佛法不足化，而儒教可化者。有儒教不足化，而佛法可化者。故三教圣人，虽同心协力，不得不分任其事，各立一种门庭，各垂一种教化。名虽三，而实则一也。

譬如三大良医，皆欲治病，而病有不同，若三人皆习一业，所济必不能广。又如刀兵劫至，有三大长者，各欲救人出城，若止开一门，所救亦必不广。是故能尽仲尼之道，释迦见之必喜。能尽释迦之道，仲尼见之亦必喜。若谓从吾之教而善，则悦。不从吾之教而善，则不悦。亦不得为佛，不得为圣矣。隋李士谦曰："三教如三光也，岂可缺一哉？"（出《隋书》）后人议论纷纷，徒形其隘耳。

问：或疑羲皇诸圣，皆是大菩萨应化，不识有诸？

答：或亦有之。良弓之子，必学为箕；良冶之子，必学为裘。（制弓之家挠屈弓材以制弓，其子弟便先学着弯折柳条以制箕。冶造之家陶熔金铁以补治破器，其子弟便先学着补缀兽皮以成裘。喻其事虽大小不同,其理却彼此相通,语出《礼记·学记》)佛教有权有实,有渐有顿。离欲出家,实教、顿教也。配合两姓,渐教、权教也。譬之不能持斋者,先劝之食三净肉耳。三教圣人此心同,此理同也。

问:天下人人绝欲,百年后无复人类,奈何?

答:此等浊世,男女二十不嫁娶,则相窥相从矣,安得人人绝欲?只如足下自反,恐亦不能,况其他乎?渔人一日不捕鱼,遂患舟楫之不通,是杞老忧天坠矣。

问:设或有之,奈何?

答:果尔,则一切世间,皆如诸天化生,不由胎狱。

译文

问:淫既然为万恶之首,那么圣王治世时,就应当断绝。可伏羲通媒妁,并合二姓之好。为什么呢?

答:这正是控制天下之淫业。没有婚礼,没有媒人,让天下男女自由泛滥,必定走向动物化。而所生子女,也必定会被抛弃,无人抚育。因此开一方便之门,将其定为婚姻之道。让男子各自独守自己的妻子,使女子各自独守自己的丈夫,父母各自抚养好自己的孩子。感情专一,就不会淫乱。

问:为什么把男女作合之权,归于媒人?

答:恐怕奸巧狡诈的人,会贪色恶丑,嫌贫爱富,发动天下之争。

问:为什么问生辰八字、提亲、定婚期要选择好日子,又要送礼?

答:为防止后世男女苟合,轻易失去贞节,所以多了这番曲折。

问:对于婚嫁之故,我已经知道了。那么男女结合的事,是从什么时候开始的呢?

答:依据《起世因本经》,劫初之时,众生都是从光音天下来,自然地化生，不需要从母腹出生。等到地味吃食已久后，形色丑恶，便有筋脉骨髓，区分男女之相，而后有淫欲之情。这就是男女结合的开始。

问：儒门说不孝有三，无后为大。而佛却制辞亲自出家，并且极言家室的危害。儒释这两途，为什么如此不同呢？

答：方法不同，目的却相同。世人的根器不一，有的佛法不能教化，而儒教却可教化。有的儒教不足化，而佛法可感化。因此三教圣人，虽然同心协力，也不得不分管自己的事，各立一种门庭，各垂一种教化。名义上虽为三，而实际上则为一。譬如三大良医，都要治病，而病症却不同。如果三人都是用同一种方法，救济就必不能广。又如面对刀兵劫的到来，有三大长者，各自要救人出城。如果只开一门，所救也必不广。因此，能尽仲尼之道，那么释迦见之必喜，如果能尽释迦之道，那么仲尼见之也必喜。如果说信我的教最好，就高兴，否则就排斥，那么佛就不能为佛了，圣人也不能为圣了。隋朝李士谦说："三教如三光啊，哪能缺一呢？"（出《隋书》）后人议论纷纷，都是片面的观点。

问：我怀疑羲皇诸圣，都是大菩萨应化，这样想对吗？

答：大菩萨应化是常有的事。佛教有权有实，并且有渐有顿。离欲出家，便是实教顿教。配合两姓，则是渐教权教。譬如那些不能持斋的人，先劝他食三净肉。三教圣人此心相同，此理也相同。

问：如果天下人人绝欲，百年后就没有人类了，怎么办？

答：这等浊世，男女过了二十岁还不嫁娶，就都会稳不住了，怎么能人人绝欲？即使说您自己能够马上反省，恐怕也很困难，更何况其他人呢？您的想法，是杞人忧天。

问：假设能够这样，那么结局怎样？

答：果真如此，那么一切世间众生就都如诸天化生，不再胎生。

忏悔往生类（七问七答）

问：已造淫业，欲除其罪，当于佛前忏悔乎？抑从自心忏悔乎？

答：心即是佛，佛即是心。佛前忏悔，不碍自心忏悔。自心忏悔，不碍佛前忏悔。

问：今世所犯淫业，固当忏悔以消除。若过去世中所犯，涉于渺茫，何须忏悔？

答：吾等旷劫以来，至于今日，凡系四生六道之身，一一受过无量。凡系罪大恶极之事，一一造过无量。若忏悔今生，而不及宿世，岂非去草留根耶？

问：善恶因果，父子不能相代。忏悔一身之业，犹恐不暇，并代四生六道忏悔，迂孰甚焉？

答：但求自利，不思利人者，凡夫之见。未求自度，先欲度人者，菩萨之心。禹、稷己溺己饥，孔子老安少怀，范子先忧后乐，其揆一也。（《孟子·离娄下》："禹思天下有溺者，由己溺之也。稷思天下有饥者，由己饥之也。"《论语·公冶长篇》，孔子自言其志："老者安之，朋友信之，少者怀之。"范仲淹《岳阳楼记》："先天下之忧而忧，后天下之乐而乐。"

问：淫欲固是生死之根，不可不断。但出世之法，乃身后事耳，晚年修习，未为迟也。

答：凡事豫则立，不豫则废。晚年而后修习，是犹饥而耕田,渴而凿井矣。况得至晚年者,目前岂数数见哉？举世尽从忙里老,谁人肯向死前休？

问：末世众生,贫苦殊甚。佛国楼阁宫殿,皆七宝庄严。何其苦乐之不均哉？况佛视众生,等于一子,何不分惠十方,使一切共享其乐乎？

答：苦乐天渊,现在之果,而所以致此者,过去之因。往昔因中,举世皆造杀业,菩萨独尚慈悲。举世皆耽色欲,菩萨独修梵行。举世皆事贪吝,菩萨独爱布施。作善作恶,既有天渊之别,各各不能相代。则受乐受苦,亦有天渊之别,各各不能相代。譬如舜目重瞳,较之双眸而有余。瞽瞍（瞽瞍,舜之父）盲视,拟于独眼而不足。舜虽大孝,岂能以己之有余,补其亲之不足哉？

问：土阶茅舍,乃见尧舜之仁。琼室瑶台,适形桀纣之恶。佛既观三界为牢狱,何必借七宝以庄严？

答：一则是万姓之脂膏,一则是三生之福果。二者合观,拟非其类。

问：佛国清净庄严,固万倍于尘世。但经中所言,未免形容太过,若皆信之,不几近于荒唐乎？

答：人所信者,不过耳目心思。耳目不及之处,犹谓荒唐,况心思不及者乎？譬如蚯蚓,但知尺土中食泥之乐,不知苍龙跃于大海,突浪冲波。亦如蜣螂,但知粪壤内转丸之乐,不知大鹏扶摇九万里,风斯在下。

问：倘若已经造了淫业，要消除罪过的话，是应当在佛前忏悔呢，还是从自心忏悔呢？

答：心即是佛，佛即是心。在佛前忏悔，不妨碍自心忏悔。自心忏悔，不妨碍佛前忏悔。

问：今世所犯的淫业，当然应当忏悔以消除。如果在过去世中所犯的，实属渺茫无知，又何须忏悔？

答：我们从无量劫以来直到今天，凡是四生六道之身，全都受过无量；凡属于罪大恶极之事，全都造过无量。如果只是忏悔今生而不及宿世，难道不等于是去草留根吗？

问：善恶因果，父子也不能相代。即便忏悔一身之业，都恐怕来不及了，何况还要兼代四生六道忏悔，不也太迂了吗？

答：只求自利，却不思利人，是凡夫的见地。未求自度，却先要度人，是菩萨的心肠。禹、稷为了天下苍生，宁可自己被水淹，自己饿肚子。孔子为了天下苍生，一生都没有休息。范仲淹先天下之忧而忧，后天下之乐而乐，都是我们学习的榜样。

问：淫欲固然是生死的根本，必须断绝。但出世之法，只是身后事罢了。晚年修习，也不算为迟吧？

答：凡事早做准备就会成功，如果总是拖延就会废弃。到了晚年后再修习，这就好像饥而耕田，渴而凿井了。何况到了晚年，目前有多少人修行呢？举世尽从忙里老，谁人肯向死前休？

问：末世众生，如此贫苦。而佛国楼阁宫殿，却都是七宝庄严。为何苦乐不均，差异如此之大呢？佛视众生，如同一子。为何不使十方众生都受惠？使大家共享快乐呢？

答：苦乐有天渊之别，是由因果所引起的。在过去的因中，举世尽造杀业，唯有菩萨独行慈悲。举世沉迷色欲，唯有菩萨独修梵行。举世尽是贪吝，唯有菩萨独爱布施。作善作恶，既有天渊之别，各各不能相代，则受乐受苦，问：土阶茅屋，才见尧舜之仁。琼楼玉宇，正露桀纣之恶。佛既然视三界为牢狱，何必借七宝来庄严？

答：一则是天下万姓的脂膏，一则是三生积累的福果，两者比较，截然不同。

问：佛国清净庄严，当然万倍于尘世。但经中所言，未免形容太过分了。如果都相信，岂不近于荒唐吗？

答：人所相信的，不过耳目心思罢了。耳目不到的地方，就说荒唐，何况心思不及的地方？譬如蚯蚓只知道一尺土中食泥之乐，却不知苍龙跃于大海，突浪冲波之乐。又如蜣螂只知道粪土内转丸之乐，却不知大鹏扶摇九万里，搏击长空之乐。

如来应化类（七问七答）

原文

问：世人产育，必由阴道。菩萨入胎，必从右胁。何也？

答：凡夫有欲，故由产门。菩萨无欲，故从右胁。

问：三界至尊，莫如天帝。而如来降生，四王、忉利天子，皆恭敬奉承。得毋故为此言，以张大其说乎？

答：经称六道，诸天亦在其中。世人观之，以为尊而无对。佛眼视之，同为未出世之凡夫。故如来每一说法，无量帝释天王，皆恭敬礼拜，听受妙义。略言之，如《华严经》云："尔时天王，遥见佛来，即以神力，化作宝莲华藏狮子之座，百万层级，以为庄严。百万天王，恭敬顶礼。"《般若经》云："一切世间天、人、阿修罗，皆应供养。"《大宝积经》云："四天王天、三十三天诸天子等，虚空散华，供养如来。"《莲华面经》云："帝释天王，见世尊已，即敷高座，顶礼佛足。"《梵网经》云："十八梵天、六欲天子、十六大国王，合掌至心，听佛诵大乘戒。"《圆觉经》云："尔时大梵王、二十八天王，即从座起，顶礼佛足。"《贤愚因缘经》云："帝释侍左，梵王侍右。"《普曜经》云："梵天侍右，帝释侍左。"《造像经》云："梵王执白盖在右，帝释持白拂侍左。"《法华经》云："是诸大梵天王，头面礼佛，绕百千匝。"如是之类，不胜屈指。若如来福德，仅等诸天，则经中不敢说此大言。而梵王、帝释，岂容此等经典流通哉？

问：《玉皇经》载，天帝说法，佛来听受。然则非欤？

答：如来经典，佛口亲宣，阿难结集，一言不妄。《玉皇经》者，出于后人之手，非玉帝降鸾之笔。虽其所言，不失尊崇玉帝之意，然未知所以尊矣。且尔亦闻佛教之大乎？合古今福德最厚之人，不如四王天一天人。合四王福德最厚之人，不如忉利天一天人。玉帝者，忉利天之王也。忉利而上，展转相胜，至他化天，为欲界，有四重阶级。他化而上，展转相胜，至色究竟天，为色界，有十八重阶级。色究竟而上，展转相胜，至非非想天，为无色界，有四重阶级。总为未出世之凡夫。若出世圣流，有声闻小乘，自须陀洹至阿罗汉，有四重阶级。又上之，有缘觉、独觉。又上之，则菩萨位中，有十信、十住、十行、十回向等，有数十重阶级。又上之，得入初地，自欢喜地，至法云地，又有十重阶级。然后位臻等觉，为补处之尊，将成佛矣。佛为无上大法王，以其无有得而更上也。岂有玉皇说法，反来听受者乎？莲大师《正讹集》中，辨之甚详。

问：如来降诞，既在周昭王时。则佛法在天竺国，已将五百年矣，孔子何以不闻其概？

答：孔子已微闻其略矣。昔太宰问孔子曰："夫子圣者欤？"孔子曰："圣则某弗敢。"又问三王五帝，孔子皆不对。太宰骇曰："然则孰者为圣？"孔子动容有间曰："某闻西方有大圣人焉，不治而不乱，不言而自信，不化而自行，荡荡乎民无能名焉。"（出《列子·仲尼篇》）安得谓不闻哉？

问：佛教至汉明帝时方传东夏，孔子何由而知？

答：如来降生，此间已有其兆。昭王二十六年（坊本作二十四年）甲寅，四月八日，日有重轮，五色祥云，入贯太微，遍照西方，大地震动，池井泛溢。王命太史苏由筮之，得"乾"之九五。由曰："西方有圣人降诞耳，却后千年，教法来此。"王命镌石记之，置之南郊祠前（出《周书异记》及《白马寺碑记》）。则孔子所言，盖有自矣。但教未东来，言之略耳。

问：《六经》所言，方可为据。《列子》之书，何足信乎？

答：孔子生平所言，传于后世者，百千中之一耳，安保其尽载《六经》乎？列子，学孔子者也，去圣未远，其言必非无据。何由知数百年后，有佛法至此，而预为之地乎？且何以不言他方，而独指西方乎？

问：上古无佛，人颂升平之化。后世有佛，反成叔季（叔季，犹言末世）之风。其教亦何益于人国也？

答：诸佛降生，正因救度浊世。譬如因暗而设灯，非因设灯而始暗也。乱天下者，皆凶暴淫虐，最不信佛之人。曾见有断酒戒

安士全书

荤,而杀人行劫;栖身寺院,而弑君篡夺者乎? 刘宋文帝曰:"若使率土皆感佛化,朕则坐致太平矣。"(出《宋书》)唐太宗序三藏圣教,极意尊崇,谓侍臣曰:"佛教广大,莫极高深。"玄奘法师示寂,高宗曰:"朕失国宝矣!"哭之至恸,辍朝五日。玄宗闻神光师之论,叹曰:"佛恩如此,非师莫宣,朕当生生敬仰。"宋朝太祖、太宗、真、仁、高、孝,无不归心佛门,精研大法,或驾临佛宇,或问道禁中。(事迹见于唐宋史、《稽古略》、《文献通考》、《北山录》、《郑景仲家集》等书)所以古今来明智之人,类多归向。

译　文

　　问:世人的产育,必须经由阴道。菩萨的入胎,则必从右胁。这是为什么呢?

　　答:因为凡夫心中有欲,所以必须经由产门。菩萨无欲,因此只需从右胁。

　　问:三界的至尊,莫过如天帝。而如来降生,四王和忉利天子,都恭敬奉承。这是否太夸大其词了呢?

　　答:经上说的六道,诸天也在其中。世人看来,以为至高无上。但在佛眼看来,不过是同为未出世的凡夫。所以如来每一说法,无量帝释天王,都恭敬礼拜,听受妙义。简言之,如《华严经》

●松下清风

所说:"此时天王,遥见佛来,即以神力,化作宝莲华藏狮子之座,百万层级，以为庄严。百万天王，恭敬顶礼。"《般若经》说："一切世间天人阿修罗，都应供养。"《大宝积经》说："四天王天、三十三天诸天子等虚空散华供养如来。"《莲华面经》说："帝释天王见世尊后，即请佛升上高座，以礼佛足。"《梵网经》说："十八梵天、六欲天子、十六大国王合掌至心，听佛诵大乘戒。"《圆觉经》说："此时大梵王、二十八天王即从座起，顶礼佛足。"《贤愚因缘经》说："帝释侍左，梵王侍右。"《普曜经》说："梵天侍右，帝释侍左。"《造像经》说。"梵王执白盖在右，帝释持白拂侍左。"《法华经》说："此各大梵天王，头面礼佛，绕百千转。"诸如此类，不胜枚举。若如来福德，仅仅与诸天相等，则经中不敢说此大话。而梵王帝释，难道会允许此等经典流通吗？

问：《玉皇经》记载天帝说法，佛来听受。有这么回事啊？

答：如来的经典，是佛口亲宣。阿难结集，没有一句妄言。《玉皇经》出自于后人之手，不是玉帝降鸾之笔。虽然其中所言，不失尊崇玉帝之意，但并未知道宇宙中谁是最尊贵的。你听说过佛教的伟大吗？即使古今福德最深厚的人，也不如四大王天一天人。即使四王福德最厚之人，也不如忉利天一天人。玉帝是忉利天之王。忉利以上，则更加殊胜，至他化天为欲界，有四重等级。他化以上，更加殊胜，至色究竟天为色界，有十八重等级。色究竟以上，更加殊胜，至非非想天为无色界，有四重等级。都是未出的凡夫。若出世圣流，有声闻小乘，自须陀洹至阿罗汉，有四重等级。在这之上还有缘觉。又上，则入菩萨位中，有十信、十住、十行、十回向等，有数十重等级。又上，便得入初地，自欢喜地至法云地，又有十重等级。然后位至等觉，为补处之尊，将成佛了。佛为无上大法王，处于整个宇宙的最高境界，是世界的本体，哪里有玉皇说法，如来反来听受的事呢？莲大师《正讹集》中有详细辨析。

问：如来降诞，既在周昭王时，则佛法在天竺国，已将近五百年了。孔子为何不闻大概？

答：孔子已经听说了。从前太宰问孔子说："夫子是圣人吗？"孔子说："圣人我不敢领受。"又问三王五帝，孔子都不回答。太宰惊骇地说："那么谁是圣人呢？"孔子很激动地说："我听说西方有大圣人，不用治理而天下太平，不用劝说而自有信仰，不用教化而自然实行，广大无边啊，俗人无法来说明。"（语出《列子》仲尼篇）怎能说孔子不闻佛教呢？

问：佛教到汉明帝时，才传入中国，孔子是通过什么渠道知道呢？（参见《安士全书白话解》上卷"吾一十七世为士大夫身"）

答：如来降生，此地已有征兆。昭王二十六年甲寅（坊本作二十四年）四月八日，太阳出现重轮，有五色祥云，入贯太微，遍照西方，大地震动，池井泛溢。王命太史苏由占卜，得乾之九五。由说："西方有圣人降诞了！过后千年，教法来此。"王命刻石记载，放置在南郊祠前。（语出《周书异记》及《白马寺碑记》）孔子所说，自然就有根据了。但教未东来，说得简略罢了。

问：六经所言，才可为据。《列子》之书，何足为信？

答：孔子生平所言，传于后世的，只有百千分之一罢了，怎么能保证它全部记载在六经呢？列子学孔子，去圣未远，他的话必然有依据。

问：上古无佛，天下升平。后世有佛，反而世风日下。佛教于人于国又有什么好处呢？（参见《安士全书白话解》上卷"人福有古重今轻之验"）

答：诸佛之所以诞生，正是为了救度浊世。譬如因暗而点灯，并非因点灯而开始黑暗。乱天下的人，都是凶暴淫虐、最不信佛的人。可曾见过有人断酒戒荤，反而杀人抢劫吗？寄身寺院，反而弑君篡权吗？刘宋文帝对何尚之说："范泰、谢灵运曾经说，六经本来是为了救济世俗的人，如果要寻找本性真谛，就必须用佛理作指南，全国都受佛化，我就能轻而易举取得天下太平了！"（语出《宋书》）唐太宗叙三藏圣教，非常钦崇。玄奘法师逝世，高宗对左右的人说："我失国宝了！"停朝五日。（见《高僧传》）玄宗听闻神光师之论，感叹说："佛恩如此，非师莫宣，朕当生生敬仰！"宋朝太祖、太宗，真、仁、高、孝，都弘扬佛法，有时驾临佛寺，有时内宫问法，成为丛林盛事。（事迹见于唐宋史、稽古略、文献通考、北山录、郑景仲家集等书）所以古往今来，明智之人，大多归向。

欲海回狂集

西归直指

卷一　净土纲要

阿难启请

原文

《大本弥陀经》云：释迦如来，一日容颜异常。阿难问之。佛言："汝所问者，胜于供养一四天下声闻、缘觉，及布施诸天人民，以至蜎飞蠕动之类，虽至累劫，犹百千万倍，不可以及。所以者何？以诸天帝王人民，乃至蜎飞蠕动之类，皆因汝所问，而得度脱之道。"（蜎飞蠕动，小虫类的飞行和蠕动，指形体细微渺小的生物）

[按]观此，则知净土法门，不独人类之梯航，亦诸天诸仙之宝筏，慎莫泛视。

译文

大本《弥陀经》上说：释迦牟尼世尊，有一天容颜不同寻常，无比殊胜。阿难叩问其中原因。佛陀告诉他："你今天的提问，胜过供养整个天下的声闻、缘觉，以及布施各天众生，以至于蚊虫蚂蚁等等这样微小的小生命之类。供养这么多的众生，即使经过若干劫长的时间，有无量的功德，但也抵不上你今天的提问。为什么呢？因为各天帝王和人民，乃至于蚊虫蚂蚁等等，都因为你的提问而找到解脱的大道。"

[按] 从这里，就可以看出净土法门，不仅仅是人类走出生死轮回的桥梁，也是大千世界一切众生解脱的慈航，千万不可忽视。

法藏因地

原 文

《大本经》云：无量无数劫前，有世自在王佛出世，化度众生。是时有大国王，往听说法，顿然觉悟。乃舍王位，而往修行，号曰法藏比丘，即今阿弥陀佛是。对世自在王佛，发四十八大愿，皆为济度众生。乃精进修行，入菩萨地。内则修慧，外则修福。于一切世间，无所不知，无所不见。且复托生于一切众生中，同其形体，通其语言，以施教化。故上自天帝，下至昆虫，无不欲令其超生极乐。

译 文

大本经说：很久很久以前，有世自在王佛出世，度化众生。这时候，有一位大国王，前往听法，顿时开悟。于是他就抛弃王位，随佛修行，法号叫作法藏比丘。就是今天的阿弥陀佛的前身。法藏比丘对世自在王佛发了四十八大愿，全都是为了救度众生。于是他精进修行，进入了菩萨的最高境界。内则修慧，外则修福。世间的一切，无所不知，无所不见。无量劫来，托生在一切众生之中，与他们一样的外形，说一样的语言，想尽一切办法，教化众生。 正因为弥陀发下了四十八大愿，所以上自天帝，下至昆虫，无不愿意前往往生极乐世界。

如来得名

《小本经》云:"彼佛何故号阿弥陀? 舍利弗,彼佛光明无量,照十方国,无所障碍,是故号为阿弥陀。"又云:"彼佛寿命,及其人民,无量无边阿僧祇劫,故名阿弥陀。"

译文

《小本经》说:"这尊佛为什么名叫阿弥陀? 舍利弗,这尊佛光明无量,照遍十方国土,没有一点障碍,因此名叫阿弥陀。"又说:"这尊佛及其人民的寿命无量无边,不知有多长时间,因此名叫阿弥陀。"

景象殊胜

原文

《大本经》言:刹中诸上善人,寿皆无央数劫。皆洞视彻听,遥相瞻见,遥闻语言。其面目皆端正净好,无复丑陋。其体性皆智慧勇健,无复庸愚。凡所存念,无非道德。形诸谈说,无非正事。各相爱敬,无或憎嫉。各通宿命,虽历万劫,己所从来,靡不知之。复知十方世界去来现在之事。复知无央数世界,天上天下一切众生心意所念。复知彼于何劫何岁,尽得度脱为人,得生极乐世界。

译文

《大本经》说:国中所有的善人,寿命都无穷无尽。远近一切都能看见、听见。他们的外貌都端正净好,再也不会丑陋。他们的本性聪明勇健,再也不会平庸愚痴。他们心中所想,无非道德。他们口中所说,无非正事。

互相爱敬，不会憎嫉。都得宿命通，即使经过无数岁月，也知道自己的来历。知晓十方世界过去现在的事情。也知道无穷无尽世界中天上天下一切众生的思想。还知道谁在何年何月，尽得度脱为人，往生极乐世界。

称名见佛

西归直指

原文

世尊说《大阿弥陀经》，备言极乐世界种种庄严。告阿难曰："汝起整衣，合掌恭敬，面西为阿弥陀佛作礼。"阿难如教作礼，白佛言："愿见阿弥陀佛，及极乐世界，与菩萨、声闻大众。"说是语已，阿弥陀佛即放大光明，普照一切世界。尔时阿难，见阿弥陀佛，容貌巍巍，如黄金山。会中四众，悉皆睹见，并见国土一切庄严。是时盲者皆见，聋者皆闻，哑者皆语，跛者皆行，地狱、饿鬼皆获安乐，诸天乐器不鼓皆鸣。

译文

世尊说《大本阿弥陀经》时，详细地讲述了极乐世界的种种庄严。对阿难说："你起身整衣，恭敬地合掌，面对西方向阿弥陀佛敬礼。"阿难依照世尊所说敬礼，对佛说："愿见阿弥陀佛、极乐世界与菩萨、声闻大众。"话刚一说完，阿弥陀佛就放大光明，普照整个世界。这时候阿难看见阿弥陀佛，容貌巍巍，犹如黄金山，莲池海会四众都一一得以亲见，并见国土一切庄严。这时瞎子都重见光明，聋子都恢复听觉，哑巴都能说话，跛脚都能走路，地狱饿鬼都得安乐，各天乐器都自动演奏。

持名往生

《阿弥陀经》云："若有善男子、善女人，闻说阿弥陀佛，执持名号，若一日、若二日、若三日、若四日、若五日、若六日、若七日，一心不乱。其人临命终时，阿弥陀佛与诸圣众，现在其前。是人终时，心不颠倒，即得往生阿弥陀佛极乐国土。"又云："若有信者，应当发愿，生彼国土。"

［按］此段乃一经之要旨，重在执持名号、一心不乱上。

译文

《阿弥陀经》说：如果有善男善女，在听说了阿弥陀佛的名号后，决心往生净土，一心念佛名号，经过一天、两天、三天、四天、五天、六天、七天，一心不乱。他临命终时，阿弥陀佛与各圣众，就会出现在他的面前。这个人命终时，心不颠倒，一瞬间就能往生阿弥陀佛极乐国土。又说，如果你相信阿弥陀佛，就应当发愿，往生到他的国土。

［按］这一段是全经的主旨，重点在"念佛名号，一心不乱"这八个字上。

末后付嘱

原文

佛告舍利弗："若有人已发愿、今发愿、当发愿，欲生阿弥陀佛国者。是诸人等，皆得不退转于阿耨多罗三藐三菩提，于彼国土，若已生、若今生、若当生。""是故舍利弗，汝等皆当信受我语，及诸佛所说。"

[按]人在三界中，如在围城内，急求出路，方能逃脱。乃幸而开得一门，可以直达家乡，机缘岂可错过！净土法门者，透出围城，直达家乡之路也。释迦如来，大慈大悲，悯念被围之人，必受荼毒，所以开此捷径之门，招人速出。此段经文，是最后叮咛语，不独教人谛信如来自己之言，并示以信受十方诸佛之语，悲心亦甚切矣。吾辈身荷大恩，无由上报，惟有如说修行，立弘誓愿，求生净土而已。谨将修持法门等，开列于后。

译　文

　　佛陀告诉舍利弗："假如有人已经发愿、或者正在发愿、或者将来发愿，想要往生阿弥陀佛极乐国土，那么这些人一定能不退道心而证得无上正等正觉。已发愿的人必定已到了极乐国，正发愿的人今生必将到极乐国，将要发愿的人未来可往生极乐国。因此舍利弗啊，你们都应当相信我说的话，以及诸佛所说的话。"

　　[按]人在三界中，如同在围城内，急着寻求出路，才能逃脱。有幸能够打开一扇门，可以直达家乡，这样的机缘难道可以错过吗？净土法门是冲出围城，直达家乡的大路！释迦如来大慈大悲，悯念被围的人，必定受到痛苦，所以告诉大家这个捷径，教人可以速出。这段经文是最后叮咛的话。不仅教人坚信如来自己所说的话，还要相信十方诸佛所说的话，真是悲心切切啊！我们身受佛陀大恩，没有办法报恩，只有按照诸佛所说去修行，发大誓愿，求生净土，以报佛恩。谨将修持法门等，开列于后。

西归直指

三〇一

修持法门

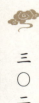

原文

　　每晨盥漱焚香，合掌向西（如有佛像，即便向之），至心奉为四恩三有法界众生，顶礼：

　　南无娑婆世界本师释迦牟尼佛（或三拜或一拜）。

　　南无十方尽虚空界一切诸佛（一拜）。

　　南无十方尽虚空界一切尊法（一拜）。

　　南无十方尽虚空界一切贤圣僧（一拜）。

　　南无西方极乐世界大慈大悲接引导师阿弥陀佛（或十拜或七拜）。

　　南无观世音菩萨（或三拜或一拜）。

　　南无大势至菩萨（或三拜或一拜）。

　　南无清净大海众菩萨（或三拜或一拜）。

　　菩萨四弘誓愿：众生无边誓愿度（一拜），烦恼无尽誓愿断（一拜），法门无量誓愿学（一拜），佛道无上誓愿成（一拜）。

　　礼拜讫，即诵《阿弥陀经》，或平日所诵经，或平日所持咒，皆不拘多寡，但须至心持诵。诵毕，即回向西方。略停，即一心念佛。

　　念佛起止仪：

　　阿弥陀佛身金色，相好光明无等伦。白毫宛转五须弥，绀目澄清四大海。光中化佛无数亿，化菩萨众亦无边。四十八愿度众生，九品咸令登彼岸。南无西方极乐世界大慈大悲阿弥陀佛。

　　随念六字名号，或四字名号，或几百声，或几千声，各随其力。

念完，即念观音、势至二菩萨名号。即念《回向文》一遍，回向西方。

若每日所课佛号，多至几千、几万声，当分作几时念。每念一时，即回向一次。

其《回向文》，有详有略。详者，云栖大师所定。略者，慈云忏主所定。最略者，即经偈十六句（见后）。各随其力。

译 文

每天早晨洗脸刷牙后焚香，合掌向西（如果有佛像，即向佛），为四恩三有法界众生至心敬奉，顶礼：

南无本师释迦牟尼佛（或三拜或一拜）。

南无十方尽虚空界一切诸佛（一拜）。

南无十方尽虚空界一切尊法（一拜）。

南无十方尽虚空界一切贤圣僧（一拜）。

南无西方极乐世界大慈大悲接引导师阿弥陀佛（或十拜或七拜）。

南无观世音菩萨（或三拜或一拜）。

南无大势至菩萨（或三拜或一拜）。

南无清净大海众菩萨（或三拜或一拜）。

菩萨四弘誓愿：众生无边誓愿度（一拜），烦恼无尽誓愿断（一拜），法门无量誓愿学（一拜），佛道无上誓愿成（一拜）。

礼拜完毕后，即诵《阿弥陀经》或平日所诵经，平日所持咒，都不局限多少，但必须至心念诵。

诵读完毕，即回向西方，略停，即一心念佛。

念佛起止仪式：

阿弥陀佛身金色，相好光明无等伦，白毫宛转五须弥，绀目澄清四大海。光中化佛无数亿，化菩萨众亦无边。四十八愿度众生，九品咸令登彼岸。南无西方极乐世界大慈大悲阿弥陀佛！

随念六字名号，或四字名号，或几百声，或几千声，各随自己的力量，念完即念观音、势至二菩萨名号，即念回向文一遍，回向西方。

如果每天所定佛号多至几千几万声，应当分作几个时间念，每念一次，即回向一次。

《回向文》中，有详有略。详细的是云栖大师所定，简略的是慈云忏主所定。最简略的，即经偈十六句（见后）。各随自己力量。

报恩法门

原文

修净土者，静想吾一生以来，受恩最深者，莫如父母。自十月怀胎，三年乳哺，以及教训养育，此恩此德，何能上报？又念吾从无量劫来，托生之数，不可穷尽，则父母之恩未报者，亦不可穷尽。此无量宿世父母，现今必有在地狱中烧煮屠割者，必有在饿鬼中饥火焦燃者，必有在畜生中负重牵犁者。吾若不信有此，是犹母鸡被杀，而小鸡不信也。吾若不思救度，犹小鸡虽见母杀，而不知所以救度也。兴言及此，便当涕泪悲泣，举身投地，代为宿世今生父母，及受恩师长、眷属，发菩提心，至心称念圣号若干声。念念中先免其八十亿劫生死重罪，俟我往生之后，回入娑婆，然后尽行度脱。若有至亲骨肉，新遭丧亡者，亦回向在内。

译文

修净土的人，静想我一生以来，受恩最深的人，莫过于父母。自十月怀胎，三年乳哺，以及教导养育，此恩此德，怎么能报答？还要想一想，我从无量劫而来，轮回托生的次数，无穷无尽，那么父母的恩情未报的，也无穷无尽。这些前世的无数父母，现今必有在地狱中被烧煮屠割，必有在饿鬼中受饥火痛苦，必有在畜生中负重拉犁。我如果不相信，就好比母鸡被杀，而小鸡不信啊。我如果不想救度，好比小鸡虽然见到母鸡被杀，却无动于衷啊。说到这里，就应当流泪悲泣，五体投地，代为前世今生父母，及受恩师长眷属，发菩提心，至心称念圣号若干声。念念中先免除他们的八十亿劫生死重罪，等我往生之后，再回入娑婆，然后尽行度脱。如果遇到至亲骨肉刚刚死亡，也应回向在内。

助缘法门

原文

修净土者，每日清晨，观想一阎浮提，推至大千世界中，所杀牛羊犬豕、禽兽鱼鳖之类，每日无算。积其尸，可以过高山之顶。收其血，可以赤江海之流。此等异类，止因宿生造业，不知有西方，故受轮回之苦。吾当代其发菩提心，至心称念佛号若干声，念念中先免其八十亿劫生死重罪，俟我往生之后，回入娑婆，然后尽行度脱。

又观想一阎浮提，推至大千世界中，一切饿鬼，为饥渴所逼，咽喉出火，骨节出声，受苦无量。又念八寒、八热大小地狱中，斩砍烧磨，一日一夜，万死万生，受苦无量。止因宿世广造恶业，不信有西方，故受轮回之苦。我当代其发菩提心，至心称念佛号，念念中先免其八十亿劫生死重罪，俟我往生之后，回入娑婆，然后尽行度脱。

又修净土者，每日之间，随力随分，所行善事，如布施贫穷、斋僧、塑像、买物放生之类，一毫之福，即代为十方受苦众生，回向极乐世界。

修净士的人，每天清晨，观想我们这个世界，推广到宇宙中无穷无尽的世界，所杀牛羊狗猪、禽兽鱼鳖之类，每天的数目无法计算。积累它们的尸体，可以超过高山之顶。收集它们的鲜血，可以染红江海之流。这些生物，只因前世造业，不知有西方，因此受到轮回之苦。我应当代它们发菩提心，至心称念佛号若干声，念念中先免除它们八十亿劫生死重罪，等我往生之后，回入娑婆，然后尽行度脱。

又观想我们这个世界，推广到宇宙中无穷无尽的世界，所有饿鬼，被饥渴所逼，咽喉出火，骨节出声，受着无量的苦楚。又想到八寒、八热大小地狱中，斩砍烧磨，一天一夜，万死万生，受着无量的苦楚。只因它们前世广造恶业，不信有西方，因此受到轮回之苦。我应当代它们发菩提心，至心称念佛号，念念中先免除它们八十亿劫生死重罪，等我往生之后，再回入娑婆，然后一一尽行度化。

另外修净土的人，每天尽自己的力量所做的好事，如布施贫穷、斋僧塑像、买物放生之类，一点一滴，都应当代为十方受苦众生，回向极乐世界。

西归直指

卷二　疑问指南

第一疑

原　文

问：诸佛菩萨，以大悲为业，若欲救度众生，只应愿生三界，于五浊三途中，救苦众生。因何求生净土，专为自利，舍离众生。毋乃阙大慈悲，障菩提道耶？

答：菩萨有两种：一、久修行菩萨，已曾亲近诸佛，证得无生法忍者。二、初发心菩萨，未尝亲近诸佛，未得无生法忍者。久修行菩萨，有大神通，有大威力，故能为天为仙，为帝为王，为鬼为畜，出入生死，广度众生。若初修行人，力量浅薄，虽发菩提之心，犹住凡夫之地，自疾不能救，焉能救他人？故《智度论》云："具缚凡夫，有大悲心，愿生浊世，救苦众生者，无有是处。"何以故？五浊世中，声色货利，刻刻纠缠，烦恼怨家，重重密布，略一失足，便成堕落。纵使得生人中，难逢有佛之世。纵使有佛出世，难生信向之心。幸而信向佛乘，修行出家，转生若遇大富大贵，未免耽著尘缘，广造众恶。从此一失人身，何时更当解脱？所以有智慧人，将欲度生，先求见佛。果能一心不乱，念佛往生，业已为金刚不坏之身,然后可行随类度生之愿。譬如救溺,须自乘舟筏,方能引人出水。若徒从井救人,未有不与之俱溺者。非阙慈悲也,正善用其慈悲也。

译文

问:诸佛菩萨,大慈大悲,若要救度众生,就应发愿生于三界,在五浊恶世与三恶道中,救助苦难众生。为什么反而求生西方净土,专求自利,而舍弃众生?这不是缺乏慈悲心,阻碍了修菩提之道吗?

答:菩萨有两种:一种是很久以来就修行的菩萨,曾经亲近诸佛,证得无生法忍,已脱离生死苦海;另一种是初发心菩萨,没有亲近过诸佛,没有得到无生法忍。前者都有大神通、大威力,所以能随类变化,或为天仙,或为帝王,或为鬼畜,出入生死之外,普度众生。而初发心修行的人则力量浅薄,虽然发菩提心,但仍是凡夫水平,自己的病尚且治不好,又怎能救助别人?因此《大智度论》说:被"各种业障烦恼缠缚的凡夫俗子,虽有大悲之心,愿生于五浊恶世以救助众生,但实际上是行不通的。"为什么呢?因为五浊恶世中声色货利时时纠缠,烦恼怨家重重密布,稍有疏忽就会堕落。即使能够再生在人道,也难遇佛。即使有佛出世,也难生信。倘若有幸能信仰佛法,修行出家,命终转世若生于大富大贵之家,就不免沉迷于种种享乐而造种种恶业。因而命终之后便再也得不到人身,堕入三恶道中,何时才能解脱?所以有智慧的人想要救度众生,自己就先要见佛。如果能念佛念到一心不乱,就能往生西方净土,这样就能获得金刚不坏之身,这个时候才能实现自己随类救度众生的大愿。就好比救落水的人,必须自己先有船,才能将落水者救上来。如果有人落入井中,你马上跟着跳到井里救他,两人都会淹死。因此,求生西方净土,不仅不与慈悲相违,而且正是善用慈悲。

第二疑

问：诸法体空，本来无生，平等寂灭。何乃舍此求彼，欲生西方？经云："心净则佛土净，欲求净土，当先净心。"何乃不求净心，而求净土？

答：欲生西方者，谓是舍此而求彼。则不欲生西方者，独非舍彼而求此耶？若云彼此两无所求，是执断见矣（断见，认为死后身心永灭的邪见）。若云彼此两无所舍，是执常见矣（常见，认为世间万法及自身心永恒不灭的邪见）。《维摩经》云："虽知诸佛国，及与众生空，而常修净土，教化诸群生。"故虽炽然往生，不碍无生之理。至于心净佛土净之说，有理有事。若言乎理，何见求生者之心必非净，而不求生者之心反为净耶？若言乎事，与其净此心常居五浊恶世，何如净此心以居极乐莲邦耶？况居浊世者之求净而不净，在莲邦者之不求净而自净耶？

译 文

问：一切事物本体是空的，本身不存在生灭，万法皆平等。又何必舍弃娑婆世界，而求生于西方？经上说："心净则佛土净，想要求净土，就当先使自己心净。"为什么不求净心，而求净土呢？

答：如果说求生于西方是舍此而求彼，那么不求生于西方，就不是舍彼而求此吗？如果两者都不求，就是执断见；如果两者都不能舍，就是执常见。《维摩经》说："虽然知道诸佛国土及众生都是空，但还要常修净土，教化众生。"因此虽然一心求生净土，但并不妨碍生而无生的道理。至于心净则佛土净的说法，我们可以从理与事两个方面来分析。从理上讲，凭什么说求生于西方的人心就不净，不求生于西方的人心就净呢？从事上讲，与心净而常居五浊恶世相比，心净而居极乐莲邦怎么样呢？何况在五浊恶世居住的人求心净而心并不净，而往生到西方的人不求心净而自然心净呢？

第四疑

安士全书

原文

问：十方佛土，无量无边，随念一佛，皆得往生。何为偏念阿弥陀佛？

答：有三因缘：一、阿弥陀佛与娑婆世界有缘故。无量劫前，发四十八种誓愿，皆欲接引念佛众生，故今娑婆世界人，信口念佛，必称阿弥陀。将来众生福薄，法欲灭时，诸经皆去，独有《阿弥陀佛经》迟去百年，非其验何？二、因本师释迦如来指示故。三藏十二部经，所说甚广，独有持名一法，不念他佛，但念阿弥陀，苟非至切至要，胡为再四谆谆？三、因十方诸佛皆作证明故。盖净土法门，系难信之法，故世尊每说阿弥陀佛，即有十方如来共作证明，以见不可不信。然则欲修净业者，安得不专念弥陀哉？

译文

问：十方世界有无数佛土，随便念哪位佛的名号，都能获得往生。为什么偏偏只念阿弥陀佛？

答：有三个原因。第一，阿弥陀佛与我们这个娑婆世界的人最有缘。在无量劫以前，阿弥陀佛就发了四十八愿，都是接引念他名号的人往生西方，因此今天娑婆世界的人，只要一开口念佛，就是念阿弥陀佛。将来众生的福薄，正法不再流传，所有佛经都没有了，只有一部《阿弥陀经》会多留传一百年，这难道不正是因为阿弥陀佛与我们因缘深厚吗？第二，世尊反复宣讲这个法门。三藏十二部经的内容很多很广，别的经世尊只讲一次，只有专念阿弥陀佛求生西方，世尊在多处经典中一再宣讲，如果这个法门不是特别殊胜，特别重要，佛怎么会一遍遍地宣讲呢？第三，十方三世一切佛都为净土法门作证明。因为净土法门，实在是难信之法，所以世尊每次说到阿弥陀佛的愿力和西方净土，就有十方一切如来一同作证，由此我们不能不相信净土。而要修净土法门的人，又怎么能不专心念阿弥陀佛呢？

第八疑

西归直指

原文

问：凡夫宿世今生，广造无量恶业，临终十念，云何遂得往生？

答：今世造恶，临终十念往生者，必其宿世修行，今生不过一念之迷耳。不然，临殁之时，恶缘必至矣，安能反遇善知识，教以念佛乎？即教以念佛，彼安得而听信乎？况彼念佛之时，必其幡然觉悟，痛悔前非，大怖切心，万缘齐放，止认西方一条路，更无别处可回头。如此念佛，虽然一句，可当千声。所以《十六观经》云："念念中灭八十亿劫生死之罪。"果能办着此种精诚，又加以宿生福业，佛来接引，夫亦何疑？

译文

问：今生造了许多罪业的恶人，为什么临终十念也能往生？

答：今世为恶，但临终十念就能往生的人，他过去世必定修学佛法，今生不过因一念之迷而重造恶业。否则，临终时恶缘就会到来，又怎么会遇到善知识，教他念佛呢？即使有善知识教他念佛，他又怎么会相信呢？

而且他念佛时，必定会猛然醒悟，痛悔自己的所作所为，心中万分恐惧堕入三恶道中，因此就能放下万缘，只认准阿弥陀佛的西方净土这一条路，更无别处可以回头。以这种心情和态度念佛，即使一句，也可抵得上平常念千万句。所以《十六观经》说："每一念中消灭了八十亿劫生死重罪。"如果能以这种精诚心念佛，再加上过去世的福业，佛来接引他，又有什么可怀疑的呢？

第九疑

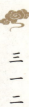

原文

问：极乐国土，去此娑婆世界，尚有十万亿佛土。如此辽远，凡夫岂能即到？又闻女人、根缺，及二乘人，皆不得往生，信乎？

答：道远难去者，形也。一念可往者，心也。念佛者生彼国土，只在此心，非挟此形骸以往也。如人梦游他国，虽在千万里外，一呼便醒，岂因道近易觉，道远难觉耶？女人及根缺不生者，谓极乐国土，无有女人，及根缺之人也，非谓女人及根缺者不得往生也。若女人不得往生，则韦提希（阿阇世王之母）与五百侍女，世尊何以授记其悉得往生乎？《无量寿经》四十八愿中，佛有一愿云："设我得佛，十方世界一切女人，称我名号，厌恶女身，舍命之后，更受女身者，不取正觉。"女人如此，根缺可知。且鸲鹆、鹦鹉，尚因念佛而往生（一见《净土文》，一见《法苑珠林》），岂根缺者，反不如异类耶？至于二乘，乃果位中人，凡夫尚得往生，岂有反摈二乘之理？《阿弥陀经》云："彼佛有无量无边声闻弟子，皆阿罗汉。"将谓独非二乘耶？故谓生彼国者，无二乘之执心，则可。谓二乘不生，生彼国者，即无二乘，则不可。

　　问：从极乐国土前往娑婆世界，距离我们有十万亿佛土之遥。这么远，凡夫怎么能说到就到呢？又听说女人、根缺及二乘人都不能往生，是这样吗？

　　答：因距离遥远而难到达的，是形体。一念就能到达的，是我们的心。念佛就能到达西方，是指我们的心到达西方，不是指形骸到达西方。比如人做梦游历别的国家，虽然梦中已到千万里之外，但别人一叫你立刻就醒了，怎么能因为梦中去的地方遥远，你就醒来得迟，梦中去的地方近，你就醒来得快呢？没有女人及根缺的人，被称为极乐国土，但这并不是说女人及根缺的人不能往生。如果女人不能往生，那么韦提希（阿阇世王之母）与五百侍女，世尊为什么授记她们都往生呢？在《无量寿经》的四十八愿中，佛有一愿说："假使我成佛，十方世界一切女人，念我名号，厌恶女身，命终之后，又受女身，我就不取正觉。"女人如此，根缺可知。况且八哥、鹦鹉，尚且因念佛而往生（分别见《净土文》和《法苑珠林》)，难道根缺的人，反而不如异类吗？至于二乘，是果位中人，凡夫尚且能够往生，难道二乘反而不能往生吗？《阿弥陀经》说："阿弥陀佛有无量无边声闻弟子，都是阿罗汉。"不正是说的二乘吗？因此往生净土，没有二乘的执着心，则可。说二乘不能往生，即净土无二乘，则不可。

第十疑

　　问：今欲决定求生西方，未知作何功行，何等发心，得生彼国？又世俗之人，皆有妻子，未知不断淫欲，得生彼国否？

　　答：欲决定生西方者，持名之外，当具二种念力，必得往生。一者当生厌离浊世之念，二者当生欣慕乐邦之念。又当发菩提心，随力作善以回向之，未有不往生者。至于妻子之缘，在俗亦所不碍，苟能使之共沾法味，断不因之而反种孽根。

　　所谓厌离浊世者，浊恶世中，动生荆棘。世人只为衣食二字，困苦一生；为名利两途，奔波一世。手忙脚乱，甘为妻子做家奴。昼思夜梦，总为色身寻烦恼。自想七尺形躯，外面只因一片皮包，所以妄自尊大。若将天眼一观，中间不过满腹屎溺，及脓血恶露而已。所以《涅槃经》云：如是身城，愚痴罗刹，止住其中。何有智慧者，当乐此身，而谓不当厌离乎？

　　所谓欣慕乐邦者，西方之乐，非天宫之可比，不可以言语形容。每日但将经中所言，一一静想，以为吾将来必定到此，则欣慕之念自生，净土之缘自熟。

　　何谓发菩提心？《往生论》云：菩提心者，誓愿成佛之心也。誓愿成佛者，怜悯一切众生轮回六道，受苦无极，是以发心救度，使其超出三界，同至西方极乐国土而后已也。

　　念佛之人，若能具此二种念力，又加以发菩提心，仰体如来度人之意。有不决定往生，蒙佛授记者，未之有也。（以上《十疑论》）

 译 文

　　问：现在我已经决定求生西方，但不知要做哪些功德，要如何发心才能往生阿弥陀佛国土？此外，世俗中人，都有妻子，没有断绝淫欲，不知道能不能往生？

　　答：想要往生西方的人，除了念阿弥陀佛名号外，还应当具有两种念力，这样就一定能往生。第一是对娑婆世界产生厌离之心，第二是一心向往西方世界。并且要发菩提心，尽力为善，以一切功德回向西方，这样没有不往生的。至于世俗之人有妻子，这并不妨碍修净业，假如能劝妻子也念佛发愿求生西方，就绝不会因有妻子而种下孽根了。

之所以要对娑婆世界生厌离之心，是因为五浊恶世的人起心动念都在造恶。世人为了衣食，困苦一生；为名为利，奔波一世。自己手忙脚乱，甘愿为妻子儿女做家奴，朝思暮想的，都是满足这个色身。想想这七尺身躯，只因外面包裹着一层皮肉，就妄自尊大。如果用天眼一看，就能看到中间尽是屎尿脓血恶露而已。所以《涅槃经》说：这样一个身体里面住的都是愚痴罗刹，那些有智慧的人怎么会以这样一个身体为快乐，而不厌离呢？

西方净土的快乐是天宫的快乐所不能比拟的，也无法用言语来形容。每天只要仔细想一想经中所说的西方胜境，深信自己将来一定会到那里去，那么欣喜向往之情就随之自然生起，去西方净土的缘就随之自然成熟。

什么是发菩提心？《往生论》中说：菩提心就是誓愿成佛的心。誓愿成佛的人，怜悯一切众生在六道轮回中受熬煎，没有出头之日，因此发心要度尽众生脱离生死苦海，同生西方极乐世界。

念佛的人，如能具备以上两种念力，并且发菩提心，就没有不往生的。往生之后就都蒙阿弥陀佛的授记，未来必定成佛。（以上天台智者大师《十疑论》）

西归直指

当于肉躯生厌离心

原文

　　人生在世，八苦交煎，而人不自知苦，反以为乐。宜乎以苦入苦，永无出期也。且以生苦言之，人在母胎，住肝膈之下，大肠之上，由膜而疱，渐渐成形，胞胎裹住，不得自由。母啖热食，如灌镬汤。母饮冷水，若卧寒冰。所居乃不洁之处，所食皆不净之血。其住胎也，不满三百日，其受苦也，同于数十年。追至弥月，便倒悬其体，头向产门，形质渐大，欲出无由。自毙之道，在此一刻。杀母机关，亦在此一刻。此时蓐母牵之，痛如车裂。所以一出胞胎，无不放声大哭。出胎之后，屎溺狼籍，不知羞愧。所谓大富大贵者，亦如此。所谓大圣大贤者，亦如此。人惟习为固然，所以不知不觉。若能清夜一思，岂不可哀可耻？如来大圣，怜悯世间，教人求生净土，莲华化生，免此患难。奈何耽染沉迷，不生厌离之想？

译文

　　人生在世，原本就是八苦交集，但是人却不知道自己的苦，反而以苦为乐。于是也就以苦入苦，永无出期了。现在暂且以生苦来讲，人在母胎，

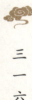

所处的位置是在肝隔之下，大肠之上，由膜到疱，渐渐成形，并且被胞胎裹住，得不到自由。母亲在吃热食的时候，胎内便如同灌开水。母亲在饮冷水的时候，胎内便如同卧寒冰。所居住的并非清洁之地，所吃的也是不干净的脓血。虽然住胎的时间不足三百天，但所受的苦等于数十年。等到满月以后，便全身倒悬，头朝产门，体质渐渐变大，想要出去却无门。母子的生死关键，也就在这个时刻。接生婆用手左右牵动，受痛如同车裂一般。因此婴儿一从胞胎出来，全都放声大哭。从胎中出来后，满身都是屎尿，却不知道羞愧。那些所谓大富大贵之人是这样的。那些所谓大圣大贤之人也是如此。正因为人全都习以为常，所以才对此不知不觉。如果静静地思考一下，难道就不会感到可哀可耻吗？而如来大圣因为怜悯世间的芸芸众生，便教人求生净土，得以莲花化生，以免除此种患难。为什么世人还要沉迷于苦海，执着于肉体，不生出厌离之想呢？

蚕茧喻

原　文

　　蚕之作茧也，左之右之，上之下之，尽吐腹中所有以成之。方谓常住其中，可安然无恙。岂知所以自经自营者，适所以自缠自缚乎。岂知彼方恃其所吐以卫身，人即利其所吐以杀身乎？万万千千痴虫，谁得免于沸汤者？然彼方子复传子，孙复传孙，以入沸汤也，则惨莫惨于此也。世间两片大门内之家蚕，亦复如是。竭毕世之经营，刚刚为妻子谋衣食，设机械（指巧诈），结怨仇，无所不至。迨家业粗成，而此身已束缚其中矣。万万千千痴人，谁得免于偿报者？然彼方将子复传子，孙复传孙，以偿报也，则奇莫奇于此也。故《四十二章经》云："人系于妻子舍宅，甚于牢狱。牢狱有散释之期，妻子无远离之念。"

蚕虫作茧时，左缠右绕，上缠下绕，吐尽腹中所有蚕丝才作成一个蚕茧。原以为可以常住其中，就能安然无恙。哪知道苦心经营，不过是作茧自缚。没想到本想用来自卫的蚕丝，却成了人们杀它的缘由。千千万万的痴虫，谁能在沸水中幸免？然而蚕将作茧之术传给子，子又传给孙，子子孙孙都被投入沸水之中，实在太悲惨了。我们人类也是两扇大门内的家茧。世间的人一辈子苦心经营，为妻儿子女谋求衣食，用尽机巧，结下怨仇，无所不用其极。等到家业刚有小成，自己一身已经束缚在其中了。千千万万的痴人，有谁能免于报应呢？然而人们将这个方法传给儿子，儿子又传给孙子，竟然无人觉醒，真是没有比这更奇怪的了！因此，《四十二章经》说："人被妻儿子女房舍屋宅所束缚，比牢狱更甚。牢狱还有释放的一天，而妻儿子女却没有远离之念。"

归咎冥王

一人死，见冥王，据孽受罪。其人曰："早知如此，大王何不先通一信？"冥王曰："通过信矣。汝发渐黄，是第一信。汝齿渐摇，是第二信。汝力渐衰，是第三信。汝之耳目渐昏聩，是第四第五信。信之通也屡矣。"有少年者泣曰："彼信通矣，我犹未也。"冥王曰："通于尔亦多矣。尔犹忆某少年，有病死疫亡者乎？某少年，有刀伤缢死者乎？某少年有水溺火焚、狼吞蛇螫者乎？皆汝信也。岂必呼名而告也？"任汝有拔山盖世之勇，掀天揭地之才，其能免于此间之对簿乎？独有超然事外，不唯免于此间之对簿，并能使冥王敬而礼之者，则唯念佛往生之人。

　　一个人死了，见到了冥王，要根据生前所造的罪业受到惩罚。这个人说："早知道如此，大王您为什么不事先通报一声？"冥王说："已经通过信了！你的头发渐渐发黄，是第一信。你的牙齿渐渐松动，是第二信。你的体力渐渐衰竭，是第三信。你的耳目渐渐昏聩，是第四信和第五信。诸如此类的信已经通过许多次了。"有个少年人哭道："他的信通了，可我却没有通啊。"冥王说："给你也通了很多次信了。你还记得有少年病死了吗？有少年受刀伤吊死了吗？有少年被水溺火焚、狼吞蛇咬了吗？那些都是给你通的信，难道非要喊着你的名字告诉你才算吗？"哪怕你有拔山盖世之勇，掀天揭地之才，也无法免除此刻的对质。只有超然物外的人，不仅能免除阴间对质，还能使冥王尊敬礼待，这些人就是念佛往生之人啊。

扑灯蛾

　　灯蛾之死于油火也，非死于油火也，死于见也。人方怜而驱之，彼必乘隙而投之，以为我之所见者，必不谬，是以一往无前，死而后已也。人之嗜声色、嗜货利、嗜赌博者，亦因彼之所见者，止在于此，是以一往无前，直至死而后已也，何不借鉴于蛾也？

　　灯蛾被烛火烧死，并非死于火焰，而是死于它的妄见。人们怜悯它，将它从灯火旁边驱赶走，但它却趁人不备，重新投入火中，它们自认为所见必不会错，所以固执地一往无前，死而后已。那些好色、好利、好赌的人，也因为他们眼中只有色、利、赌，所以一往无前，至死方休。这些人为什么不以灯蛾扑火为鉴呢？

西归直指

三一九

调马四法

原文

佛世有调御良马者。佛问其用几法,答言用四法:一恩、二威、三先威后恩、四先恩后威。佛言:"四法不调,将如之何?"马师曰:"便当杀之。世尊教化众生,当用何法?"佛言:"亦用四法。其一用恩者,谓善信之人,教以修行学道;其二用威者,谓造恶之人,示以三途轮转;三则先教以修行学道;四则先示以三途轮转。"马师曰:"四法不化,将如之何?"佛言:"我亦杀之。"马师曰:"如来大慈,何以行杀?"佛言:"四法不化,教亦无益,遂不与言。不与之言,即杀之矣。"

释文

释迦牟尼佛在世时,曾问一个善于调养马匹的人。佛祖问这个人用几种方法调教马匹?马师回答说有四种方法:一恩、二威、三先威后恩、四先恩后威。佛祖问:"如果这四种方法都行不通,那么怎么办?"马师回答说:"那我就杀了它。世尊教导众生,用的什么方法呢?"佛回答:"也用四法。第一用恩,对信奉佛法的人,教他修行学道;第二用威,对造恶的人,让他看到三途恶报;第三,是先教他修行学道;第四,则是先示以三途轮转。"马师问:"如果这些方法都不生效,将怎么办?"佛说:"我也杀了他。"马师说:"如来大慈大悲,怎么也造恶业?"佛说:"既然四种方法都不生效,教他学佛他也不相信,还可能愚痴诽谤佛法,那罪过就更加大了。因为不相信佛法教导所以得不到佛法的利益,所以我就不再对他讲法了。不对他讲法,就等于杀了他。"

为僧者不可不修净土

原文

宋青草堂禅师，素有戒行，年九十余。曾氏常供养之，屡施衣物。僧感其德，许以托生其家。后曾氏妇人生子，使人看草堂，已坐化矣。所生子，即曾鲁公也。以前世曾修福慧，故少年登高科，后作贤宰相。又如明末浙江僧大成，为寺中收盏饭供众，道经饭店史家。其家奉佛，僧来化斋者必留，大成收饭回寺。史见其日饭少，辄以其饭凑满。史家素无子，后其妻忽有孕，分娩时，亲见大成走入卧房，急追问之，不得。而分娩者，竟产一男。是日大成僧不见来取饭，造寺问之，乃知即于是日谢世。于是即以大成名之。其子幼年，聪慧孝友，茹胎斋，终身不破戒。以顺治乙未，大魁天下。自世俗观之，此两公者，皆富贵而享大名。若修行人观之，两僧之自误者多矣。向使两师知有西方法门，以其所修者回向净土，纵或不能上品，犹或可以中品。何至仅以状元、宰相竟其局哉？

译文

宋代青草堂禅师，平素严持戒律，已经九十多岁了。曾氏常常供养他，并时常施与他衣物。禅师感念曾氏的恩德，许诺下一世要投生到曾家报恩。后来曾妻生下了一个儿子，派人去看望青草堂禅师，发现禅师已经坐化了。于是给儿子取名为曾鲁公。因为他前世修了福慧，所以少年得志中了状元，后来又当了宰相。又例如明朝末年僧人大成，每天到寺外化缘供养庙内僧众，途经史家的饭店。史家信佛，每见到来化缘的僧人必定留饭，大成化了饭食回到寺庙。史家如果见他化来的饭不够，还会从自己的饭店中添饭补足。史家无子，后来史妻忽然有了身孕，到分娩时，史某亲眼见到大成从外面进来走入卧房，便急忙追问上去，却寻不见大成。而史妻却生下一个男孩。这一天大成没有来饭店拿饭，史家人到寺庙一问，才知道大成在今天圆寂了。于是便为孩子取名为大成。这个孩子幼年时就非常聪慧，孝顺父母，从小食素，终身不破戒。在顺治乙未年，高中状元。以世俗的眼光来看，这两个人都富贵而享有共鸣。在修行人眼中，这两位僧人都误了自己。假如他们两位知道净土法门，以自己的修持回向净土，即使不能莲生上品，也可以中品往生。又何至于锦衣状元、宰相而告终呢？

九类皆当往生

　　九类者，所谓胎生、卵生、湿生、化生、有色、无色、有想、无想、非有想非无想也。九类，则尽乎贵贱幽明及天上天下之数矣。九类之中，最苦者，三恶道；最乐者，三界二十八天。止因未出生死，所以轮回六道，是苦者固苦，乐者亦苦也。纵使长寿诸天现享无涯之乐，然而天福报尽，仍堕三途。岂若极乐国土之永脱轮回，长辞六趣乎？余尝于文昌、关帝、东岳庙中进香，礼拜之后，必祝云："愿帝君尊信三宝，发菩提心，往生西方，行菩萨道。"又尝顶礼斗母尊天，及昊天上帝，虽诚惶诚恐，稽首顿首之后，亦愿至尊念佛往生，行菩萨道，广度一切。何以故？只因有智慧人，看得世间极高明事，无如念佛。最有福事，莫若往生。念佛往生，非一切福德所可比拟者也。斗母尊天，即经中摩利支天菩萨。昊天上帝，即经中所称忉利天王。世尊每说法时，忉利天王，无不恭敬礼拜，侍立左右。今日闻此默祝，必然欢喜，断无反开罪戾之事。吾辈幸而遇此法门，不思勇猛精进，回向菩提，岂非如来所称最可怜悯者乎？

译文

　　所谓的九类，就是胎生、卵生、湿生、化生、有色、无色、有想、无想、非有想非无想，包括了贵的、贱的、阴间、阳世以及天上天下一切众生。九类中，最苦的，是三恶道众生；最快乐的，是三界中二十八天众生。只因为未超出生死，所以轮回六道，处在痛苦中的人当然痛苦，而享受快乐的人也是痛苦。即使长寿各天，现在享受无穷快乐，然而天福报尽，仍然堕入三途。哪比得上极乐国土永脱轮回，长别六趣呢？我曾经在文昌、关帝、东岳庙中进香，礼拜之后，必定要祈祷："愿帝君尊信三宝，发菩提心，往生西方，行菩萨道！"又曾经顶礼斗母尊天及昊天上帝，虽诚惶诚恐，但稽首叩头后，也愿至尊念佛往生，行菩提道，广度一切。为什么呢？只因有智慧的人，看得出世间最高明的事，莫过于念佛；最有福的事，莫过于往生。您佛往生，不是一切福德可以比拟的。斗母尊天，即经中所说摩利支天菩萨。昊天上帝，即经中所称忉利天王。世尊每次说法时，忉利天王，无不恭敬礼拜，侍立左右。今天听到我默默地祝福，一定很欢喜，绝对不会去做开罪的事。我们有幸遇到这样的解脱之法，却不思勇猛精进，回向菩萨的话，那就不成了如来所说的最让人怜悯的人吗？

人间胜事无如念佛

原文

　　《譬喻经》云：昔有夫妻二人，祷天求子。妇即怀娠，生四种物：一旃檀米斗、二甘露蜜瓶、三珍宝锦囊、四七节神杖。其人叹曰："吾本求子，何用此物？"天神问曰："汝欲得子何为？"其人曰："吾欲得子，将来望其养育耳。"神曰："斗中之米，取之复盈。甘露瓶中，能消百病。珍宝之囊，用之不竭。七节神杖，以备凶暴。人间孝子，岂能如是？"其人大喜，遂至殷富。后他国闻之，遣兵往夺。其人擎杖，飞行击退，保之终身。世人孜孜汲汲，无暇修行者，不过为妻子耳。然妻子纵极趋奉，安能若此四物哉？至于往生西方，则超出生死，万福庄严，所求如意。又岂四物之所可比哉？故天上人间，第一胜事，无如念佛。

清光绪二三年，北方数省大旱。有蔚州僧莲某者，于村外小庙中住。有山东饥民突来，喊肚饥，要吃饭。僧云："我饭已吃过，无有余者。"其人要更急。僧云："我为汝另煮点。"其僧日课六万佛号，口虽许煮，欲将此一串珠掐完。其人意谓不与我煮，遂执斧，用背向头一打，僧遂跌倒。其人以挖煤铁勺，挖两勺脑肉，倒于煤中而去。其僧昏迷，不知人事，遂到钟前，急撞数十下。村中凡有官事，以撞钟为号令，遂通来庙中。见其僧仍卧被打之处，血流滂沱，而从屋至钟前，来去皆流有血迹。按之，犹有气，因扶起唤醒。云："被饥民所打。"遂去数十人四路追之，其人被执，愿为偿命，拉至庙中。僧曰："我与彼前生定规有怨，彼今打我，诸君又难为他，岂不是令我白受打？不但宿怨不能解，更结新怨，我吃不起此亏。我尚有一千钱，与他令去。"其僧之顶遂长合，而且仍复如平人之坚硬，但全顶无一毛，而周围俱有伤痕，亦异矣哉。光绪十三年，光与其师弟莲如，由红螺山朝五台，回至其僧庙中，时已六十余矣，面目奕奕有光，一望即知其为有道之士也。莲如师指其顶，而为光言之。附之于此，以为启信之助。民国十一年，释印光记。

　　《譬喻经》中说：从前有两夫妻，向天祈求得子。而后其妻子怀孕，生出了四种物：第一种是旃檀米斗、第二种是甘露蜜瓶、第三种是珍宝锦囊、第四种是七节神杖。这个人叹道："我原本想要求子，这些东西有什么用？"天神问道："你想要求子做什么？"那个人回答："我想要求子，是希望将来有个人给我养老送终。"神说："斗中的米，取之不尽。甘露蜜瓶，能治百病。珍宝锦囊，用之不竭。七节神鞭，以防凶暴。人间孝子，谁能全都做到呢？"这人大喜，从此过上殷实的生活。后来有个国家知道听说了这件事，便派遣军队前去侵夺宝物。这个人便手持七节神杖，神杖飞起来击退军兵，以保终身平安。世间人全都庸庸碌碌，并没有时间想到修行，只不过是为了妻儿子女而已。然而妻子儿女即使样样如意，又怎么比得上这四件宝物呢？至于往生西方，则超出生死，万福庄严，所求如意，四件宝物又怎么能够相比呢？因此，天上人间，第一美事，莫如念佛。

　　清光绪二三年，北方好几个省大旱。蔚州有位僧人莲某，在村外小庙中住。一天，一个山东饥民突然到此，喊肚子饿，要吃饭。僧人说："我已经吃过饭，没有剩余。"这个人要得更急，僧人就说："我为你另外煮一些。"而这个僧人每天要念六万佛号，虽然嘴上答应了要去煮饭，但想着要将这一串佛珠数完。那个人以为僧人不想煮饭，就拿起斧头，用斧背往僧人头上一打，将他打倒在地。那个人又用挖煤的铁勺，挖了两勺脑肉，见僧人倒在煤中就逃走了。僧人昏迷，不省人事，来到钟前，急撞数十下。通常村中有公事，就以撞钟为号令，于是村民都来到庙中。看见僧人倒在地上，被打之处，血流不止，而从屋子到钟前，来去都有血迹。用手在鼻下一按，感觉还有气息，大家就把僧人扶起唤醒。僧人说："我是被饥民所打。"大家立即派出几十人四下追赶，很快就抓住凶手，凶手表示愿意偿命，于是被拉回庙中。僧人说："我和他一定是前生有怨，他今天打我，现在各位又去为难他，岂不是让我白白受打吗？非但宿怨不能解除，反而又会结下新怨，我可吃不消这种亏啊。我还有一千文钱，就送给他让他自己走吧。"说完这

西归直指

三二五

些后僧人头顶的伤就自动愈合了，而且依然还像原来一样坚硬，只是整个头顶再无一根头发，而四周留下了伤痕，这可真是很奇异啊。光绪十三年，我印光和他的师弟莲如，从红螺山前往五台山朝拜，回到了这个僧人的庙中，此时僧人已是六十多岁了，面容依旧神采奕奕，令人一望就知道他是位有道高僧。莲如禅师指着僧人的头顶，并且说到了这件事。所以我便将其附在这里，用来增强人们念佛的信心。民国十一年释印光记。

西归直指

卷四　往生事略

菩萨往生类

　　如来记往　《大无量寿经》云：弥勒白佛言："于此世界，有几菩萨，往生极乐？"佛告弥勒："于此世界，有六十二亿不退菩萨，往生彼国。小行菩萨，不可称计。不但此国，他方佛土，如远照佛刹，有百八十亿菩萨，皆当往生。乃至十方佛刹，往生者甚多无数。我若具说，一劫犹未能尽。"

　　文殊愿生　《观佛三昧经》，佛记文殊，当生极乐。文殊发愿偈云："愿我命终时，灭除诸障碍，面见弥陀佛，往生安乐刹。生彼佛国已，满足我大愿，阿弥陀如来，现前授我记。"

　　普贤求往　《华严经》，普贤菩萨列十种大愿，普为众生，求生净土。偈云："愿我临欲命终时，尽除一切诸障碍，面见彼佛阿弥陀，即得往生安乐刹。"

　　偈论净土　天亲菩萨，天竺人，广造诸论，升兜率天宫内院，见弥勒佛。著《无量寿经论》及《净土偈》，五门修法，普劝往生。

造论起信　马鸣菩萨，西天第十二祖，尝著《起信论》，后明求生净土，词皆切要。

龙树记生　《楞伽经》云："大慧汝当知，善逝涅槃后，未来世当有，持于我法者，大名德比丘。厥号为龙树，能破有无宗，世间中显我，无上大乘法。得初欢喜地，往生安乐国。"

集善往生　《大悲经》云：佛言："我灭度后，北天竺国有比丘名祁婆迦，修集无量种种最胜菩提善根，已而命终，生于西方过百千亿世界无量寿国。于彼佛所，种诸善根，后当作佛，号无垢光。"

【译　文】

如来授记往生　《大乘无量寿经》上说：弥勒菩萨问佛陀："在这个世界上，有多少菩萨往生极乐？"佛陀告诉弥勒菩萨："在这个世界有六十二亿不退菩萨，往生极乐国土。还有小乘菩萨，无法计数。不但这个国家如此，在其他佛土，如远照佛国，也有一百八十亿菩萨，都会往生极乐。而十方佛国，往生的也很多，数量无法计算。我如果详细说来，那么一劫的时间都不能说尽。"

文殊菩萨愿生　《观佛三昧经》中记载，佛陀授记文殊菩萨，要往生极乐。文殊菩萨发愿偈说："愿我命终时，灭除诸障碍，面见弥陀佛，往生安乐国，生到佛国后，满足我大愿，阿弥陀如来，现前授我记。"

普贤菩萨求生　《华严经》中记载，普贤菩萨发下十种大愿，普为众生，求生净土。发偈说："愿我临命终时，尽除一切诸障碍，面见西方阿弥陀，即得往生安乐国。"

写偈论劝人往生　天亲菩萨是天竺人，著作有很多，升兜率天宫内院，见弥勒菩萨。专门著《无量寿经论》及净土偈，五门修法，普劝往生。

作起信论　马鸣菩萨是西天的第十二祖，曾著《起信论》，普劝人求生净土，言辞恳切。

龙树往生 《楞伽经》上说："大慧你应当知道，佛陀涅槃之后，未来世当有，持授予我法的人，大名叫德比丘。他的名字叫龙树，能破除有无宗，世间中弘扬，无上大乘法。使众生得初欢喜地，往生安乐国。"

集善往生 《大悲经》上说：佛说："我灭度后，北天竺国有位比丘名祁婆迦，修集无量各种最胜菩提善根，后来命终，往生西方极乐世界。在弥陀佛国，种下许多善根，以后将成佛，号无垢光。"

●慧远过溪

高僧往生类

原 文

慧远大师　晋慧远，雁门楼烦人。博通世典，尤善《六经》。闻安法师讲《般若经》，豁然大悟，因剃染事之。太元六年，过浔阳，见庐山闲旷，可以息心。遂感山神现梦，一夕雷雨，林木自至。刺史桓伊，乃为建殿，名曰神运。以慧永先住西林，故号所居为东林。建念佛社，三十年不入尘俗，专志西方，制六时莲漏，念诵不辍。高僧、巨儒预社者，百二十三人。澄心系念，三睹圣相，而沉厚不言。后十九年，七月晦夕，于般若台，方从定起，见阿弥陀佛，身满虚空，圆光之中，无量化佛。观音、势至，左右侍立。又见水流光明，分十四支，洄注上下，演说妙法。佛言："吾以本愿力，来安慰汝。汝七日后，当生我国。"又见佛陀耶舍、慧持、慧永、刘遗民辈，已往生者，皆在佛侧。师喜，谓门人曰："吾始居此，已三睹圣相。今复再见，必生净土矣。"至期，端坐而逝，时义熙十二年八月初六日也。

善导和尚　唐善导，贞观中，见西河绰禅师九品道场，喜曰："此真入佛之津要。"遂殚志精勤，昼夜礼诵。每入室，胡跪念佛，非力竭不休，虽寒冰时，或至流汗。出则为人演说净土。三十余年，未尝睡眠。好食送厨，粗恶自奉，所得嚫（chèn）施，写《弥陀经》十万卷，净土变相三百壁（变相，表现佛教故事及教义的图画）。从其化者甚众，有诵《弥陀经》十万遍，至五十万遍者；有念佛日课万声，至十万声者。得念佛三昧，往生西方者，不可胜纪。其《劝世偈》曰："渐渐鸡皮鹤发，看看行步龙钟。假饶金玉满堂，难免衰残病苦。任汝千般快乐，无常终是到来。惟有径路修行，但念阿弥陀佛。"一日忽谓人曰："此身可厌，吾其西归。"乃登柳树而化。高宗知之，赐其寺额曰光明。

净观　宋净观，住嘉禾寂光庵，修净土忏法十余年。谓弟子曰："我过二十七日行矣。"至期二日前，见红莲华。次日又见黄莲华满室，有化童子坐华上，仙带结束。至第三日，入龛端坐，命众念佛，顷之脱去。

截流大师　师讳行策，明末宜兴蒋司农第八子。父鹿长先生，梦憨山大师入卧内，忽报杨夫人得一公子，即师也。年十八，父没，丧葬毕，即投武林箬庵和尚出家。后应虞山普仁院请，阐扬净土法门。每日六时念佛，自谓佛号万声，虽忙不缺。尝著《莲藏》一集，劝缁素。以康熙十九年七月九日辞世。坐化之刻，有远乡童子，正当午食，忽投箸仆地，半日方苏。问之，乃云：“此刻有截流和尚往生，土地命我擎幡送耳。”又有城南姓吴者，已亡数日，忽附其家幼童言之，亦谓亲见冥王跪送，是日冥府停刑一日。

译文

慧远大师　晋慧远，雁门楼烦人。他博通世典，谙悉《六经》。在听到安法师讲《般若经》后，他豁然大悟，就依止法师剃发出家。太元六年，他路过浔阳，看见庐山闲静空旷，可以让人静心。于是感通山神现梦。一夜雷雨过后，木材自动运到。刺史桓伊，就组织建殿，名叫神运。因慧永先前已住在西林，故号所居为东林。他建立念佛社，三十年不入尘俗，专志西方，制六时莲漏，念诵不停。参加莲社的高僧、大儒，有一百二十三人。这些人全都净心专念，曾三次目睹阿弥陀佛圣相，但大师性格朴实稳重，不以炫耀。其后十九年，在七月底的一个晚上，在般若台出定，看见阿弥陀佛，身满于虚空，圆光之中，无量化佛。观音、势至左右侍立，又看见水流光明，分十四支，上下流淌，演说妙法。佛说：“我以本愿力，来安慰你。你七天后，当往生我国。”又看见佛陀耶舍、慧持、慧永、刘遗民等，已经往生的人，都在佛身边。大师很高兴，对弟子说：“我住到这里以来，已经三次目睹圣相，今天再次相见，一定会往生净土了！”到了预定日期，果然端坐而去。时间是义熙十二年八月初六日。

善导和尚　唐善导，贞观年间人，看见西河绰禅师九品道场，高兴地说："这真是成佛的捷径。"于是就在此精进不倦，昼夜礼诵。经常一入念佛房就跪下念佛，直到力尽才停，即使天气寒冷，也会念到流汗。出外则为人演说净土。三十余年来，都没有睡眠。好的饮食送到厨房，粗劣的饮食自己食用，所得到的供养，写下《弥陀经》十万卷，并画净土变相三百壁。受他教化的人很多，有诵《弥陀经》十万遍至五十万遍的，有每天念佛一万声至十万声的人。那些得念佛三昧，往生西方的人，不计其数。他的《劝世偈》中说："渐渐鸡皮鹤发，看看行步龙钟。假使金玉满堂，难免衰残病苦。任你千般快乐，无常终是到来。唯有径路修行，但念阿弥陀佛。"一天忽然对人说："此身可厌，我要西归了。"就登上柳树化去。高宗知道后，为这所佛寺赐名为"光明"。

净观　宋代的净观，住在嘉禾寂光庵，修净土忏法十余年。后来对弟子们说："我过二十七日就要走了。"到了预定日期前两天，看见红莲花。第二天又看见满屋的黄莲花，有化童子坐在莲花之上，仙带装束。到了第三天，他入龛端坐，命大众念佛，一会儿就脱化而去了。

截流大师　大师讳行策，是明末宜兴蒋司农第八子。其父鹿长先生，曾经梦见憨山大师进入卧室，忽报杨夫人得一公子，即截流大师。十八岁时，大师的父亲去世，将父亲安葬完毕后，即投奔武林箬庵和尚出家。后来应虞山普仁院之请，前去阐扬净土法门。每天六时都要念佛，佛号万声，虽然忙碌也不会缺少。曾著《莲藏》一集，劝道俗念佛。于康熙十九年七月九日辞世。当他坐化时，有个远乡童子，正在吃午饭，忽然丢下筷子倒在地上，半天才苏醒。有人问他怎么了，他说："这时有截流和尚往生，土地命我举幡送他。"另外城南有一个姓吴的人，本来已经死了几天，忽然附在他家的幼童身上说出这件事，说他亲眼见到冥王跪送，这一天冥府停治行刑。

尼僧往生类

原文

尼大明　隋尼大明，每入室礼念，先著净衣，口含沉香。文帝后甚重之。将终之日，众闻沉香满室，俄而光明如云，隐隐向西而没。

尼悟性　唐尼悟性，居庐山念佛，虔愿往生。忽闻空中乐音，谓左右曰："吾已得中品生。见同志念佛精进者，皆有莲华待之。汝等各自努力。"言讫而逝。

尼法藏　宋尼法藏，居金陵，勤志念佛，不管外务。夜见佛菩萨来，光明照耀，合掌念佛而逝。

[按]莲大师曰："佛以姨母出家，叹正法由此而减。使女人出家者，皆如上五人，正法其弥昌乎。而势有所不能，佛之悬记，非过矣。"

●云中鹤

译文

尼大明　隋朝的尼姑大明，每当入室念佛时，必定先穿干净衣服，口含沉香。文帝的皇后很器重她。在她临终之日，大众闻沉香满室，马上又看见光明如云，隐隐向西方消失。

尼悟性　唐朝的尼姑悟性，居住在庐山念佛，虔诚地发愿往生，忽然听到空中奏响音乐，对左右的人说："我

三三三

已得中品往生，只要见志向相同念佛精进的人，都有莲花等待他，你们各自努力吧。"说完就逝世了。

尼法藏　宋朝的尼姑法藏，居住在金陵，勤志念佛，不管外务。夜间看见佛菩萨前来，光明照耀，合掌念佛而逝。

[按] 莲大师说："佛因为姨母出家，便感叹正法由此而减。假使女人中出家的，都如以上五人一样，正法难道不会越来越昌盛吗。但事实上世风日下难以做到，佛的预言，没有错啊。"

王臣往生类

原文

乌苌国王　乌苌国王，万机之暇，雅好佛法。尝谓侍臣曰："朕为国王，虽享福乐，不免无常。闻西方阿弥陀佛国，可以栖神，朕当发愿求生彼国。"于是六时行道念佛。每供佛饭僧，王及夫人躬自行膳，三十年不废。临崩，容色愉悦，共见化佛来迎，祥瑞不一。

宋世子　宋魏世子父子三人，与一郡主，俱修西方，惟妻不修。后郡主早夭，死七日复生，谓其母曰："儿见西方七宝池中，吾父及兄三人皆有莲华，后当生彼。惟母独无，是以暂归相报，愿母及早念佛。"言讫，复瞑目逝。其母由是顿发信心，念佛不倦。以后相继坐脱，临终皆有瑞应。

马子云县尉　唐马子云，举孝廉，为泾邑尉。押租赴京，遭风舟溺，被系。乃专心念佛五年，遇赦，入南陵山寺隐居。一日谓人曰："吾一生精勤念佛，今净业已成，行将往生矣。"明日沐浴整衣，端坐合掌，异香满户。喜曰："佛来迎吾。"言已而化。

乌苌国王　乌苌国国王，在处理国家政务之暇，喜爱佛法。他曾经对左右大臣们说："朕作为国王，虽然享尽福乐，但也免不了一死。听说西方阿弥陀佛国，可以永生，朕当发愿求生彼国。"于是六时行道念佛，每当供养佛和僧人，王及夫人都亲自动手，坚持了三十年不废。临终时，容色愉悦，共见化佛来迎，出现许多瑞相。

宋世子　宋魏世子父子三人，另有一个郡主，全都修净土法门，只有妻子不修。后郡主夭亡，死后七天后复生，对母亲说："儿见西方七宝池中，我父及兄三人都有莲花，以后就会往生。只有母亲没有，因此暂时回家报信，愿母亲及早念佛。"说完，又闭目去世。母亲因此顿发信心，念佛不倦。以后相继坐脱，都有瑞相。

马子云县尉　唐代的马子云，举孝廉，作泾邑尉。押租赴京，遇风船翻，被关了起来。于是便专心念佛五年，后来被释放。他进入南陵山寺隐居。一天他对人说："我一生精勤念佛，如今净业已成，就要往生了。"第二天沐浴整衣，端坐合掌，异香满户，他高兴地说道："佛来迎接我了。"说完已坐化了。

居士往生类

周续之　晋代的周续之，雁门人，十二通《五经》、《五纬》，号十经童子。公卿交辟（交辟，交相征召），皆不就。事庐山远法师，预莲社。文帝践祚（zuò），召对辨析，帝大悦，时称通隐先生。后居钟山，专心念佛，愈老愈笃。一日向空云："佛来迎我。"合掌而逝。

王阗　宋王阗（tián），四明人，号无功叟。凡禅林宗旨、天台教门，无不洞达。著《净土自信录》，晚年专心念佛，西向坐化，异香芬郁。焚龛时，获舍利如菽者百八粒。

　　莲华太公　明莲华太公者，越人，一生拙朴，唯昼夜念佛不绝。命终后，棺上忽生莲华一枝，亲里惊叹，以是知其必往生云。

【译　文】

　　周续之　晋周续之，雁门人，十二通晓《五经》《五纬》，号称十经童子。公卿们纷纷聘召他，他都不去。后来他服侍庐山慧远法师，并且参加了莲社。文帝即位后，邀请他对话分辨，两人谈得非常投机，当时人称他为通隐先生。后来居住在钟山，专心念佛，年纪越老越虔诚。有一天向着空中说："佛来迎接我了。"随后合掌而逝。

　　王阗　宋代王阗，是四明人，号无功叟。但凡禅林宗旨、天台教门，无不知晓。著有《净土自信录》，晚年专心念佛，西向坐化，异香芬郁。焚龛时，获得如菽一般的舍利子，共一百零八粒。

　　莲华太公　明代的莲华太公，越地人，一生憨厚朴直，昼夜念佛不绝。命终后，他的棺材上忽生莲花一枝，亲里之人全都感到惊叹，因此知道他必定往生净土了。

童子往生类

【原　文】

　　二沙弥　隋汶州二沙弥，同志念佛。长者忽亡，至净土见佛，白言："有小沙弥同修，可得生否？"佛言："由彼劝汝，汝方发心。汝今可归，益修净业。三年之后，当同来此。"至期，二人俱见佛来，大地震动，天华飘舞，二僧同化。

　　吴某　吴某，浙人，祖、父俱庠生。顺治元年，大兵围城，父母失散，吴被掠，送张将官标下服役（标，清代军营编制，约相当于团）。时方十三，自叹吾本儒家子，今下贱若此，必是宿业。遂于佛前立誓，持斋念佛，日诵《金刚经》一遍，回向生西。年十六，本官发粮充丁，即将粮银，买香供佛，跪诵阿弥陀圣号。至丁酉年十月廿二，忽告本官，欲往西方。本官不信，诃为妖言。次日，又到提督前乞假。提督怒，批送本官捆打十五，毫无怨言。又向各营作别，自限十一月初一日归西。是日五更，沐浴焚香拜佛毕，仍至本官船上叩辞。本官大怒，差兵随至焚身之所。见其西向三拜，端坐说偈。偈毕，自吐三昧火出，焚化其躯。合营官长，皆遥望罗拜。本官合门斋戒。赞曰：身披铁甲，足步金莲，愿诸将士，各著一鞭。

●莲石图

译文

二沙弥　隋朝汶州的两个沙弥，志同道合，在一起念佛。年纪大的那个忽然死去，到净土见佛，说："有位小沙弥和我一同修净业，他可以往生吗？"佛说："因为他曾劝你念佛，你才发心。你今天回去，再修净业，三年后，一同来净土。"到了约定的日期，二人都来见佛，大地为之震动，天花四处飘舞，二僧一同坐化。

　　吴某　吴某，浙江人，祖父、父亲都是读书人。顺治元年，大兵围城，父母失散，吴某被掠走，送到张将官部下服役。当时吴某才十三岁，自叹自己本在读书人家，今天如此下贱，必定是宿业所致。于是就在佛前发誓，持斋念佛，每天念诵一遍《金刚经》，回向生西。到了十六岁，主管上司发粮命他充当苦力。吴某就用所得粮银，买香供佛，跪诵阿弥陀圣号。至丁酉年十月廿二，吴某忽然告诉上司，要往西方。上司不信，责骂他是妖言惑众。第二天，吴某又到提督前请假，提督发怒，将他批送主管上司捆打十五板，他毫无怨言。后来他又向各营告别，自我限定在十一月初一日归西。初一那天五更，吴某沐浴焚香拜佛完毕，仍旧到上司船上叩辞。上司大怒，派兵随他到焚身之所，见他向西三拜，端坐说偈完毕后，口中吐出三昧火，焚化自身，全营官长，都遥望礼拜，上司从此号召部下斋戒念佛。有词赞道：身披铁甲，足步金莲，愿诸将士，自打一鞭。

妇女往生类

原　文

　　隋皇后　隋文帝后独孤氏，虽处王宫，深厌女质，常念阿弥陀佛，求生净土。八月甲子辞世之日，异香满室，一切音乐，自然震响。帝问阇提斯那，是何祥瑞。答曰："皇后专修净业，得生其国，故有斯瑞。"

　　贺氏　毗陵贺氏，善士潘向高之室也。向高雅好佛，贺与夫同修净业，日诵《金刚经》，晨夕则礼拜念佛，回向西方。康熙庚申七月，有疾，预期二十九日午刻辞世。届期，子女毕集，又请诸善友至，齐声念佛，合掌而逝。